Die neue Zauberei mit Farben

DuMont's Ideenbuch:

Die neue Zauberei mit Farben

Jocasta Innes

DuMont Buchverlag Köln

Umschlagabbildung Die leicht abbröckelnden Wandmalereien im Freskostil und der Fußboden mit »Marmorintarsien« lassen dieses Landhauszimmer ein wenig pompejanisch wirken. Eine Nahaufnahme der Wände ist auf Seite 35 zu sehen.

Die Deutsche Bibliothek – CIP-Einheitsaufnahme

DuMont's Ideenbuch: Die neue Zauberei mit Farben / Jocasta Innes.
[Aus dem Engl. von Bettina Gruber]. – Köln : DuMont 1993
Einheitssacht.: The new paint magic <dt.>
ISBN 3-7701-3295-5

NE: Innes, Jocasta; Gruber, Bettina [Übers.];
Ideenbuch: Die neue Zauberei mit Farben; EST

Aus dem Englischen von Bettina Gruber

Erstveröffentlichung 1981 unter dem Titel ›Paint Magic‹
3. Ausgabe 1992 unter dem Titel ›The New Paint Magic‹

Satz des deutschen Textes: Fotosatz Harten, Köln
Printed in Hong Kong

ISBN 3-7701-3295-5

Inhalt

Vorwort

Farben und Muster sind feste Gestaltungselemente der Innendekoration, aber wie bei allem anderen, das wir kaufen oder auswählen, reagieren wir auf Zeitströmungen, die unseren Geschmack beeinflussen. Vergleicht man zum Beispiel einmal die verschiedenen Ausgaben dieses Buches »Zauberei mit Farben«, so erkennt man, wie sehr das Empfinden für Farben und Malerei sich seit den euphorischen, aber unkritischen 80er Jahren verändert hat. Damit ist nicht nur die reine Art der Oberflächenbehandlung gemeint, sondern vielmehr handelt es sich um eine offensichtliche Veränderung der zugrundeliegenden Stimmung und des Stils, und ich bin der Meinung, daß »Die neue Zauberei mit Farben« dies klar und deutlich zeigt.

Der erste Schritt bei der Überarbeitung eines solchen Buches ist, das originale Fotomaterial zu sichten – Bilder von Räumen, Nahaufnahmen, Sequenzen – und zu entscheiden, welches Foto noch immer wichtig und ansprechend ist. Zuerst dachte ich, daß dies eine schwierige Aufgabe werden würde, aber während der Arbeit wurde ganz deutlich, welches Bild herausfallen und welches Bestand haben würde. Die Wahl vollzog sich ohne Zögern. Als wir uns von nicht mehr benutzbarem zu neuem Material vorarbeiteten, wurden die grundlegenden Unterschiede zwischen den Raumausstattungen der 80er und 90er Jahre unübersehbar deutlich. Was nun ganz und gar unmodern wirkte, war ein allzu üppiger, übertrieben eleganter und überladener Stil, bei dem man allzuviel auf einmal gewollt hatte und die Effekte einander totschlugen. Andere Bilder wiederum zeigten Frische, Einfachheit und einen unprätentiösen Stil, der noch heute Bestand hat.

Was mich am meisten bei der Zusammenstellung von »Die neue Zauberei mit Farben« überraschte, war, daß es soviel jünger als sein Vorgänger wirkt: heller, vergnügter, entspannter. Die neuen Farbeffekte sehen einfach und lebendig aus. Sie sind natürlich noch immer das Produkt künstlerischer Arbeit, aber diese drängt sich nicht in den Vordergrund; meistens geht es darum, eine »Ganzheit«, wie ich es nenne, zu schaffen. Mit anderen Worten: Es verhält sich hierbei wie bei der traditionellen Freskomalerei, bei der sich die Farben mit der Wandschicht verbinden und so Botschaft und Medium verschmelzen. Das Ergebnis dieser Strategie ist, daß Farben und Textur real wirken, so wie Sauerteigbrote und selbstgezogene Gemüse real sind. Es gibt viele Möglichkeiten, diesen Effekt zu erzielen, von echter Freskomalerei – eine weniger schwierige als mühsame Arbeit – bis hin zu Farblasuren mit selbstgemachter Leimfarbe. Ich bin der festen Überzeugung, daß der Fresko-Look während des nächsten Jahrzehnts vorherrschend sein wird, und wir haben ihn ausführlich besprochen. Ein weiterer Farbeffekt, der sich neuerdings vor allen Dingen in der Möbelmalerei zeigt, ist die Schichtenmalerei, bei der es darum geht, den Eindruck alter, verwitterter Landhausobjekte herzustellen. Außerdem glaube ich, daß bemalte Fußböden eine attraktive und preiswerte Möglichkeit der Bodengestaltung darstellen. Daher habe ich besonders in dem Kapitel über Fußböden viele Änderungen vorgenommen und neue Texte und Bilder hinzugefügt. Und ich habe einige neue Beispiele für Masertechniken im Kapitel Holzwerk eingefügt.

Eine leuchtende Wasserlasur in einem Farbton zwischen Rosenrot und Terrakotta bildet einen schönen Hintergrund für das kühle Himmelbett mit weißen Musselinvorhängen und Spitzenbettzeug. Fußboden und Möbel sind in dunklen, ungemusterten und glänzenden Farben gehalten, die einen gelungenen Kontrast dazu bilden.

Während der Arbeit wurden die meisten ursprünglichen Fotos ausgetauscht, angefangen von der Umschlagabbildung bis hin zum letzten Kapitel (das man, obwohl es am Ende des Buches steht, lesen sollte, bevor man mit der Malerarbeit beginnt), bei dem wir uns entschlossen haben, den Text zugunsten einiger farbenfroher Bildseiten zu komprimieren.

Soviel zu den großen Änderungen. Aber wir haben auch die Details nicht außer acht gelassen. Nur wenige Techniken sind ganz herausgefallen, aber einige Arbeitsanleitungen sind verkürzt worden, da ich sicher bin, daß die meisten Leser wissen, wie man Malerarbeiten vorbereitet. So blieb mehr Platz für neue Techniken und Ideen. Bei meinen Unterrichtsstunden über Maltechniken habe ich viele Anregungen erhalten. Die neuen Oberflächen sind alle von Studenten mit den unterschiedlichsten Fähigkeiten ausprobiert worden, und ich habe sie nicht nur in das Buch aufgenommen, weil sie so beliebt sind – Grünspan, Malachit, einfache Maserungseffekte zum Beispiel –, sondern weil ich weiß, daß sie selbst Leuten, die behaupten, zwei linke Hände zu haben, gelingen. Unterrichten ist eine großartige Möglichkeit zu lernen. Die Studenten öffnen mir die Augen für die unterschiedlichsten Dinge, sie brechen die Regeln, nehmen unmögliche Farbkombinationen in Angriff und lassen Vorurteile zusammenbrechen, von denen ich gar nicht wußte, daß ich sie hatte.

Ebenso häufig wie die Frage nach der Wirkung von Farbeffekten ist die Frage, ob ich der Meinung sei, daß dieses »Malfieber« von Dauer ist – wobei die Meinung zugrunde liegt, daß man dann wieder zur Normalität zurückkehren wird, d. h. zu sicheren weißen Wänden und weißlackierten Fensterrahmen. Ich hoffe, dieses Buch ist der Beweis dafür, daß farbige Oberflächen in diesem letzten Jahrzehnt des Jahrhunderts nicht aus der Mode kommen. Ich glaube, daß sie einen sicheren Platz in der Raumgestaltung gefunden haben, veränderbar je nach Geschmack und Bedürfnis, aber unumgänglich für jeden, der einen Blick für das Schöne hat, der weiß, wie preiswert solche Oberflächen sind und welche unglaubliche Vielfalt Farben bieten.

Einleitung

Seit jeher erfüllt die Farbe zwei Aufgaben: Zum einen ist sie von praktischem Nutzen, da sie zum Schutz von Oberflächen aufgetragen wird. So wird sie auch heute von den meisten betrachtet – als farbiges Material, das in Dosen zu kaufen ist und das man mit Pinsel oder Rolle verarbeitet. Dabei kommt es vor allen Dingen darauf an, die Farbe möglichst gleichmäßig zu verteilen, um eine glatte Oberfläche zu erhalten. Auf der anderen Seite wurde sie zum Ausdrucksmittel menschlicher Phantasien und vielgestaltiger Illusionen, sie bot unendlich viele Möglichkeiten, flüchtige Eindrücke für die Nachwelt festzuhalten.

Die eigentlich kreativen Gestalter in diesem Bereich sind natürlich in erster Linie die großen Künstler. Aber gleich nach diesen Meistern der Illusion folgen die Meister der angewandten Künste – Designer, Architekten, Innenarchitekten, Dekorateure und darüber hinaus unzählige Handwerker, die ihre Aufgabe darin sehen, die jeweils zeitgemäßen Vorstellungen von Schönheit und Harmonie in Gebäuden, Räumen und Möbeln widerzuspiegeln. Natürlich bedienten sie sich zu diesem Zweck stets freimütig der von Künstlern verwendeten Techniken und Materialien und entwickelten mit diesen auch eigene Methoden. Und so verwenden wir heute getönte Lasuren, um einer Oberfläche Tiefe zu geben und um Farben zu veredeln, und eine Vielfalt raffinierter Tricks, mit denen man mit Farbe die Illusion von Marmor, Schildpatt und anderer wertvoller Materialien zaubern kann.

Müßte man den Unterschied zwischen diesen kunstvollen Anwendungen von Farbe und dem direkteren, unkomplizierteren Umgang des Hobbymalers in einen Begriff fassen, so wäre dies am treffendsten mit einem von traditionellen Dekorateuren geliebten Ausdruck zu tun: »gebrochene« Farben. Wie jeder Dekorateur weiß, sind flache, eintönige Farben langweilig, gebrochene Farben hingegen suggestiv und atmosphärisch. Mit gebrochenen Farben gestaltete Wände strahlen Leichtigkeit und Heiterkeit aus, und die kruden Fakten, Stein und Mörtel, verschwinden hinter einem sanft bewegten Einklang transparenter Farben, hinter Schatten und Licht. Selbst der einfallsloseste, gestern erst gebaute Raum kann mit den richtigen gebrochenen Farben schön und lebendig wirken.

Solch magische Transformationen sind jedem möglich, der lesen und einen Pinsel in der Hand halten kann. Farben sind billiger als Tapeten und gebrochene Farben oft sogar noch billiger, da sie stark verdünnt verarbeitet werden. Vielleicht können eine gewisse handwerkliche Geschicklichkeit, ein kühler Kopf und ein waches Auge dabei helfen, gleich beim ersten Mal professionelle Ergebnisse zu erzielen. Aber die einfallsreichsten und aufregendsten Effekte ergeben sich oft durch heiteres Ignorieren aller Regeln. Die wichtigsten Voraussetzungen sind ein Schuß Experimentierfreude, der Wille, sich die Materialien zu besorgen, und die Neugier, sie auszuprobieren. Ich rate Ihnen, die Kapitel über die Grundlagen (Seite 210–232) zu lesen, bevor Sie mit irgendeiner Malerarbeit beginnen wollen.

Wasserblau, ein matter Cremeton und mattes Gold sind eine gelungenc Farbkombination, die dem Raum ein skandinavisch-neoklassizistisches Flair verleiht. Die Wellenform auf der Scheuerleiste wurde mit Schablonen gemalt. Das Blau wird nach oben hin blasser und ist am intensivsten auf der Fußbodenleiste, am zartesten an der Decke. Die Fußbodendielen wurden weiß gestrichen und gewachst.

Farbe

Um Farben schön und wirkungsvoll zu verwenden, muß man sie empfinden, ein wenig in sie verliebt sein, so wie der geniale Farbenkünstler Matisse es war. »Farben besiegen dich mehr und mehr«, so sagte er einmal, »ein bestimmtes Blau dringt in deine Seele. Ein bestimmtes Rot beeinflußt deinen Blutdruck. Eine besondere Farbe heitert dich auf.«

Nicht unbedingt helle, aber positive Farben sind die wichtigsten Voraussetzungen aller Räume, die mir gefallen und um die ich ihre Besitzer beneide. Und die Frage nach der Farbe ist auch der erste Gedanke, der mir durch den Kopf geht, wenn ich einen Raum gestalten soll, weil ich weiß, daß diese Wahl, wann immer ich später diesen Raum betrete, meine Stimmung beeinflussen wird. Ich bin sicher, daß es fast jedem so ergeht. Kinder reagieren mit offensichtlichem Vergnügen auf Farben; ist es da nicht naheliegend, daß dieses Gefühl noch in uns allen vorhanden ist, tief versteckt und verschüttet von anderen Problemen? Man muß dieses Vergnügen nur wieder erwecken und ermutigen. Die meisten Menschen machen es sich bei der Farbauswahl einfach, malen alles weiß oder cremefarben an und kaufen einen beigefarbenen Teppich, weil er zu allem paßt. Farblose Räume haben ihren eigenen, etwas simplen Charme, aber es ist schade, daß sie die Regel und nicht die Ausnahme sind, wenn man bedenkt, daß man für wenig Geld inmitten lebhafter Rot-, gefühlvoller Blau- und lebendiger Gelbtöne leben könnte, ganz zu schweigen von den zarten Mauvetönen, den sanften Aprikosenfarben und dem eigenwilligen Gewächshausgrün.

Daß gebrochene Farben einem Raum und seinen Möbeln mehr schmeicheln als opake Anstriche, ist meine interessante Entdeckung im Umgang mit Farbe. Dabei spielt nicht nur der Farbton eine Rolle, sondern die Art, wie die Farbe aufgetragen wird. Matte, opake, konventionelle Emulsions- oder Latexfarben lassen einen Raum schrumpfen und betonen architektonische Fehler. Trägt man aber eine einfache getönte Lasur auf, die nur einen Ton dunkler ist als die Untergrundfarbe, so entsteht die Illusion einer Raumtiefe, die die Wände scheinbar zurückweichen läßt und den Raum optisch vergrößert.

Es gibt keine bessere Möglichkeit, schöne Farbkombinationen schätzen zu lernen, als sich die Gemälde großer Künstler wie Bonnard, Matisse oder Monet mit einem genießerisch-hungrigen Blick anzusehen. Bilder dieser Maler enthalten mehr Wissen über die Wirkung von Farben, als die meisten von uns ahnen. Aber solche Gemälde sind nur ein Anfang. Fast jedes gestaltete oder zufällige Farbarrangement ist es wert, analysierend betrachtet zu werden. Ein Marktstand, ein schöner Orientteppich, eine chinesische Stickerei – optische Reize finden sich fast überall.

Wenn es darum geht, Theorie in Praxis zu verwandeln und seinen eigenen Raum zu gestalten, gibt es nur eine Möglichkeit herauszufinden, ob spezielle Farben wirklich zueinander passen: Ausprobieren. Meist wird die Expedition ins Reich der Farben durch einen teuren Gegenstand, auf den man Rücksicht nehmen muß – meistens ein Teppich –, ein wenig eingeengt. Ärgern Sie sich nicht darüber, denn es ist nützlich, einen Ausgangspunkt zu haben.

Die wichtigste Entscheidung bei der Gestaltung eines Raumes ist die Wandfarbe. Sie muß auf alle anderen Dinge im Raum abgestimmt sein. Winzig kleine Tapeten- oder Farbproben sind selten eine Entscheidungshilfe, da jede Farbe auf einer großen Fläche weitaus intensiver wirkt. Beginnen Sie deshalb damit, aus allen möglichen verschiedenfarbigen Dingen wie zum Beispiel Pullovern,

Tüchern, Decken, Buchumschlägen usw. Stilleben zusammenzustellen. Bauen Sie diese Arrangements in Fensternähe auf, so daß man sie bei natürlichem Licht betrachten kann, und begutachten Sie diese Aufbauten blinzelnd mit halb geschlossenen Augen zusammen mit den Teppichen, den Gardinen und den übrigen Möbelstücken. Das ist zwar eine simple Methode, aber sie kann recht hilfreich bei der Klärung des Farbproblems sein. Als nächstes sollte man eine geeignete weiße Farbe kaufen und sich den gewünschten Farbton zusammenmischen und ausprobieren. Es gibt eine reiche Palette von Farbstoffen, mit denen man fast alle helleren Farbtöne mischen kann. Sattere, dunklere oder stärkere Farben erhält man, wenn man diese Farben nur mit Wasser verdünnt. Um dunkle Wandfarben zu mischen, benötigt man eine Grundfarbe, die so ähnlich im Ton ist wie die angestrebte. Das kann eine teure Angelegenheit sein, wenn man noch nicht genau weiß, was man will.

Wenn Sie der Gedanke erschreckt, Ihre Farbexperimente gleich auf der Wand auszuprobieren, können Sie großes Makulaturpapier mit verschiedenen Farben bemalen. Hängen Sie die Papierbahnen so auf, daß Sie sie mit den Gardinen oder dem Teppich zusammen betrachten können. Hängen Sie ein Bild auf diese Farbflächen, stellen Sie einen Stuhl davor, und legen Sie verschiedenfarbige Kissen hinein. All dies hilft, sich vorzustellen, wie die Farbe als Hintergrund für den Raum wirken könnte. Wenn sich die vielfältigen Anfangsmöglichkeiten auf eine oder zwei reduziert haben, sollte man diese Farben einige Tage lang hängen lassen und mit ihnen leben. Und wenn der Anblick einer Farbe Sie immer noch und immer wieder erfreut, ist die Entscheidung gefallen. Wenn man mit dem Resultat des Anstrichs doch nicht zufrieden ist, so kann man ihn durch Überarbeiten mit einer der hier beschriebenen Techniken übermalen und verändern. Grelle Farben werden durch eine mit Schwamm oder Pinsel aufgetragene dunklere Lasur gedämpft oder mit einer einfachen, transparenten cremefarbenen Öllasur milder; »dünne« Pastelltöne können intensiviert, eintönige Farbflächen aufgelockert und dunkle Farben aufgehellt werden. Man kann Wände lackieren oder sie mit einer schwarzweißen Spritztechnik wie Porphyr aussehen lassen. Wenn Ihnen dieser Farbfindungsprozeß etwas langwierig erscheint, sollten Sie daran denken, daß Monet nicht davor zurückschreckte, zerstoßene Ziegel mit Kalkmilch so lange zu mischen, bis er genau den Farbton hatte, der ihm vorschwebte, und daß all dieses Herumexperimentieren zwar Zeit, aber kaum Geld kostet und Ihr Farbempfinden trainiert.

Ist die Entscheidung für die Wandfarbe gefallen, ergibt sich daraus die weitere Farbgestaltung des Raumes. Lassen Sie sich Zeit, und behalten Sie einen wachen Blick. Färben Sie rohe Holzdielen zum Beispiel in einem dunklen Grün oder Blau als Untergrund für alte Teppiche. Oder malen Sie sich einen Teppich in den reichsten und zauberhaftesten Farben, die Sie sich nur vorstellen können, einfach auf den Boden. Die meisten neigen dazu, das Holzwerk in einem Raum weiß oder cremefarben zu streichen – Dekorateure verwenden fast nie reines Weiß, sie bevorzugen es ein wenig »schmutzig«. Aber gerade Holz kann, wenn es passend zur Wandfarbe gestrichen ist, zauberhaft aussehen und die Proportionen eines Raumes optisch erstaunlich verändern.

Dekorativ bemalte Möbel können weitere Farbakzente setzen – und Farbe ist die beste Tarnung für langweilige oder gar häßliche Möbel. Stellen Sie sich zum Beispiel einen kleinen, unattraktiven, aber nützlichen Tisch oder eine nichtssagende, aber unentbehrliche Truhe mit einer Schildpattbemalung vor oder mit

Die abgebröckelten Leimfarbenschichten hinter dem würdevollen viktorianischen Herrn wirken so, als stammten sie noch aus dem 18. Jahrhundert, als dieses Haus gebaut wurde.

rautenförmigen, filigranen maurischen Schablonenmustern übersät. Bilderrahmen sind für dekorative Verschönerungen wie gemacht – man kann sie marmorieren, mit Schildpattmustern bemalen oder mit einem Schwamm »wolken«. Lampenständer, Schachteln, alte Truhen ... mit Farbe lassen sich alle möglichen Gegenstände in einen Bestandteil Ihres Raumbildes verwandeln.

Farbvokabular

Die Vielfalt unterschiedlicher Farbtöne, die auf den Grundfarben basieren, ist nahezu unendlich, und einige der technischen Begriffe, mit denen man sie beschreibt, können verwirrend wirken. Der »Farbton« unterscheidet die Farben voneinander – zum Beispiel Rot, Blau usw. Mit dem Begriff »Farbintensität« bezeichnet man ihre Reinheit – sie enthalten keinen Grauton. Das Rohmaterial für Malfarben sind »Farbpigmente«. Bis zur Entdeckung der Anilinfarbstoffe im vorigen Jahrhundert wurden Pigmente aus natürlichen Substanzen gewonnen, die allerdings oft nachträglich chemisch behandelt wurden, um weitere Farbtöne zu erhalten. Die ältesten Pigmente waren aus Lehm oder Tonerde, die man säuberte und pulverisierte. Heute sind fast alle Farbpigmente entweder ganz oder teilweise chemischen Ursprungs.

Die Primärfarben Rot, Blau und Gelb sind die Farben, aus denen alle anderen Farben gebildet werden können. Mischt man zwei Primärfarben, so erhält man eine Sekundärfarbe – Rot und Gelb ergeben Orange, Gelb und Blau werden zu Grün, und Blau und Rot vermischen sich zu Violett. Mischt man zwei Sekundärfarben, so erhält man eine Tertiärfarbe – zum Beispiel ergeben Orange und Violett Rostbraun, Grün gemischt mit etwas Rot wird zu Oliv. Eine Tönung erhält man, indem man einer Farbe Weiß beimischt, eine Schattierung durch die Beigabe von Schwarz. Der Begriff »Farbton« oder »Farbwert« beschreibt die helleren oder dunkleren Varianten einer Farbe. So ist ein Karminrot ein dunkler und Rosé ein heller Rotton. Komplementärfarben – Orange und Blau, Rot und Grün, Gelb und Violett – liegen sich im Farbkreis diametral gegenüber. Wenn man sie zu gleichen Teilen vermischt, erhält man einen schmutzigen Grauton. Mischt man einer Farbe ein wenig ihrer Komplementärfarbe bei, so mildert man den Farbton; gibt man zum Beispiel in Rot ein wenig Grün, so verliert die Farbe von ihrer Feurigkeit. Jede fertige, zu harte oder zu grelle Farbe kann durch Beimischung der ihr im Farbkreis gegenüberliegenden Farbe gemildert werden. Einige Kenntnisse über die Mischung von Farbtönen sind sehr hilfreich, wenn man aus einer begrenzten Palette von Farbstoffen oder Acrylfarben einen bestimmten Ton zusammenmischen möchte.

Die Oberflächentextur ist das auffälligste Detail dieser mit Wasserlasuren behandelten Wandoberfläche; nur daß sie in diesem Fall nicht 200 Jahre alt ist, sondern das Resultat zeitgenössischer dekorativer Malerei. Die Farbe betont hier die körnige und unebene Struktur der Wand und bildet einen attraktiven Hintergrund für rustikale Möbel und Objekte.

Farbeigenschaften

Dekorateure unterteilen die Farben in warme und kalte Farben; warme Farben enthalten Gelb und Rot, kalte Farben Blau. Diese Unterscheidung ist allerdings nicht so simpel: So gibt es warme Blautöne, wie Indigoblau, die Rot und Gelb enthalten, und kalte Rottöne, die Blau enthalten, wie zum Beispiel Kirschrot. Man kann jeder Farbe einen warmen oder kalten Akzent geben, indem man ein wenig Rot, Gelb oder Blau beimischt. Auch Weiß hat meist einen leicht blauen oder gelben Ton, je nach Pigmentzusammensetzung, und diese leichte Färbung beeinflußt jede weitere Farbmischung. Die meisten der »Brillantweiß«-Farben enthalten einen hohen Blauanteil, um das Weiß noch strahlender erscheinen zu lassen; deshalb sollte man diese Farben nicht als Grundlage für Farbmischungen verwenden.

Fast jeder weiß, daß warme Farben einen trüben, nach Norden gerichteten Raum heiterer und durch Aufhellen des Farbtons den Raum sonniger machen. Strahlende warme Farben wie Orange, Rot, Gelb, Magenta und Smaragdgrün bezeichnet man auch als »hervortretende« Farben, da sie Oberflächen scheinbar näher rücken lassen. Kalte Farben wie Dunkelgrün, Blau und Purpur gelten als »zurücktretende« Farben. In dunklen Tönen geben sie einer Wandoberfläche Tiefe, und in ihren hellen Tönen vermitteln sie eine leicht kühle Atmosphäre. Welche Farben man bevorzugt, ist eine sehr subjektive Angelegenheit, aber im großen und ganzen ist es angenehmer, von warmen Farben umgeben zu leben und solche Farbtöne zu mischen. Viele kühle Farben wirken schnell etwas überspannt und formell – etwa scharfes, blasses Blau, Grün, Rosé und Kirschrot –, die nachgerade nach üppigem Stuck und eleganten, steifen Möbeln verlangen. Aber eine kluge Mischung von beidem kann oft sehr effektvoll ein. Ein wenig Eisblau, Blaurosa oder Lila verfeinert warme Erdtöne wie Ocker, Rostrot oder Braun, während kühlere Blau- und Grüntöne nach ein wenig Rot, einem kräftigen Gelb oder einem satten Braun verlangen. Lassen Sie sich zu solchen Farbkombinationen von den meisterlichen Beispielen polychromer Ornamentik maurischer und persischer Kacheln oder orientalischer Teppiche inspirieren. Die Suche nach der *einen* Farbe, die einen Raum zum Leben erweckt, ist eines der faszinierendsten Vergnügen der Innendekoration.

Farbträger

Ein wichtiger Aspekt der Farbwirkung ist das Medium oder der Träger, in das die Farbpigmente gemischt werden. So wirken Farben, die man mit einem stumpf und glanzlos auftrocknenden Farbträger verarbeitet, ganz anders als in einem hochglänzenden oder halbmatten Medium. Oft wird der Fehler gemacht, alte, farbenfrohe Bauernmalereien in den modernen »fetteren« Farben zu kopieren. Aber diese modernen Farben wirken nie so lebendig wie die Originalfarben, die immer in einem dünnen, matten, trocken texturierten Farbträger verarbeitet wurden, wie zum Beispiel Eitempera. Ich bin der Wirkung dieser leuchtenden Bauernmalerei mit wasserverdünnten Acrylfarben, Farbpigmenten in Buttermilch, Künstlerölfarben mit Terpentin oder mit Abtönpaste in matter Farbe sehr nahegekommen.

Transparente Farben, die man durch Verdünnen mit Wasser, Öl oder Firnis erhält, wirken ganz anders. Es gibt Farben, die an sich schon transparenter sind als andere, zum Beispiel Siena Natur und Gebrannte Siena, Umbra Natur, van-Dyck-Braun, Preußischblau, Ultramarin, Karmin- und Scharlachrot oder Chromgrün. Alle diese Farben eignen sich sehr gut zum Eintönen transparenter Öllasuren (siehe Seite 223–225) und zum Abtönen von Firnis.

Viele Farben sind eine Zeit in Mode und verschwinden dann wieder; nur die Farbe Weiß in all ihren Variationen wird immer die Nummer eins in der Farben-Hitliste bleiben, da sie zu allem paßt, egal welche anderen Farben, Möbel und Muster sonst noch in einem Raum sind, und ihre Reflexionsfähigkeit einen Raum heller und größer erscheinen läßt.

Reines Weiß

Reines Weiß wirkt am besten bei direktem Sonnenlicht, wenn es hell strahlt; im kühlen Licht nördlicher Länder sieht es überraschend anders aus. Es kann frostig wirken, es sei denn, es wäre eingebettet in andere starke Farben und freundliche Muster und Oberflächen. Bei reinem Weiß ist es unbedingt notwendig, daß die Farbe dick aufgetragen wird. Drei Schichten sind für Dekorateure das Minimum, und Perfektionisten behaupten, daß erst zwischen fünf und neun Schichten ein perfektes Weiß entstehen kann. Aber dabei muß man mit wirklichem Weiß arbeiten, nicht mit einem vorgefertigten »Brillantweiß«, das einen leichten Blaustich hat.

Weißschattierungen

Die meisten bevorzugen jedoch ein gebrochenes Weiß, da solche Weißtöne einen angenehmen Hintergrund für Möbel und Bilder bieten. Es gibt viele Weißabstufungen; warm schimmernde Perltöne und kühle silbrige Nuancen sind die schönsten. Man erhält warme Weißtöne, indem man ein wenig Gelb, Rot oder ein warmes Braun untermischt. Silbrige Töne entstehen durch eine Mischung mit einer winzigen Menge der vielen Schwarztöne (Ebenholz und Lampenschwarz eignen sich am besten) plus ein wenig Blau oder einem warmen Erdton wie Umbra Natur. Schon die geringsten Tönungen können den Charakter eines ganzen Raumes verändern.

Einer der populärsten Farbeffekte ist die Kombination verschiedener gebrochener Weißtöne mit reinem Weiß, um eine diskret-luxuriöse Oberfläche zu erhalten. Eine warme, cremefarbene Öllasur, die man mit Stoffwickeltechnik auf einen rein weißen (nicht brillantweißen) Untergrund aufträgt, ergibt eine pergamenten wirkende Oberfläche, die einen schmeichelnden Hintergrund für andere Farben und Muster bietet.

Eine weitere Verfeinerung ist die Kombination von Weißtönen und Mustern. So erhält man zum Beispiel eine Art Damast- oder Brokateffekt, indem man, über die ganze Wand verteilt, mattweiße Schablonenmuster auf einen glänzend weißen Untergrund (oder umgekehrt) setzt. Einen ähnlichen Effekt erzielt man, wenn man die Wände in einer glänzenden Cremefarbe und Holzwerk und Decke in einem kühlen, matten Weiß streicht. Solche Kontraste sind so fein, daß sie erst gar nicht wahrgenommen werden, aber dann für das Auge sehr angenehm sind. Während die warmen gebrochenen Weißtöne einen Raum lebendiger machen, vermitteln die kühl-silbrigen Nuancen eine sanfte Atmosphäre, die gut zu Räumen aus dem 18. Jahrhundert oder zu Zimmern mit schön gearbeitetem Holzwerk paßt. Der bekannteste englische Dekorateur des 18. Jahrhunderts, John Fowler, bevorzugte »schmutziges Weiß« in zwei oder drei subtilen, unterschiedlichen Schattierungen, um Flächen und Profile traditionell verarbeiteter Holzwerke zu betonen. Die Qualität seiner Arbeit bestand in der Verwendung des hellsten Farbtons auf den vorstehendsten Flächen und der dunkelsten Nuance auf den am tiefsten gelegenen Flächen; die dazwischenliegenden Profile wurden in einer mittleren Farbschattierung gestrichen. Eine ähnliche Wirkung erhält man mit drei Abstufungen einer matten opaken Farbe oder mit drei Lasurtönen, die man auf eine weiße Fläche aufträgt.

Wände

Besondere Farboberflächen 27

Dekorative Malerei 67

Vorhergehende Seite Schablonenmalerei wirkt, besonders wenn sie so lebhaft ist wie hier, oft am besten auf Wänden mit gebrochenen Oberflächen. Hier liegen zwei leicht unterschiedlich orangefarbene Lasuren auf einem weißen Emulsionsuntergrund übereinander, und die Schablonenmuster sind die moderne Version eines Tapetenmusters aus dem 18. Jahrhundert.

Wände begrenzen und formen einen Raum nicht nur, sondern sie bilden gleichzeitig auch den größten Oberflächenbereich; wie ein Raum wirkt, hängt deshalb in hohem Maße von der Wahl der Wandfarbe und Oberflächengestaltung ab. Allzu viele Menschen machen jedoch häufig den Fehler zu glauben, daß die verschwenderischste Wandgestaltung, die sie sich leisten können – handbedruckte Tapeten, selbstklebende Filze und Kiefernholztäfelungen –, den Raum zu einer gestalterisch geschmackvollen Einheit macht, gleichgültig, welche schäbigen Möbel, nicht zusammenpassenden Teppiche oder Gardinen und sonstiges Mobiliar noch dort herumstehen. Solche Räume wirken unausgewogen und ungemütlich, und die so üppig gestalteten Wände drängen sich unangenehm in den Vordergrund. Stellt sich aber eine derart kostspielige Wandgestaltung als Fehler heraus – und das kann auch erfahrenen Dekorateuren passieren –, läßt sich nichts mehr ändern. Die Materialien sollten so preiswert sein, daß man entspannt an die Aufgabe herangehen kann, die richtige Farbe und Technik auszutüfteln. Sollte sich die gewählte Farbe als nicht richtig herausstellen, muß noch genügend Spielraum vorhanden sein, den Fehler ohne allzuviel Arbeit korrigieren zu können. Außerdem sollte man daran denken, daß man alles leicht wieder verändern kann, wenn der Geschmack sich wandelt.

Die einfachste Lösung, diesen Ansprüchen gerecht zu werden, ist die Verwendung von Farbe. Sie bietet die interessantesten, vielfältigsten und sinnvollsten Möglichkeiten, eine Wand zu gestalten. Einer meiner Freunde, ein Meister der Wandgestaltung, pflegt zu sagen: »Dem Umgang mit Farben sind keine Grenzen gesetzt.« Ich glaube nicht, daß das übertrieben ist. Aber mit Farbe meint er nicht einfach den üblichen Dreifachanstrich mit Emulsions- oder Latexfarbe. Emulsionsfarben sind ohne Zweifel nützlich, aber wenn man nur sie verwendet, begrenzt man die Möglichkeit dekorativer Gestaltung. Setzt man Farben phantasievoll und klug ein – also mehr wie ein Künstler als ein Hobbymaler –, kann man eine Vielzahl atemberaubender Effekte erzielen: raffinierte und ungewöhnliche Farben, Oberflächen und Muster.

Kein Experte zu sein (ein Experte ist jemand, der einige Jahre lang Malerei und Gestaltung studiert hat) hat den Vorteil, daß man unbelastet von Traditionen an die Dinge herangehen und unorthodoxe Ideen entwickeln kann. In den verschiedenen trockenen Abhandlungen, die ich zu diesem Thema gelesen habe, wurde zum Beispiel nie erwähnt, daß die meisten hier beschriebenen Oberflächen schneller als normal gestrichene Flächen zu erarbeiten sind, daß man für lächerlich wenig Geld die elegantesten Effekte erzielen und daß diese Art der Malerei fesselnd und anregend sein kann. Es wird auch nicht erwähnt, daß keinerlei Spezialwerkzeug nötig ist – man kann mit improvisiertem Werkzeug, wenn auch vielleicht ein wenig auf Kosten der absoluten Glätte und Geschwindigkeit, gleich gute Resultate erzielen. Und keines der Bücher weist darauf hin – für mich die überraschendste Entdeckung –, daß der Umgang mit dieser Malerei gar nicht so schwierig ist. Vielleicht sind die komplizierteren Techniken wie Trompe-l'œil und Wandmalerei Ausnahmen, aber auch hier kann man, wenn man nicht allzu ehrgeizig ist und ein wenig mogelt, überraschende Erfolge erzielen.

Diese Techniken zu erlernen hat aber auch noch andere, praktische Vorteile. Je mehr man über dekorative Methoden Bescheid weiß, um so sicherer wird man. So zum Beispiel bei der Wahl der Farbe: Wenn man gelernt hat, eigene Farben zu mischen, eröffnen sich geradezu aufregende Perspektiven und Möglichkeiten. Man kann Farben anmischen, die genau zu einem Lieblingsbild oder zu dem bevorzugten Teppich passen oder exakt dazu kontrastieren; mit verschiedenen Lasuren herumspielen, um völlig neue und persönliche Farbeffekte zu erzielen; Holzwerk harmonisch mit den Wänden kombinieren oder eine gekaufte Farbe geschickte Beimischung um beliebig viele Farbnuancen variieren. Mit einer Dose weißer Farbe oder einer Dose transparenter Öllasur und einer Palette von Farben kann man fast jeden nur erdenklichen Farbton hervorzaubern.

Bei der Arbeit erlernt man nach und nach eine Reihe recht nützlicher Tricks. Man findet auf diese Weise heraus, daß einige Oberflächen einen Raum größer oder sonniger erscheinen lassen, andere dem schäbigsten kleinen Zimmer sogar ein üppiges Flair geben können. Versuchen Sie einmal einen mit dem Schwamm gewolkten rosigen Marmoreffekt im Badezimmer oder Schildpattmalerei in einem engen Flur. Hat ein Raum zu viele Türen und Schränke, kann man diesen Eindruck auflösen, indem man sie in der gleichen Farbe wie die Wände bemalt. Schöne Proportionen kann man hervorheben, indem man ein zur Wandfarbe kontrastierendes Schablonenmuster in einer eleganten Reihe unterhalb der Decke, oberhalb der Fußleiste oder um Fenster und Türen herum malt. Hat ein Raum unangenehm große und leere Wandflächen, kann man diese mit einer Schablonenmusterreihe in Scheuerleistenhöhe oder mit Holzwerkimitationen optisch aufgliedern. Eine Sammlung schöner alter Drucke, Fotografien oder Bilder wirkt auf einer Wand, die wie grobgewebte Seide aussieht, noch einmal so kostbar. Für poliertes Holz, Gold und üppige Farben und Oberflächen bilden gebrochene Farben ganz einfach einen schöneren Hintergrund als einfarbige Flächen.

Das Wesentliche all dieser Oberflächengestaltungen ist ihre Vielseitigkeit. Liebt man eine einfache und frische Landhausatmosphäre, kann man die Wände entsprechend schlicht und zurückhaltend gestalten. Ein mit lockerem Pinselstrich auf weißem Untergrund aufgetragener transparenter Farbüberzug ergibt einen der hübschesten Wandeffekte, die ich kenne; gestupfte und gezogene sanfte Farblasuren wirken auf weißem Grund ebenfalls sehr attraktiv. Legt man mehrere verschiedenfarbige Lasuren übereinander, erhält man eine leuchtende Farbigkeit, die den Wänden eines venezianischen Palastes alle Ehre machen würde.

Die meisten von mir beschriebenen Techniken sind althergebrachte Methoden und werden schon seit Jahrhunderten von Dekorateuren und Künstlern angewandt; allerdings scheint es so, als ob diese Techniken bis heute noch nicht in den Hobbybereich vorgestoßen sind und noch immer zum exklusiven Repertoire professioneller Innenarchitekten gehören. Mir wurden diese ausgeklügelten Möglichkeiten, mit Farben umzugehen, zum ersten Mal bewußt, als ich einen Maler beobachtete, der gerade dabei war, eine Wand mit einer gezogenen Lasur zu bemalen, und ich ihn fragte, was er da mache und vorhabe. Es sah gar nicht so schwierig aus, und das Ergebnis war so attraktiv, daß ich Feuer und Flamme war, mehr darüber zu erfahren. Das Ergebnis all meiner Fragen, Experimente und Erfahrungen ist dieses Buch. Ich hoffe, daß es meine Leser über den Umgang mit dem faszinierendsten Aspekt der Innendekoration so gut informiert, daß sie nach der Lektüre mehr darüber wissen als ich bei meinem ersten Versuch.

Vorbereitungen

Es besteht kein Zweifel, daß sich gut überlegte Vorbereitungsarbeiten lohnen und das Endergebnis eine haltbare, professionell aussehende Farboberfläche ist. Stardekorateure planen sehr viel mehr Zeit für die Vorbereitungsarbeiten ein als für die eigentlichen Malerarbeiten. Gründliche Vorbereitung macht auch spätere Renovierungsarbeiten leichter und weniger aufwendig. Amateure sind sehr wohl in der Lage, professionelle Standards zu erfüllen, wenn sie genügend Zeit erübrigen können und sich nicht vor der körperlichen Anstrengung und dem häuslichen Chaos fürchten. Will man aber nur einen schnellen Farbwechsel oder eine flotte Verschönerung seiner Umgebung, kann man die Vorarbeit auch ein wenig vereinfachen.

Mindestanforderungen

Um eine bemalte Oberfläche neu zu gestalten, muß man sie zumindest abwaschen und ausbessern. Durch das Abwaschen wird die Oberfläche von Schmutz, Staub und Fett gereinigt, die sonst dazu führen könnten, daß die neue Farbe nicht auf dem Untergrund haftet; das Ausbessern von Rissen, Löchern und anderen Beschädigungen ergibt einen glatten Untergrund. Sind die Räume in einem recht guten Zustand, reichen diese Vorbereitungen. Strengere Maßstäbe muß man anlegen, wenn der Putz bröckelig oder die Farbe auf dem Holzwerk und den Leisten dick und unansehnlich ist. Mit einem Heißluftgebläse läßt sich alte Farbe einfacher entfernen als mit einem Lötbrenner oder chemischen Lösungsmitteln, und die harte Arbeit wird mit einer neuen, glatten Oberfläche und klaren Details belohnt.

Alte Leimfarben kann man auf zwei Arten bearbeiten. Man kann sie mit derselben Farbart überstreichen – Informationen dazu auf Seite 210. Will man sie

Diese zurückhaltend elegante Wandoberfläche mit ihrem unregelmäßigen Spritzmuster und ihrer unauffälligen Plattenaufteilung bezieht einen Großteil ihrer Wirkung aus den perfekt glatten Wänden und der sorgfältigen Vorarbeit: Füllen der Risse, Abschmirgeln und sorgfältiger Voranstrich.

aber mit einer Emulsionsfarbe überstreichen, muß man die alte Farbschicht mit einer Scheuerbürste und warmem Wasser abwaschen und zuerst eine Sperrschicht auftragen, da Emulsionsfarbe nicht auf einer pudrigen Farboberfläche haftet.

Abwaschen der Wände

Soweit wie möglich sollte man alle beweglichen Gegenstände wie Möbel, Vorhänge, Bilder und Bilderhaken aus dem Zimmer entfernen. Wenn es zu schwierig ist, den Teppich herauszunehmen, rollt man ihn von der Fußleiste weg und deckt ihn mit Plastikfolie ab. Danach muß man mit dem Staubsaugerrüssel möglichst viel Staub aufsaugen: Dabei sollte man besonders auf Bilderleisten, Simse, Deckenleisten, Schrankoberteile sowie Tür- und Fensterleisten achten. Spinnennetze entfernt man mit einem Besen. Füllen Sie einen Eimer mit heißem Wasser und geben Sie ein wenig Ammoniak, Sodakristalle oder fertigen Haushaltsreiniger hinzu, um das Fett zu lösen. Waschen Sie mit einem großen Schwamm Wände und Holzwerk ab. Dabei arbeitet man von oben nach unten, und es empfiehlt sich, das Wasser häufig zu wechseln. Ist die Oberfläche stark verschmutzt, spült man mit klarem Wasser nach. Auch die Decke muß gereinigt werden. Öffnen Sie die Fenster, ohne die Heizung abzudrehen, und lassen Sie den Raum über Nacht trocknen. Nun sollten die Oberflächen ausgebessert werden.

Tapezierte Wände

Tapezierte Wände sind ein guter Untergrund für Farben, solange die Tapete fest auf der Wand haftet und unbeschädigt ist. Man bürstet die Wand einfach ab, klebt lose Stellen an und füllt Löcher und Risse mit Spachtelmasse (siehe unten). Alte, unregelmäßige Tapeten entfernt man am besten mit einer Dampfpistole, aber man muß darauf gefaßt sein, daß sich darunter eine bröckelige Putzschicht befindet.

Reparieren des Putzes

Man sollte wirklich stark beschädigten Putz von einem Fachmann reparieren lassen, aber einfache Löcher – sogar recht große – kann man im allgemeinen mit einer Allzweck-Spachtelmasse füllen. Bröckeligen Putz kann man möglicherweise durch Überkleben mit Makulaturpapier retten und so einen guten Untergrund für Malarbeiten erhalten. Zuerst füllt man alle Löcher und schmirgelt sie glatt, dann klebt man das Makulaturpapier an und überstreicht es mit Tapetenleim, der eine Sperrschicht bildet. So erhält man einen guten Malgrund.

Bearbeiten alter Farbschichten

Glänzende Oberflächen müssen vor einem Neuanstrich mit Sandpapier abgeschmirgelt werden, besonders, wenn die neue Farbe auf Wasserbasis hergestellt ist. Man rauht die Oberfläche auf, um der neuen Farbe Halt zu geben. Aluminiumoxyd- oder Naßschleifpapier verkürzt diesen mühsamen Arbeitsgang. Man sollte glänzende Oberflächen auch dann abschmirgeln, wenn man eine weitere Glanzschicht aufstreichen möchte, und mit einem starken Haushaltsreinigungsmittel abwaschen.

Ausbessern des Putzes

Risse, Spalten und Löcher bearbeitet man am besten mit einer Allzweck-Spachtelmasse. Loses Material bürstet man ab, damit die Spachtelmasse besser haften kann. Man trägt die Spachtelmasse mit einem Metallspachtel auf, wobei man etwas zuviel Masse aufträgt, weil sie beim Trocknen schrumpft. Nach dem Trocknen schmirgelt man die Stelle auf Wandniveau und versiegelt sie mit einer

Emulsions- oder Vorstreichfarbe. Lücken zwischen Wand und Fußleisten oder Tür- oder Fensterrahmen zu füllen ist zwar zeitraubend, aber das Ergebnis lohnt den Aufwand. Professionelle Dekorateure glätten die Spachtelmasse mit einem feuchten Tuch, kurz bevor sie hart wird – den richtigen Zeitpunkt testet man am besten mit dem Finger. Man kann auch mit einer Dichtpistole arbeiten, die ähnlich wie eine Konditorspritztüte funktioniert.

Grundierung und Vorstrich

Möchte man über eine Emulsionsfarbe wieder Emulsion streichen, ist kein besonderer Grundanstrich nötig, es sei denn, es handelt sich um einen radikalen Farbwechsel. Im allgemeinen ergeben zwei neue Farbanstriche eine genügend deckende Oberfläche; bei einer dunklen Untergrundfarbe muß man möglicherweise dreimal streichen. Unter Öl- oder Alkydfarben sollte man einen Grundanstrich auf Ölbasis legen. Um schnell voranzukommen, kann man mit einer Malerrolle arbeiten (siehe Seite 228), wobei man die oberen und unteren Kanten mit einem Pinsel streicht.

Bevor man neuen Putz mit Emulsion streicht, kann man die Oberfläche mit einer schnell trocknenden Acrylgrundierung, einer Vorstreichfarbe oder einfach mit Tapetenleim versiegeln, damit die Farbe nicht allzu sehr einsinkt und man nicht unnötig viel Farbe verwenden muß; für alle anderen Farben muß der Putz 6 Monate alt sein, da sonst die Restfeuchtigkeit Flecken und andere Probleme zeitigt.

Das Malen

Die besten Farben für die meisten in diesem Buch beschriebenen Oberflächen sind mit einigen Ausnahmen Farben auf Alkyd- oder Ölbasis. Emulsionsfarbe bleibt sehr porös, und man benötigt sehr viel mehr Farbe für eine Lasuroberfläche. Die besten Resultate erzielt man immer noch mit Pinseln, aber mit einer Malerrolle spart man ohne Zweifel Zeit und Kraft. Sie eignet sich allerdings besser für Emulsionsfarben als für Farben auf Ölbasis.

Arbeitsmaterial

Man braucht: eine geeignete Malerrolle mit Schale (siehe Seite 228) oder einen Malerpinsel (der breit genug sein sollte, um schnell voranzukommen, aber gleichzeitig nicht zu schwer in der Hand liegen darf); einen kleinen Pinsel für Feinarbeiten; eine leichte Aluminiumleiter; einen Plastikfarbeimer; Stofflappen zum Aufwischen ungewollter Kleckse; Plastikplanen oder Leintücher; einen Staubpinsel.

Arbeitsmethode

Man sollte einen Teil der Farbe in einen Plastikeimer oder eine Farbschale umfüllen und nicht aus der Farbdose arbeiten; so kann man die Farbe einfacher halten, und es wird nicht unnötig viel Farbe der Luft ausgesetzt. Zuerst breitet man die Plastikplanen oder Leintücher im Zimmer aus und vergewissert sich, daß die Leiter stabil steht. Man beginnt mit den Malarbeiten an der oberen Ecke der Fensterwand. Pinsel und Rolle sollten nicht mit Farbe überladen werden; zwei dünne Farbaufträge sind immer besser als ein dicker. Einen Pinsel hält man beim Streichen von Emulsionsfarbe am Griff, beim Verarbeiten von dickflüssigeren Ölfarben am Borstenblock.

Arbeiten Sie abschnittweise, erst von oben nach unten, dann seitwärts. Wenn ein Abschnitt gestrichen ist, beginnt man von oben mit dem nächsten, wobei man in den vorigen hineinpinselt. Man sollte beim Streichen stets methodisch und schnell vorgehen, damit die Ränder der Farbflächen nicht zu trocken werden, um sie mit der nächsten Farbfläche zu verstreichen. Muß man die Arbeit unterbrechen, sollte man versuchen, an einer Ecke damit aufzuhören, damit sich, wenn man wieder mit dem Streichen beginnt, kein sichtbarer Anschluß ergibt. Der erste Anstrich kann ruhig ein wenig fleckig sein, weil mit dem zweiten diese Unregelmäßigkeiten ausgeglichen werden. Trotzdem sollte man versuchen, eine recht glatte Oberfläche zu erzielen, indem man allzu auffällige Pinselstriche mit einem fast trockenen Pinsel verstreicht oder mit einer Rolle gleichmäßig verteilt.

Zuerst streicht man die Decke, dann die Wände und zum Schluß das Holzwerk. Es ist im allgemeinen einfacher, unregelmäßige Farbflecken an der Decke mit der Deckenfarbe beim zweiten Durchgang zu verbessern, als sie mit einem kleineren Pinsel bei der Arbeit zu egalisieren. Man sollte jede Farbschicht gut trocknen lassen, bevor man eine neue aufträgt. Ölfarbenoberflächen sollte man nach dem Trocknen vorsichtig mit einem feinen Sandpapier schmirgeln, um kleine Schmutz- und Staubpartikel zu entfernen. Das ist besonders wichtig bei hochglänzenden Oberflächen.

Firnis

Immer wieder stellt sich die Frage, ob es wirklich nötig ist, eine Oberfläche zu firnissen. Es gibt keine genauen Regeln und Vorschriften, außer denen, die der klare Menschenverstand vorgibt. Schön bemaltes Holzwerk wird im allgemeinen gefirnißt, weil man annimmt, daß es öfter einmal abgewaschen werden muß und es recht häufig strapaziert wird. Die empfindlicheren Wandoberflächenlasuren halten länger, wenn man sie firnißt. Über Öllasuren streicht man am besten ein oder zwei matte oder seidenmatte transparente Alkydschichten. Über die locker wirkenden Wasserlasuren streicht man eine Schicht transparenter, matter Alkyd- oder Emulsionslasur; so erhält die empfindliche Oberfläche Schutz, ohne den speziellen luftigen und kreidigen Charakter zu verlieren. Andererseits kann es ja sein, daß man gerne immer wieder einmal neu streicht. Kunstharzfirnis bietet den härtesten Schutz, aber er gilbt und dunkelt nach, was sich bei blassen Farben bemerkbar macht und wenn man Bilder des öfteren umhängt. Flure, Küchen und Badezimmer sind Räume, die häufig benutzt werden, und man schützt die Oberflächen besser mit einer oder zwei Schichten Kunstharzfirnis (siehe Informationen über Firnis, Seite 214–215).

Für das erfolgreiche Verarbeiten von Firnis, gleichgültig um welchen Firnis es sich handelt, gibt es einige Regeln. Man sollte stets einen sauberen, weichen Firnispinsel, den man nur zu diesem Zweck verwendet, benutzen. Der erste Firnisanstrich wird mit dem passenden Verdünner (Terpentinersatz oder Wasser) im Verhältnis 3:1 verdünnt. Achten Sie darauf, daß der Raum so staubfrei wie möglich ist; nach dem Streichen sollte man den Raum schließen, bis der Firnis trokken ist. Um keine Stellen ungefirnißt zu lassen, sollte man die Wände gut beleuchtet streichen. Firnis, auch matter Firnis, sieht beim Auftragen naß und glänzend aus; ausgelassene Stellen sind also leicht zu entdecken. Jede Firnisschicht sieht schöner aus, wenn man sie nach dem völligen Durchtrocknen mit feinem Sandpapier vorsichtig abschleift, um die unvermeidlichen Staub-, Schmutz- und Haarpartikel zu entfernen.

Besondere Farboberflächen

Fresko

Die interessanteste Entwicklung im Rahmen der dekorativen Malerei ist in den letzten Jahren unzweifelhaft die Aufwertung von Effekten gewesen, die auf verschiedenen Arten, Wandputz aufzutragen und einzufärben, beruhen. Die bedeutendsten Fachleute auf diesem Gebiet sind fast alle Italiener, da Italien auf eine lange Tradition in gekonntem Umgang mit Putz zurückblicken kann, zurückreichend bis in die Römerzeit und noch weiter. Man muß allerdings zugeben, daß das wiedererwachte Interesse an diesen Wandoberflächen viel mit der Exklusivität dieser Techniken zu tun hat. Obwohl die verwendeten Materialien wie zum Beispiel Kalkputz, Puderpigmente, Bienenwachs etc. leicht zu besorgen sind (wenn man weiß, wo), ist das Geheimnis der Verarbeitung nicht so einfach zu entschlüsseln. Und selbst wenn es das wäre, so ließen sich die meisten Leute durch die physische Anstrengung, die es kostet, den Putz anzurühren, und die Mühe, die unterliegende Wand so freizuschlagen, daß die richtigen Bedingungen für eine zuverlässige Verbindung von neuem und altem Putz gegeben sind, abschrecken.

Trotz dieser wirklichen Nachteile ist es, glaube ich, nützlich, etwas über diese wenig bekannten Oberflächen zu erfahren: Sie sind in sich interessant und besitzen eine Schönheit und Einfachheit, die viele Menschen dazu überreden könnten, sich für sie und ihre heutige Anwendung zu interessieren. Außerdem – und das ist der springende Punkt für den Amateurdekorateur – ist ihre Reinheit und Farbtiefe in Kombination mit den texturalen Variationen ein Hinweis darauf, in welche Richtung sich die dekorative Malerei heutzutage entwickelt. Aber man kann diese Qualitäten nur wirklich verstehen, wenn man den eigentlichen Entstehungsprozeß begreift.

Buon fresco

Der Ausdruck »Fresko« stammt aus dem Italienischen und bedeutet schlicht und einfach »feucht« oder »frisch« und bezieht sich auf den frisch aufgetragenen Putz, auf den die Farben aufgemalt werden. Schon seit dem Altertum gestaltete man mit dieser Technik Wände, da sie so nicht nur schön und einfach, sondern auch haltbar wurden. Deshalb ist der Begriff »Fresko« heute fast untrennbar mit Wandmalerei verbunden, auf jeden Fall in Laienkreisen.

Buon oder echtes Fresko beschreibt aber eigentlich nur eine Technik, bei der absolut reine, kalkverträgliche Puderpigmente mit Wasser angerührt auf fein strukturierten, frisch aufgetragenen Kalkputz aufgemalt werden. Die Grundlage bildet eine gröbere Kalkmörtelschicht, genannt arricio. Die Meister der Freskomalerei des späten Mittelalters und der frühen Renaissance, wie Giotto, Masaccio und andere, skizzierten grob ihre Wandentwürfe mit Kohle und rotem Pigment auf diese Oberfläche. Auf diesen Putzmörtelgrund trägt man eine weitere, aus feinerem Sand und mehr Kalkpuder bestehende Putzschicht auf, intonaco genannt. Man trägt diese Schicht täglich nur in relativ kleinen Flä-

Ein leuchtend klarer Farbkontrast unter mexikanischer Sonne. Die wolkige Oberfläche der Außenwand kam durch drei aufeinanderfolgende blaue Farblasuren zustande, bei denen jedesmal ein wenig Farbe wieder abgewaschen wurde.

chen auf; diese Flächen, die vielleicht nur 1 m^2 groß sein können, bezeichnet man als giornata. Die Größe richtet sich nach den Maßen und der Kompliziert heit des geplanten Motivs. So kann ein Madonnenkopf mit goldener Aureole ein ganzes Tagwerk sein, während es andererseits oft auch nur einen Tag dauert, Faltenwürfe oder Hintergrundmalerei, häufig mit Hilfe von Lehrlingen, zu malen.

Unserer modernen Wahrnehmung erscheint diese Freskotechnik in ihrer simpelsten Form als unglaublich farbschön und fast übermenschlich vollkommen durch die unglaublich feinen Farbnuancen in der intonaco-Oberfläche. Die Leuchtkraft der Farben entsteht durch unterschiedliche Faktoren – durch die Reinheit der Puderpigmente selbst, durch die Tatsache, daß die Kalkoberfläche blendend weiß auftrocknet und so einen unvergleichlich reflektierenden Malgrund abgibt, und durch die Art, wie die nassen Pigmente in den Grund einsinken und sich mit dem trocknenden Kalkputz verbinden.

Ein Fresko kann eine Lebensdauer von 2000 Jahren haben, obwohl das nicht unbedingt von Interesse für moderne Interieurdesigner ist, wenn man bedenkt, wie schnell ihre Kunden sich an von ihnen vorgeschlagenen Raumgestaltungen satt sehen. Wenn man aber ein glühender Verehrer reiner Farben ist, möchte man die Freskomalerei ausprobieren; dazu benötigt man einen abenteuerlustigen Stukkateur oder Verputzer und zu Beginn einen alten, schäbigen Raum, bei dem das Mauerwerk oder der Kalkputz auf Lattenwerk bloßliegt. Auf diesen groben Untergründen kann man kalkverputzte Wandoberflächen aufbauen, auf die sich die Farbpigmente recht gleichmäßig auftragen lassen, und vielleicht zum Schmuck noch ein einfaches, kontrastierendes Schmuckband am oberen und unteren Wandrand aufmalen. Hat man künstlerische Ambitionen und Fähigkeiten, kann man sich an kunstvollere Malereien wagen; dabei läßt man sich vielleicht von den pompejanischen Fresken inspirieren, von Marmorierungen, Trompe-l'œil-Nischen, Faltenwürfen, Stoffdraperien und anderen optischen Spielereien, die dazu dienten, die neutralen Räume größer wirken zu lassen und künstlerisch zu verschönern. Marmoriertechniken funktionieren, und dies entdeckten schon die alten Römer, auf dem nassen Kalkputz besonders gut, da man die groben Marmoradern gut mit dem Spachtel verreiben kann und so ineinander und weich verlaufende Masereffekte erzielt, die, wenn der Putz getrocknet ist, ungewöhnlich echt und elegant wirken.

Mezzo fresco und fresco secco

In den kühlen, feuchten nördlichen Klimazonen kann man eine frisch verputzte Wand bis zu zwei Wochen bearbeitbar halten, wie Freskomaler, die heute unter diesen Bedingungen arbeiten, versichern; aber im Mittelmeerraum kann es geschehen, daß eine giornata-Oberfläche so schnell trocknet, daß sie die Farbe nicht mehr gleichmäßig und sauber aufnimmt. In einer solchen Situation mußten sich die Freskomaler anders behelfen. Zum einen entwickelten sie die Mezzo-fresco-Technik, bei der dieselben Farbpigmente mit dem klaren »Kalkwasser« vermischt werden, das sich beim Löschen von Kalk auf der Kalkschicht absetzt; diese Mixtur wird bis zu einem gewissen Grad von der noch leicht feuchten Putzschicht aufgenommen. Beim fresco secco wird alle Malarbeit auf einen trockenen Kalkputzgrund aufgetragen, und die Farbe, die man dazu verwendet, ist und war im allgemeinen Eitempera, bei dem Eigelb mit Pigmentpulver vermischt wird. Fresco secco eignete sich dafür, die Blaupigmente Lapislazuli und Ultramarin zu verarbeiten, da sie auf nassem Kalkputz dunkel und farblos erscheinen. Man verwendete diese Technik auch für Details, Glanzlichter und andere Maleffekte, die man dann auftrug, wenn die ganze Arbeit fertig und überprüfbar war. Leider sind die Blautöne, da sie in der secco-Technik aufgemalt wurden und deshalb empfindlicher waren, oftmals bei alten Fresken nicht mehr erhalten, und viele Madonnenbilder sind deshalb nicht mehr in ihrer ursprünglichen Farbigkeit zu bewundern.

Imitiertes Fresko

Es scheint bedauerlich, daß man etwas derart Schönes wie eine Freskooberfläche nur dann erzielen kann, wenn man bereit ist, zeitaufwendige Verputzarbeiten auf sich zu nehmen. Dieser Gedanke ist eine Herausforderung für viele Dekorateure, mich selbst eingeschlossen, und wir haben einige unterschiedlich komplizierte Techniken entwickelt, die etwas von der subtilen Farbigkeit der alten buon-fresco-Methode wiedergeben, die zwar voller Leuchtkraft ist, aber dennoch matt und ein wenig kreidig erscheint. Diese Techniken leiten sich allerdings eher von der fresco-secco-Methode her. Man arbeitet bei allen mit Farben auf Wasserbasis, um den Freskoeindruck zu imitieren, da bei Farben auf Ölbasis die Farben nicht so rein sind und sich mit der Zeit verändern.

Wasserfarben auf poröser Oberflächenbeschichtung

Eine der imitierenden Freskotechniken, bei der man die schöne kreidige Farbigkeit und Textur annähernd erzielen kann, ohne langwierige Verputzarbeiten durchführen zu müssen, besteht darin, eine dünne Schicht aus verschiedenen gipsartigen Substanzen auf den vorhandenen Putz aufzutragen, um eine poröse Oberfläche zu erhalten, die Wasserfarben wie Löschpapier aufsaugt.

Für Amateure empfiehlt sich ein einfach zu verarbeitendes Material wie Allzweck-Spachtelmasse, die man mit Wasser zu einer cremigen Paste anrühren und mit einer Kelle und einem Metallspachtel auf den vorhandenen Putz auftragen kann.

Vorbereitungen

Die Wände müssen zuerst gut abgewaschen werden, um Schmutz und Fett zu entfernen. Glänzende Oberflächen werden abgeschmirgelt, damit der Putz halten kann, aber Spachtelmasse haftet von selbst schon recht gut und läßt sich dünn und glatt auftragen (obwohl manche Leute eine etwas rauhere Struktur vorziehen), ohne daß man Leim, Grundierung oder Vorstrich verwenden muß.

Arbeitsmaterialien

Allzweck-Spachtelmasse; Maurerkelle; Metallspachtel; Maleimer oder ein anderes Gefäß für die Verputzmischung; Sandpapier; Atemschutz; Farbpigmente in Puderform oder Gouache- oder Acrylfarben; eine Reihe von Künstlerpinseln für dekorative Malerei; Leiter.

Arbeitsmethode

Ein Nachteil von Allzweck-Spachtelmasse ist in diesem Fall, daß sie so schnell trocknet; deshalb sollte man nicht gleich einen Eimer voll anrühren, weil sie sonst bereits hart wird, bevor der geplante Wandabschnitt fertig ist. Man rührt also zu Beginn einen kleinen Eimer Allzweck-Spachtelmasse an und trägt sie mit der Kelle und dem Spachtel dünn auf den vorhandenen Wanduntergrund auf. »Dünn« bedeutet in unserem Fall 2–3mm dick, gerade genug, um den vorigen Untergrund zu verdecken und eine feine neue Oberfläche zu bilden. Mit ein bißchen Übung läßt sich die Spachtelmasse so schnell wie Farbe auftragen.

Oben Farbe und Wandoberfläche bilden durch die buon-fresco-Methode, bei der reines Pigment, in Wasser aufgelöst, direkt auf den noch nassen Kreidegrund gestrichen wird, eine Einheit. Beim Trocknen entsteht eine der haltbarsten und schönsten Oberflächen der dekorativen Maltechniken. Die hier gezeigten Beispiele wurden mit absolut reinen Erdfarben in der buon-fresco-Methode hergestellt. Für die buon-fresco-Technik eignet sich nur eine begrenzte Anzahl von Farben, die mit dem Kreidegrund vereinbar sind. Gewisse Farben, wie zum Beispiel aus Lapislazuli gewonnenes Blau, kann man nur verarbeiten, wenn der Grund bereits getrocknet ist; diese Methode bezeichnet man als fresco secco, bei der die Pigmente mit Eigelb gebunden werden.

Gegenüberliegende Seite, oben Bei dieser Malerei im Freskostil einer amerikanischen Dekorationsmalerin dienten pompejanische Wandgestaltungen als Vorbild. Sie entwickelte ihre eigene buon-fresco-Methode (siehe Seite 32), eine Kombination aus Acrylfarben und Gipsmörtel. Nach dem Trocknen wird das »Fresko« leicht mit Sandpapier geschmirgelt.

Gegenüberliegende Seite, unten Aus Pigmenten, Gips, Seifen und Wachs kreieren ein italienischer Maler und sein Team Materialien, die man auf Träger wie Holz oder Beton auftragen kann. Das hier gezeigte Motiv beruht auf Schablonenmalerei, die sich aus gedämpften Farben zusammensetzt und an alte Stickereien erinnert.

Wenn man eine rauhe, wie alter Putz wirkende Oberfläche erhalten will, trägt man die Spachtelmasse einfach etwas achtloser auf, wodurch Unregelmäßigkeiten und kleine »Risse« entstehen. Möchte man eine besonders glatte Oberfläche, schmirgelt man sie mit einem feinen Sandpapier ab, das um einen Schleifblock aus Kork oder Holz gelegt ist. Dabei bildet sich sehr viel Pulverstaub, und man sollte unbedingt einen Atemschutz und einen Overall tragen und oft mit dem Staubsauger die Luft ein wenig reinigen.

Wenn die Spachtelschicht trocken ist, kann man die Farbe oder die geplante Dekoration auftragen. Die einfachsten und authentischsten Farben sind trokkene Pulverpigmente, die man in guten Künstlerbedarfsgeschäften erhält. Man löst sie in Wasser auf und trägt sie mit weichen Pinseln auf, große für Farbflächen, feinere für dekorative Malarbeiten. Die Farben trocknen einige Grade heller auf. Ist die Farbe trocken, kann man weitere Farbschichten auftragen, um tiefere Farbtöne, Muster usw. zu erhalten. Am besten probiert man die Farbwirkungen auf einem verputzten Brett oder an einer Stelle aus, die später von einem Möbelstück verdeckt wird.

Anstelle von Pigmentfarben kann man in Wasser aufgelöste Gouache- oder Acrylfarben verarbeiten.

Andere Oberflächenbeschichtungen

Eine junge amerikanische Künstlerin hat ihre ganz eigene Freskoimitation entwickelt, die mit einer fertigen Spachtelmasse arbeitet, die in Amerika als »Verbindungsmasse« bezeichnet wird. Man kann sie ebenso wie Spachtelmasse auf Wände und Holzwerk auftragen, aber im Gegensatz zu Allzweck-Spachtelmasse trocknet sie nicht so schnell, und man muß sie nicht extra anrühren. Sie fotokopiert ihre Entwürfe auf durchsichtige Folie, projiziert sie mit einem Overheadprojektor auf die Wand und überträgt sie mit farbiger Kreide auf die Fläche. Mit dieser Methode hat sie schon erfolgreich eine Reihe schöner Wandgemälde, die von pompejanischen Freskomalereien inspiriert sind, kreiert. Sie verwendet in Wasser aufgelöste Pigmente und gestaltet den Putzuntergrund bewußt ein wenig rauh, um so einen möglichst authentischen Eindruck zu erzielen.

Ein möglicherweise vergleichbares Material ist in Deutschland »Rotband«, eine Füllmasse, die ebenfalls mit Wasser angerührt wird. Sie ist etwas gröber als Allzweck-Spachtelmasse, kommt in größeren Abpackformen, meist größeren Papiersäcken, auf den Markt und hat eine etwas längere Trockenzeit. Man kann dieser Masse ebenfalls Pigmente beimengen (siehe nachfolgendes Kapitel) und so eine Fresko-Oberfläche erzielen.

Farbige Oberflächenbeschichtungen und Gipsoberflächen

Eine andere interessante Möglichkeit besteht darin, die Wandputzmasse direkt mit Farbpigmenten anzurühren. So wird die Farbe fester Bestandteil der Spachtelschicht, und das Ergebnis ist in dieser Hinsicht dem buon fresco recht ähnlich; allerdings entwickelt die Farbe nicht die gleiche Leuchtkraft. Aber wer die Schlichtheit unbemalter Wände liebt – und das tun viele Menschen –, der wird diese Technik bevorzugen. Bei dieser Methode ist es allerdings schwierig, die Farbe genau im Griff zu haben, da sie im nassen Zustand um einige Nuancen dunkler ist als im durchgetrockneten. Man sollte auch ein wenig Übung haben und auf Probebrettern und mit verschiedenen Mischungsverhältnissen von Farbe und Putzmasse experimentieren.

Arbeitsmethode

Bevor man die Putzmasse mit Wasser anrührt, kann man das trockene Pulver mit Farbpigmenten durchmischen. Acrylfarbe wird in das Anrührwasser gegeben. In beiden Fällen müssen die Farben gut verrührt werden. Da mit Wasser vermischte Spachtelmasse schnell härtet, sollte man nur jeweils eine Schale voll anrühren und sich genau das Farb-/Spachtelmasseverhältnis notieren. Dann trägt man die farbige Spachtelmasse mit Kelle und Spachtel wie oben beschrieben auf.

Man kann statt Allzweck-Spachtelmasse aber auch einfachen Gips verwenden. Wenn Sie einen professionellen Verputzer mit der Aufgabe betreuen, können sie Farbpigmente unter den Gipsputz mischen, bevor er ihn auf die Wand aufträgt. Aber man sollte mit einem unkonventionellen Verputzer zusammenarbeiten, dem ungewohnte Arbeitsabläufe nichts ausmachen und der bereit ist, einige Zeit in das Herumprobieren mit Farben zu investieren. Man sollte eine Reihe von Farbmischungen ausprobieren und sie trocknen lassen, bevor man sich endgültig entscheidet. Erdfarben wie Ocker-, Siena- und Umbratöne sehen besonders authentisch und hübsch aus.

Die angemischte Farbe scheint beim Trocknen des Gipses fast zu verschwinden, ist aber wieder zum Leuchten zu bringen, indem man zum Schluß eine dünne Schicht weißen Wachs aufträgt, den man vorsichtig mit einem weichen Tuch poliert. Diese Wachsschicht kann man auch auf eine Allzweck-Spachtelschicht auftragen. In beiden Fällen ergibt sich durch den Wachs eine matt glänzende Oberfläche, die dem italienischen stucco lucida oder poliertem Putz ähnlich ist.

Geriebene Lasuroberflächen

Man kann Farben auf Wände aufreiben und von Flächen abreiben – zwei weitere Varianten des Fresko-Looks. Aufgeriebene Farben lassen sich in mehreren Schichten übereinanderlegen, so daß ein größerer Farbreichtum und vielfältigere Variationsmöglichkeiten entstehen. Als mir meine eigenen, aufgeriebenen rosafarbenen Wände plötzlich langweilig wurden, habe ich auf das Rosa eine rötlichbraune Öllasur gerieben; so entstand ein warmer, matt und wolkig texturierter Terrakottaton. Farbe abzureiben ist anstrengender und das Ergebnis nicht so vorhersehbar – man sollte an einem Probebrett oder einem kleinen Stück Wand eine Probe machen. Da die verbleibende Farbe in die Putzschicht hineingerieben wird, entsteht eine interessante grobkörnige Struktur, und die Farben wirken wie auf einem alten Wandgemälde aus Knossos.

Aufgeriebene Lasuroberflächen

Das Aufreiben von Farbe ist eine schnelle Technik, die am besten kontrollierbar ist, wenn man sie auf nassem Untergrund ausführt. Ich habe mehrfach mit Latexfarben gearbeitet, aber man kann jede Farbe verwenden, obwohl die Farben für Freskotechniken (siehe Seite 30) besonders wirkungsvoll sind.

Arbeitsmaterialien für aufgeriebene Lasuroberflächen

Halbmatte Latexfarbe als Wandgrundierfarbe; Öllasur; ein wenig weiße Grundierfarbe; ein kleines Gefäß für die Öllasur; Künstlerölfarben, Abtönpaste oder Pigmentpulver, die in Terpentinersatz aufgelöst werden; weiche Baumwolltücher; Kunstharzfirnis; eine Stehleiter.

Arbeitsmethode

Für eine geriebene Oberflächenlasur muß man die Farbe viel dunkler anmischen, als der endgültige Farbton sein soll. Dazu verwendet man eine der auf

Oben Die einfachste Art, den Eindruck alter Freskomalereien entstehen zu lassen, ist, großflächige Motive und Bordüren zu malen, bei denen große Teile einfach fehlen. Die Wandgestaltung dieser italienischen Villa beweist, daß es manchmal wichtiger ist zu wissen, was man fortlassen soll, als unbedingt ein vollständiges Gemälde zu schaffen.

Rechts Hier wurde mit Wasserfarbenmalerei auf einer gipsgrundierten Leinwand der Eindruck eines pompejanischen Freskos geschaffen. Risse und abgebröckelte Stellen sind bewußt mit Sandpapier oder Spachtel gemacht, um die Oberfläche alt und benutzt erscheinen zu lassen.

Seite 224 beschriebenen Öllasuren, die man mit ein wenig weißer Grundierfarbe mischt, damit die Farbe matter und kreidiger wirkt. Zum Einfärben verwendet man Künstlerölfarben, Abtönpaste oder Pigmentfarbe. Pigmentfarben verleihen der Oberfläche ein pudriges Aussehen, aber sie müssen sehr fein sein und mit ein wenig Terpentinersatz angelöst werden. Dabei sollte man einen Atemschutz tragen, wie bei allen Arbeiten mit pudrigen Substanzen.

Vor dem Mischen mit Farben sollte man einige Probebrettchen mit der Latexgrundierung vorbereiten, auf denen man die verschiedenen eingeriebenen Farben testen kann. Mit einem fusselfreien Lappen (zerrissene alte Bettücher sind ideal) trägt man die Farbe auf und verreibt sie dann sofort als transparente Farbschicht dünn auf dem Untergrund. Man benötigt nur etwa 1/2–1 Liter Lasur, um einen mittelgroßen Raum zu bearbeiten. Man beginnt oben in der Ecke an der Fensterwand und arbeitet sich nach unten und seitlich voran. Ab und zu sollte man zurücktreten, um zu kontrollieren, ob allzu starke Farbflecken und Unregelmäßigkeiten den Gesamteindruck stören. Zuviel Farbe kann man, solange sie noch feucht ist, verstreichen. Ausgesparte Stellen kann man später mit Stupftechnik vorsichtig ausbessern. Eine zweite Lasurschicht, besonders wenn es sich, wie bei mir, um eine dunklere Terrakottaschicht handelt, gleicht Unregelmäßigkeiten ohnehin ziemlich aus. Man sollte wissen, daß eingeriebene Farbe Risse und andere Unregelmäßigkeiten optisch hervorhebt.

Wenn man das Gefühl hat, daß die Farbe beim ersten Einreiben zu dünn ist, läßt man sie einige Tage trocknen, bevor man eine zweite Farbschicht aufreibt. Hebt man die erste Farbschicht dabei ab, muß man sie mit einer Sperrschicht aus extramattem Kunstharzfirnis isolieren und reibt dann die zweite Farbschicht auf.

Die aufgeriebene Farbe versiegelt man mit Kunstharzfirnis. Dabei kann man den Firnis mit in Terpentinersatz aufgelöster Künstlerölfarbe leicht eintönen.

Abgeriebene Lasuroberflächen

Diese Technik entstand per Zufall. Ein Malerfreund hatte eine Terrakotta-Emulsion auf Flurwände in meinem Haus mit einer Rolle aufgetragen. Die Farbe trocknete zu tief dunkel auf, und die einzige Möglichkeit, sie heller zu bekommen, war, sie wieder abzureiben, was wir mit Unmengen von Sandpapier taten. Harte Arbeit. Aber nachdem wir eine recht große Fläche abgerieben hatten, betrachteten wir das Ergebnis mit neuen Augen und entdeckten, wie schön die Farbwirkung war. Wir benutzten die Wand als Hintergrund für eine Wandmalerei mit griechischen Tänzern. Es klingt ein wenig verrückt, Farbe nur aufzutragen, um sie dann gleich wieder abzureiben, aber das Ergebnis lohnt die Mühe.

Man sollte eine sehr viel dunklere Farbe als das gewünschte Endergebnis wählen, sie mit der Malerrolle auftragen und mit Sandpapier abreiben. Bei Wänden, die recht neu mit verschiedenen Farben bemalt wurden, erhält man durch das Abreiben überraschende Ergebnisse. Deshalb sollte man an einer unauffälligen Stelle immer erst eine Probe machen, bevor man weitermalt oder die Farbschicht abreibt. Außerdem wird die Wandoberfläche durch diese Behandlung wunderschön glatt und eignet sich besonders für weitere Dekorationstechniken. Man muß diese Oberflächen nicht unbedingt firnissen, da die Farbe sich mehr oder weniger mit dem Putz verbunden hat. Möchte man sie dennoch schützen, verwendet man am besten einen matten Kunstharzfirnis.

Lockere Pinsellasuroberflächen

Lockere Pinsellasuren ergeben eine weiche, fein gescheckte Wandoberfläche, die besonders gut zu Räumen mit einem ländlichen Touch und zu hellen, unprätentiösen Kiefernmöbeln, Baumwollstoffen und Strohteppichen paßt. Ein dunkles Zimmer zur Nordseite wird zum Beispiel durch eine aprikosenfarbene oder durch eine bräunlich-rosafarbene Pinsellasur sonniger und freundlicher, während eine bleiche indigoblaue Lasur einen hellen sonnigen Raum in einen kühlen Platz verwandelt.

Wasser-, Öllasuren und Untergründe

Das beste Material für diese besonders hübsche Oberfläche war die altmodische Leimfarbe. Man konnte sie mit Wasser reichlich verdünnen, sie war billig und ergab eine weich strukturierte Oberfläche ohne Streifen und harte Kanten. Heute ist diese Farbe nicht einfach zu erhalten, deshalb finden Sie hier ein Rezept für selbstgemachte Leimfarbe:

Man benötigt zunächst Schlämmkreide, die man in Baugeschäften, Eisenwarenläden und Künstlerbedarfsgeschäften abgewogen kaufen kann. Drei Kilogramm reichen für einen kleinen Raum aus. Eine weitere Zutat ist Knochenleim, den man nach Packungsvorschrift in heißem Wasser auflöst und dann abkühlen läßt, bis er gallertartig ist. Danach wärmt man ihn in einem Wasserbad wieder auf. Wenn er warm und flüssig ist, kann man ihn benutzen. Außerdem benötigt man kaltes Wasser, einen Eimer, Farbpigmente, einen mittelgroßen Löffel und einen größeren Eimer mit heißem Wasser.

Füllen Sie den kleineren Eimer bis zur Hälfte mit Wasser, und schütten Sie soviel Schlämmkreide hinein, bis sich über der Wasseroberfläche ein etwa zehn Zentimeter großer Berg bildet. Lassen Sie die Kreide ein oder zwei Stunden weichen, rühren Sie sie dann um. Als nächstes löst man die Farbpigmente in ein wenig kaltem Wasser auf, so daß man eine konzentrierte Farblösung erhält, und gibt diese vorsichtig löffelweise in den noch ungeleimten Kreidebrei, bis man die gewünschte Farbe erzielt. Rühren Sie lange und gründlich um, bis sich die Farbe gleichmäßig verteilt hat. Schütten Sie nun den warmen Leim in den gefärbten Kreidebrei, und vermischen Sie beides sorgfältig. Die Leimfarbe sollte nun ähnlich dickflüssig sein wie gewöhnliche Farbe. Wenn sie zu fest wird, weil der Leim abkühlt, stellt man den Eimer mit der Leimfarbe in den größeren Eimer mit warmem Wasser.

Rühren Sie nicht mehr Leimfarbe an, als Sie mit einem Mal verarbeiten können – Leimfarbe hält sich nicht länger als zwei Tage. Fur den Untergrundanstrich verwendet man unverdünnte Leimfarbe; für eine Oberflächenlasur verdünnt man die Farbe, bis sie die Konsistenz von Milch erreicht.

Andere Materialien

Andere, einfacher zu erhaltende Farben ergeben eine ähnliche Wirkung, und es lohnt sich, mit ihnen herumzuexperimentieren. Professionelle Dekorateure verwenden auch Lasuren aus reichlich verdünnten, matten Ölfarben über einem Untergrund aus halbmatter Ölfarbe. Sie erreichen eine ähnliche Farbtransparenz wie Leimfarben, trocknen matt auf und können ohne harte Kanten und Pinselspuren gestrichen werden.

Eine weitere Möglichkeit sind Lasuren aus stark verdünnter Emulsions- oder Latexfarbe, die über einen sauberen, matten Emulsionsgrund gestrichen werden. Auf diese Weise entstehen sichtbare Pinselstriche und reichlich Oberflächenstruktur.

Folgende Doppelseite Eine Küche unter dem Dach in Spitalfield, London, wirkt durch die duftigen Blaulasuren wie mitten im Himmel des Mittelmeeres. Streifen in dunklerem Blau umgeben das Fenster und die ehemalige Kaminnische.

tanto tienes, tanto vales

Eine dritte, bei einigen Dekorateuren sehr beliebte Möglichkeit ist eine Lasur aus reiner Farbe und Wasser, der man nur ein klein wenig Emulsionsfarbe beimischt, um sie etwas fester zu machen. Mit dieser Lasur erhält man hochtransparente Farben und eine üppige Textur (siehe das Foto auf den Seiten 18–19). Farben strahlen besonders intensiv, wenn zunehmend sattere Farbtöne übereinandergelegt werden – so zum Beispiel, wenn man von hellem zu dunklem Rot wechselt. Jede Farbschicht sollte gut durchtrocknen, bevor man eine neue aufträgt, und diese muß schnell aufgestrichen werden, um die darunterliegende Schicht nicht aufzulösen.

Arbeitsmaterial für lockere Pinsellasuroberflächen

Farben: Man muß die für diese Oberflächen verwendeten Öl- und Wasserlasuren viel stärker verdünnen, als es für die anderen Oberflächenanstriche in diesem Buch nötig ist – etwa neun Teile Wasser oder Verdünner zu einem Teil Farbe. Der übliche halbe Liter sollte also wenigstens für zwei Pinsellasuren in einem kleinen Raum ausreichen (siehe Seite 210–213 mit Informationen über verschiedene Farbarten, und Seite 220–226 zum Mischen, Verdünnen und Tönen von Lasuren).

Wie üblich verdünnt man Ölfarben mit Terpentinersatz und tönt sie mit Abtönpaste oder Künstlerölfarben; Emulsions- und Latexfarben verdünnt man mit Wasser und tönt sie mit Farbstoffen, Künstlergouache- oder auch mit Acrylfarben.

Zusätzliches Arbeitsmaterial: Sie benötigen, je nachdem wie viele Personen streichen, einen oder zwei Eimer für die Farblasur; 100 – 125 mm breite weiche Pinsel; eine Stehleiter, saubere Lappen oder Papier, um den Boden aufzuwischen.

Arbeitsmethode

Die Art des Auftrags ist bei jeder Farbsorte die gleiche. Tauchen Sie den Pinsel in die Lasurfarbe, und streichen Sie sie mit lockerem, unregelmäßigem Pinselstrich in verschiedene Richtungen auf, ohne dabei harte Kanten oder deutliche Pinselspuren zu erhalten. Dabei sollte ein nicht geringer Teil der Untergrundfarbe sichtbar bleiben. Wenn diese erste Lasurschicht ziemlich trocken ist, wiederholt man den Vorgang; dabei streicht man mit dem Pinsel über die freien Stellen und auch hin und wieder über die erste Lasurschicht. So entsteht eine interessante, sich verändernde Farbdichte und -intensität und eine schön gescheckte Oberfläche.

Jede verdünnte Farbe trocknet sehr schnell; aber es ist am besten, wenn man jede Lasurschicht eine Nacht lang trocknen läßt, bevor man eine neue aufträgt, da es sonst vorkommen kann, daß man mehr Farbe wieder abnimmt, als man aufstreicht. Sollte dies passieren, kann man die leeren Stellen mit einem Schwamm und etwas Lasur retuschieren.

Seien Sie nicht beunruhigt, wenn die wässerige Lasur etwas überreichlich davonläuft. Es kann sein, daß man sie beharrlich mit einem weichen Pinsel verstreichen muß, bis sie an der Wand haftet. Bedecken Sie den Boden reichlich mit Papier oder Plastikplanen, um ihn vor Farbspritzern zu schützen, und bereiten Sie sich darauf vor, daß die erste Lasurschicht chaotisch aussehen wird. Aber schon die nächste Lasur bewirkt Wunder – die Farben werden plötzlich lebendig, und die Wände bilden eine unnachahmlich schöne Einheit, die nur Wasserfarben hervorzaubern können.

Firnis: Eine lockere Pinsellasur sollte möglichst matt, ein wenig alt und nicht geleckt aussehen. Muß man die Wände allerdings hin und wieder abwaschen, sollte man sie mit einem klaren, matten Kunstharzfirnis überstreichen, der den ursprünglichen Eindruck kaum verändert.

Das kreuzweise Streichen des Pinsels verhindert, daß die flüssige Farbe in geraden Bahnen die Wand herunterläuft.

Wasserlasureffekte

Links, von oben nach unten Eine Wasserlasur in einem lebhaften Gelb auf weißem Emulsionsgrund sorgt für einen sonnigen Eindruck.

Ein dünn aufgetragenes Meerblau über einem mittelblauen, matten Emulsionsgrund ergibt einen Farbeindruck, der sich mit der Intensität von Lapislazuli messen kann.

Diese alt wirkende Wand ist das Ergebnis nur weniger Stunden Arbeit. Dabei wurden komplementäre Farbtöne wie Salatgrün und Terrakotta auf einen steinfarbenen Emulsionsuntergrund aufgebracht. Die Farben neutralisieren einander, und es entsteht nach dem Trocknen eine sanfte Oberfläche, die an verwitterten Stein oder Pergament erinnert.

Rechts Die an gebleichten Jeansstoff erinnernde Wandfarbe entstand durch eine dünne, wasserfarbene Lasur über einem Leimfarbengrund. Die Schlämmkreide in der Leimfarbe saugt die Farbe wie Löschpapier auf, trocknet kreidig auf und bietet einen idealen Hintergrund für Möbel im rustikalen Stil.

»House Style«-Wasserlasuren

Ein in Zusammenarbeit mit einem Farbenchemiker entwickeltes Produkt meiner Firma »House Style« ist eine konzentrierte, transparente Farbe auf Wasserbasis, die nicht sofort antrocknet und deshalb länger bearbeitet werden kann als verdünnte Emulsionsfarbe. »House Style«-Wasserlasuren sind leider nicht auf dem deutschen Markt erhältlich. Die Bezugsadresse in England finden Sie auf Seite 233. Durch die spezielle Zusammensetzung ist die Farbwirkung klar und rein und frei von kreidig wirkenden Füllstoffen. Sie ist außerdem geruchsfrei und wird in den USA zunehmend für Wandlasuren anstelle von Farbe auf Ölbasis verwendet. Man sollte sie sparsam verarbeiten, eher wie eine zarte, durchsichtige Wasserlasur als eine transparente Farbe, und sie wirkt am besten als sanfte, leicht wolkige Farbschicht über einem matten Emulsionsuntergrund. So erhält die eigentlich flache und ausdruckslose matte Emulsionsfarbe eine durchscheinende Tiefenwirkung, die der Fläche Leben einhaucht und sie zu einer angenehmen Umgebung macht. Meiner Erfahrung nach gibt es keine bessere Möglichkeit, moderne Kunststoffarben zu beleben und zu verschönern. Mit diesen Wasserlasuren kann man leicht einen Fresko-Look erzielen – zwar ist er nicht ganz authentisch, aber optisch recht ähnlich. Und das Blau dieser Farben ist sogar noch besser als bei der originalen Fresko-Arbeit, da man diesen Farbton mit der Secco-Methode mit Eitempera im nachhinein aufbringen mußte und er deshalb nicht so transparent war wie die anderen Farben. Das Dunkelblau der »House Style«-Wasserlasuren erscheint mir deshalb eine wirkliche Verbesserung zu den anderen wasserlöslichen Wandfarben.

Vorbereitungen

»House Style«-Wasserlasuren lassen sich auf bereits vorhandene Wandfarben aufbringen, aber die Oberflächen sollten abgewaschen werden, damit sie schmutz-, fett- und staubfrei sind. Wurde Füllspachtel verwendet, sollte man diese Stellen mit der gleichen Grundfarbe überstreichen, da diese Flächen sonst die Wasserlasur anders als auf dem Rest der Wand aufsaugen.

Arbeitsmethode

»House Style«-Wasserlasuren sind in Halbliter-Kunststoffbehältern erhältlich. Mit einer solchen Lasurmenge kann man 50 m^2 bearbeiten. Dazu verwendet man am besten einen Schwamm, mit dem man die Lasur dünn aufträgt und mit einem Pinsel allzu dichte Farbkonzentrationen verstreicht. Über einem weißen Untergrund muß man wahrscheinlich zwei Lasurschichten anlegen, bei einem farbigen Untergrund reicht in der Regel eine. Blasse, gebrochene Weißtöne sehen schöner auf einem ebenfalls gebrochenen weißen Untergrund als auf einer strahlend weißen Grundfläche aus. Die mittleren Farbtöne dieser Wasserlasuren-Palette kommen am besten auf einem blasseren Untergrund des gleichen Farbtones zur Geltung, während die starken Rot- und Blautöne hervorragend auf kalten Hellblaus aussehen. Terrakotta benötigt Gelbocker oder Backsteinrot. Man beginnt die Arbeit in der Ecke der Fensterwand und befeuchtet den Schwamm mit einer gehörigen Farbmenge gleich aus dem Farbbehälter und verreibt die Farbe, soweit sie reicht, auf der Wandfläche. Stupfen Sie die Farbe nicht auf wie bei gewolkten Lasuroberflächen, sondern streichen Sie sie zu einem transparenten Farbschleier aus. Mit dem Pinsel vertreibt man überschüssige Farbe und füllt Farblöcher aus. Man sollte nicht immer wieder über dieselbe Fläche streichen. Fühlt sich die Farbe angetrocknet an (das ist je nach Wandbeschaffenheit, Raumtemperatur und Klima unterschiedlich), sollte man sie 24 bis 48 Stunden ruhen lassen, bevor man eine zweite Lasurschicht aufträgt. In der Ruhezeit bindet die Farbe ab, so daß man sie beim zweiten Bearbeiten nicht wieder anlöst und abhebt. Passiert das doch einmal, bessert man diese Stelle mit der gleichen Farbe aus. Hat man den Dreh heraus, geht die Arbeit leicht voran. Man bedeckt die gesamte erste Lasurfläche dünn mit einer zweiten Lasurschicht. Zuerst sieht die Fläche sicher etwas unruhig aus, aber sie trocknet matt und recht gleichmäßig auf. Sieht man sich die Arbeit am nächsten Morgen an, ist man immer angenehm überrascht.

Firnis

Ich werde oft gefragt, ob man »House Style«-Wasserlasuren firnissen muß. Und die Antwort lautet im allgemeinen: Es kommt darauf an. »House Style«-Wasserlasuren härten mit der Zeit so gut durch, daß man sie vorsichtig abwaschen kann. Oberflächen, die recht häufig strapaziert werden, wie Treppenhauswände, würde ich mit einem völlig matten Alkydfirnis versiegeln. Aber wenn es geht, lasse ich diese Wasserlasuroberflächen am liebsten unbehandelt, da ein Firnis dazu neigt, die delikate kreidige Textur dieser Oberflächen zu zerstören.

Gezogene Lasuroberflächen

Eine gezogene Lasuroberfläche besteht aus regelmäßigen Pinselspuren, die an einer Wand meist vertikal verlaufen; bei Holzwerk folgen sie zumeist der Maserung. Wenn man einen harten Pinsel durch eine getönte Lasurschicht zieht, ergibt sich eine fein gestreifte Oberfläche, die ein wenig an Changeant-Seide erinnert. Gezogene Lasuroberflächen passen am besten zu gut proportionierten Stilmöbelräumen. Im allgemeinen hält man diese Technik für die schwierigste Oberflächengestaltung, da es nicht einfach ist, mit dem Pinsel von oben bis unten eine gerade Linienführung zu halten und am Anfang nicht zu viel und am Ende nicht zu wenig Farbe zu haben. Anfänger bevorzugen deshalb oft eine etwas gröbere, rustikal wirkende, gezogene Lasur. Eine Variation besteht darin, auf die erste vertikal gezogene Lasur eine weitere, horizontal gezogene Lasur aufzutragen, damit die Oberfläche wie gewebter Stoff wirkt. Eine weitere Möglichkeit ist, einige Borsten unregelmäßig aus dem Pinsel zu schneiden, so daß verschieden breite Streifen entstehen, wie bei klassischen Pyjamastoffen.

Farben

Pastellfarbene Lasuren über Weiß oder dunklere Farben über pastellfarbenem Untergrund sind immer sehr wirkungsvoll. Blau über Blau, Grün auf Grün sind die beliebtesten Wandfarben; aber bei zwei verschiedenen übereinandergezogenen Farben – wie zum Beispiel Blau über Grün oder Lila auf Grau – ist der Changeant-Effekt viel stärker. Auch ungewöhnliche Farbkombinationen können funktionieren – Graublau über Orange, ein warmes Braun über einem hellen Blau . . . Mir gefallen gezogene Lasuroberflächen in Rottönen, wie zum Beispiel ein dunkler Rotton über einem warmen Braungelb.

Vorbereitungen

Am besten arbeitet man bei dieser Oberflächengestaltung mit einer getönten transparenten Öllasur, die man auf eine unporöse Ölfarbenschicht aufträgt und mit einem farblosen matten Kunstharzfirnis versiegelt. Man kann auch mit anderen Farben arbeiten, aber diese traditionelle Kombination ergibt die elegantesten Effekte. Die Wände sollten in gutem Zustand sein, da Risse und andere Unregelmäßigkeiten häßlich zum Vorschein kommen. Man kann diese

CHALLEN

Wandfehler entweder spachteln und abschmirgeln oder mit aufgeleimtem Makulaturpapier reparieren.

Arbeitsmaterialien für gezogene Lasuroberflächen

Professionelle Dekorateure haben alle ihr bevorzugtes Lasurrezept; aber eine Lasur aus fertiger transparenter Öllasur, getönt mit Künstlerölfarben oder Abtönpasten, üppig verdünnt mit Terpentinersatz, ein wenig optisch weicher gemacht durch Beimengung von unterschiedlich viel weißer Vorstreichfarbe, ist eine gute Arbeitsgrundlage. Je mehr Vorstreichfarbe beigegeben wird, um so weicher, kreidiger und matter werden die Pinselspuren. (Rezepte siehe Seite 224, Seite 220, Anleitungen zur Farbmischung.) Man sollte die Farbkombinationen auf Pappe oder Papier zuerst testen und trocknen lassen, bevor man auf der Wand weiterarbeitet, da nasse Farbe sich beim Trocknen stark verändert.

Die Menge der Öllasur richtet sich nach der Porosität der Grundfarbe. 1 Liter Lasur reicht meistens für einen mit unporöser Ölfarbe vorgestrichenen Raum. Bei seidenglänzenden und matten Latexfarben muß man wegen der stärkeren Lasurabsorption mit 1 1/2 – 2 Litern rechnen.

Pinsel: Der hier gezeigte Pinsel ist ein langborstiger »Schläger«, den man auch oft bei Maserungstechniken verwendet. Er hinterläßt klare Streifen, aber viele Leute finden es schwierig, mit langen Borsten eine lange gerade Linie zu ziehen, da sie keinen Gegendruck geben. Ein Firnispinsel ist eine gute Alternative. Auch ein einfacher, 10 cm breiter Malerpinsel hinterläßt feine, deutliche Streifen. Für rustikale, unregelmäßige Streifen eignet sich ein weitborstiger Tapezier-

Eine gezogene, pergamentfarbene Lasur über Weiß bildet eine hübsche Umgebung für grüne Trompe-l'œil-Zierleisten, die dazu dienen, dem Raum eine bessere Proportion zu geben. Die nicht ganz unproblematische Fensternische wurde geschickt zu einer Sitzbank umfunktioniert. Der darunterliegende Heizkörper ist hinter einer ungewöhnlich gestalteten Sichtblende, die in den Farben der Wände bemalt wurde, verborgen.

Halten Sie den Pinsel unverkrampft in der Hand, und ziehen Sie ihn von oben nach unten durch die nasse Lasur.

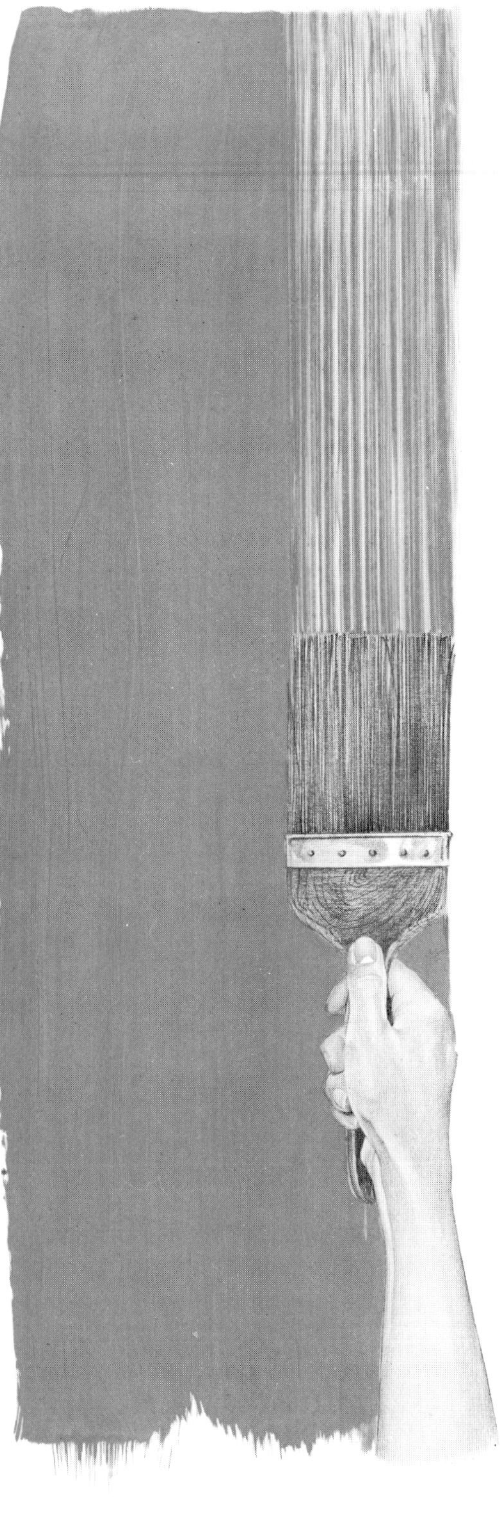

pinsel; mit ihnen erhält man die Pyjamastreifen. Und da die Borstenbüschel weit auseinanderstehen, geht die Arbeit besonders schnell voran.

Zusätzliches Arbeitsmaterial: Das wichtigste Arbeitsgerät ist eine stabile Stehleiter. Für die Lasur empfiehlt sich ein Farbeimer mit Drahtgriff oder eine eigentlich für Tapezierpinsel geeignete Farbschale. Stofflappen, Zeitungen oder Küchenrollen zum Sauberwischen der Pinsel zwischendurch.

Arbeitsmethode

Am besten arbeitet man bei gezogenen Oberflächen zu zweit: Einer malt einen etwa 45 cm breiten Streifen Lasur von oben nach unten auf, und der andere zieht sofort mit dem Pinsel in die noch nasse Farbbahn die charakteristischen Streifen. Wichtig ist, daß der erste Maler bereits den folgenden Farbstreifen aufträgt, der die erste Lasurbahn ein wenig überlappen soll, damit die Oberfläche nicht trocken ist, bevor der zweite Maler sie bearbeiten kann. Die nasse Überlappkante ist für eine erfolgreich gezogene Lasur besonders wichtig, und Fehler fallen sehr ins Auge. Aber auch hierbei ist es wie mit allen lasierten Oberflächen: Wenn man Bilder aufhängt und Möbel aufstellt, fallen Fehler oft gar nicht mehr auf.

Zu Beginn muß man die richtige Lasurkonsistenz mischen. Wenn sie zu dünn ist, läuft sie die Wand hinunter, und die Streifen neigen dazu, ineinander zu verfließen und zu zerlaufen. In diesem Fall gibt man noch ein wenig mehr Öllasur hinzu. Vor dem Ziehen sollte die Lasur etwa eine Minute anziehen, damit die Streifen gut sichtbar werden. Sollen die Streifen weicher erscheinen, erhöht man die Menge der beigemischten Vorstreichfarbe. Zuviel Öllasur macht leicht einen etwas »klebrigen« Eindruck, der nicht besonders attraktiv wirkt; aber andererseits ist eine leicht klebrige Lasur gut für eine Zweischichten-Lasur, da sie eine dreidimensionale Textur ermöglicht. Gezogene Lasurflächen sollten nach dem Trocknen matt sein; sind sie zu glänzend, sollte man einen matten, farblosen Kunstharzfirnis auftragen, der die Oberfläche außerdem noch schützt.

Das schwierigste an dieser Lasurtechnik ist es, zu vermeiden, daß sich am oberen und unteren Ende jedes Pinselzuges allzuviel Farbe sammelt. Der Trick besteht darin, am oberen und unteren Ende der Wand den Druck auf den Pinsel bewußt zu verstärken. Das erfordert natürlich einige Übung. Eine gute Möglichkeit, diese Schwierigkeit zu umgehen, besteht darin, aus der Not eine Tugend zu machen, indem man zum Schluß ein durchgehendes Farbband ansetzt. Überschüssige Farbe an Decke und Fußleisten kann man nach der Arbeit wegwischen, aber vom Holzwerk sollte einer der beiden Maler sie gleich mit einem Lappen entfernen. Um eine Unterbrechung nicht sichtbar werden zu lassen, empfiehlt es sich, an einer Ecke und nicht in der Mitte einer Wand aufzuhören. Den Pinsel wischt man regelmäßig an einem Lappen sauber. Es ist auch hilfreich, mit einer gezogenen Lasur an einer vertikalen Linie wie einem Türrahmen oder in einer Ecke zu beginnen.

Besser als zu zweit abwechselnd mit einer Stehleiter zu arbeiten ist es, zwei Leitern oder einen zusätzlichen leichten Stuhl zu benutzen. Es ist schwierig, auf einer hohen Wand gerade, vertikale Linien zu ziehen, ohne Schlenker zu machen, während die Entfernung von der Deckenleiste bis zum Wandsockel kein Problem sein dürfte. Man könnte zum Beispiel einen Wandsockel aufmalen, wenn es keinen wirklichen gibt. Mit der Zeit wird die Lasur hart genug, um sie hin und wieder vorsichtig abzuwaschen, aber professionelle Dekorateure versiegeln eine gezogene Wandlasur zum Abschluß mit einem matten oder halbmatten transparenten Kunstharzfirnis.

Gestupfte Lasuroberflächen

Stupfen ist eine Technik, die von Generationen von Dekorateuren eingesetzt wurde, um Farben weicher wirken zu lassen und um Pinselspuren auf bemalten Wänden und Holzwerk zu beseitigen. Dabei geht man mit einem großen, feinen Stupfpinsel schnell und dicht über eine frisch bemalte Fläche, um die Farbe möglichst gleichmäßig zu verteilen. Eine gestupfte Oberfläche kann mit einem Stupfpinsel, einem weichen Stoffbausch oder einer Malerrolle erzielt werden, indem man diese Werkzeuge fest auf die noch nasse, dünn mit Lasur bestrichene Oberfläche drückt und wieder abhebt, so daß nadelstichfeine Farbpunkte an den Werkzeugen haften bleiben und die Untergrundfarbe durchscheint. Je nach Werkzeug können als Endergebnis winzige feine Pünktchen oder sanfte Sprenkel entstehen. Gestupfte Wände sind ein schmeichelhafter und unaufdringlicher Hintergrund für jede Art der Möblierung, und sie passen zu jedem Raum.

Stupfen mit Pinsel und Stoffbausch: Pinselgestupfte Lasuren sind die delikatesten und gleichmäßigsten Oberflächen, zart wie die Haut eines Pfirsichs. Aber es ist eine langsame und ermüdende Arbeit, und ich denke, daß man sie am besten für kleine Flächen, Holzwerk oder Möbel reserviert. Stupfpinsel sind außerdem recht teuer, aber einfache Staubpinsel bieten einen recht guten Ersatz. Stupfen mit weichen Stoffbäuschen ergibt Oberflächen, die Stoffwickeloberflächen ähnlich sehen, aber dichter und gleichförmiger sind.

Stupfen mit der Malerrolle: Man kann mit einer Lammfellrolle auf einer nassen Lasur schnell und einfach eine etwas gröber strukrurierte und gebrochene Farboberfläche kreieren.

Farben

Im allgemeinen stupft man transparente Farbe auf einen weißen oder hellen Untergrund. Die durchschimmernde Untergrundfarbe läßt die Lasur weicher erscheinen und hellt sie gleichzeitig auf; so wirkt ein dunkles Purpurrot auf Weiß wie ein dunkles Rosé und ein Kaffeebraun über einem Cremeton wie Milchkaffee usw. Pastellfarben bilden einen besonders hübschen Untergrund für Schablonenmuster.

In den 30er Jahren entstand eine interessante Variante dieser Technik; man legte eine opake, meist weiße oder cremefarbene Farbschicht über eine strahlende und glänzende scharlachrote, smaragdgrüne oder kobaltblaue Untergrundfarbe. Solch eine Oberfläche mit ihren kleinen, leuchtenden Farbflecken, die aus einer matten, opaken Lasur hervorstrahlen, sieht zauberhaft aus, aber man erreicht diesen Effekt nur mit einem Stupfpinsel.

Deshalb sollte man eine solche Oberfläche am besten nur bei Möbeln planen, obwohl sie auch dazu geeignet ist, eine glänzende Wand, an der man sich müde gesehen hat, neu zu gestalten. Ein weiterer Trick der 30er Jahre war, verschiedenfarbige Wandflächen mit der Stupftechnik langsam ineinander über-

Folgende Doppelseite Pergament war die Modefarbe der 30er Jahre, und diese interessante Nachahmung eines Raumes aus jener Zeit verwendet in Cremetönen gestupfte Wände, die so wirken, als seien sie mit Pergamentrechtecken tapeziert. Der speziell hergestellte Schrank wurde in taschentuchgroße Rechtecke aufgeteilt und mit den gleichen Farben bearbeitet. Deckenleiste und Türrahmen wurden mit Schlagaluminium belegt.

gehen zu lassen und sie so miteinander zu verschmelzen, daß sanft-wolkige Pastelleffekte entstanden, die damals in den Schminkräumen und Damentoiletten der großen Hotels, in Kinos und in Bars so beliebt waren. Bei einer insgesamt mit dem Pinsel gestupften Oberfläche gehen die einzelnen Farben sanft und ohne Ansatzlinien ineinander über.

Vorbereitungen

Die Wandoberfläche sollte ziemlich fehlerfrei und glatt sein, obwohl Unebenheiten und Risse bei dieser Art des Endanstrichs nicht so auffallen wie bei einer gezogenen Lasur. Es ist jedoch wichtig, eine unporöse Untergrundfarbe zu benutzen, damit die gestupfte Farbe gleichmäßig und effektiv aufgetragen werden kann. Eine Schicht halbmatter Ölfarbe auf einer Schicht Vorstreichfarbe bietet die richtige Grundlage. Entscheidet man sich für die gröbere Stupftechnik mit der Kunststoffmalerrolle, kann man auch Emulsions- oder Latexfarbe als Untergrund verwenden. Das Ergebnis wird allerdings ein wenig fleckiger sein, da eine Farbe auf Wasserbasis Lasur unterschiedlich aufsaugt.

Arbeitsmaterial für gestupfte Lasuroberflächen

Öllasur: Transparente Öllasur oder eine Lasur aus verdünnter Farbe auf Ölbasis – matt oder halbmatt – verwendet man für die gestupfte Farbschicht, je nachdem, ob die Oberfläche matt oder glänzend sein soll (siehe Seite 210–212). Eineinhalb Liter Farbe sollten bei diesem Verfahren für einen kleinen bis mittelgroßen Raum ausreichen. Um eine Emulsionsfarbe aufzustupfen, verwendet man am besten einen Naturschwamm, der eine hübsche, leicht unregelmäßige Musterung erzeugt.

Zum Eintönen der Öllasur verwendet man Abtönpaste oder Künstlerölfarben (Informationen über das Verdünnen und Tönen von Lasuren siehe Seite 223–224). Es ist dabei darauf zu achten, daß Lasuren, die aus verdünnter, mit Ölfarben getönter Farbe bestehen, eine etwas andere Wirkung haben als Lasuren aus einer transparenten, getönten Ölfarbe. Sie wirken, da sie wie die meisten anderen Farben Weißpigmente enthalten, weicher, stumpfer und außerdem weniger leuchtend.

Werkzeug: Die Wahl des Werkzeugs hängt von der Art der Oberfläche ab, für die Sie sich entschieden haben. Stupfpinsel gibt es in unterschiedlichen Größen, wobei der größte am zeitsparendsten ist, wenn man eine Wand bemalen will. Eine Malerrolle sollte aus Lammwolle, Mohair (oder einem ähnlichen synthetischen Material) oder aus hartem Kunststoff sein, aber auf keinen Fall aus glattem Schaumstoff. Rollen sind oft so preiswert, daß es sinnvoll ist, gleich mehrere Ersatzrollen zu kaufen, um sich während der Arbeit das Säubern der Rolle zu ersparen. Das Stupfen mit Stoffbäuschen bietet viele Experimentiermöglichkeiten. Verschiedene Stofftexturen ergeben unterschiedliche Effekte – so erhält man mit Musselin, Gaze oder mit alten Bettüchern eine weiche Oberfläche und mit Jute, Rupfen und anderen groben Leinenstoffen ein etwas gröberes Muster. Es ist wichtig, darauf zu achten, daß man von der gewählten Stoffart genügend Vorrat hat, da die Stoffbäusche durch die Farbe hart werden und dann nicht mehr zu gebrauchen sind und ein Wechsel der Stoffart mitten in der Arbeit eine sichtbare Veränderung der Wandoberfläche ergibt. Einige Maler verwenden auch zusammengeknülltes, weiches Papier. Probieren Sie die unterschiedlichen Effekte aus, bevor Sie sich für einen entscheiden.

Zusätzliches Arbeitsmaterial: Terpentinersatz zum Verdünnen; einen Farbtopf, einen Eimer oder eine große, flache Dose für die Lasur; eine Stehleiter und viele saubere Stofflappen.

Arbeitsmethode

Stupfen mit Pinsel oder Stoffbausch: Bei dieser Technik kommt man zu zweit unzweifelhaft besser voran als allein. Nachdem man die Lasur zusammengemischt hat, trägt ein Teammitglied sie in vertikalen Linien dünn und gleichmäßig auf, während der andere mit der Stupfarbeit beginnt, solange die Farbe noch naß ist. Dabei sollte der Druck des Stupfpinsels gleich- und regelmäßig sein. Da diese Art der Stupftechnik recht zeitaufwendig ist, kann eine effiziente Zusammenarbeit sehr hilfreich sein – so beginnt einer, die obere Hälfte der Wand zu stupfen, während der andere den unteren Teil der Wand lasiert. Damit die Wand hinterher professionell aussieht, müssen die Farbkanten bei der Arbeit stets feucht sein. Stupfen mit Stoffbäuschen ist weniger ermüdend als mit einem Pinsel, erfordert aber denselben schnellen und entschlossenen stetigen Druck.

Entfernen Sie regelmäßig die überschüssige Farbe vom Pinsel, indem Sie ihn auf Papier oder Stofflappen abstreifen, damit er nicht mehr Farbe aufträgt, als er abnimmt. Aus demselben Grund müssen die Stoffbäusche hin und wieder ausgetauscht werden. Einzelne Unregelmäßigkeiten, die man beim Zurücktreten von der Wand entdeckt, kann man korrigieren, nachdem man einen Streifen fertiggestellt hat. Allzu helle Stellen dunkelt man nach, indem man mit einem sauberen Pinsel oder Stoffbausch ein wenig Lasur nachtupft. Aber seien Sie vorsichtig – Farben werden schneller dicht, als man denkt. Zuviel Lasurfarbe kann man entweder mit einem trockenen Pinsel oder Stoffbausch abtupfen oder bei allzu hartnäckigen Fällen mit ein wenig Terpentinersatz auf Pinsel oder Stoffbausch aufhellen.

Stupfen mit der Malerrolle: Dies ist eine ganz andere Art der Arbeit. Es nimmt weniger Zeit in Anspruch, die Farbe mit der Rolle abzunehmen, als sie aufzutragen. Fahren Sie mit der Rolle mit gleichbleibendem Druck vertikal hin und her, bis die Oberfläche eine gleichmäßige Struktur hat. Seien Sie vorsichtig, daß die Rolle auf der nassen Farbe nicht rutscht, weil dann Streifen entstehen, die hinterher retuschiert werden müssen. Reinigen Sie die Rolle häufig, damit sie nicht zuviel Farbe saugt, indem Sie sie kräftig über Makulaturpapier rollen. Es ist schwierig, am oberen oder unteren Ende der Wand mit der Rolle sauber anzusetzen; an diesen Stellen kann sich, ebenso wie am Holzwerk und an der Decke, Farbe ansammeln. Man sollte genügend saubere Stofflappen bereithalten, um Schmierstellen abzuwischen, Farbansammlungen tupft man mit einem mit Terpentinersatz befeuchteten Lappen ab. Am Ende der Arbeit reinigt man die Rollen, indem man sie zuerst auf Makulaturpapier und dann in Terpentinersatz hin- und herrollt – die nassen Rollen werden dann mit der Hand ausgedrückt und noch einmal über sauberes Papier gerollt.

Firnis: Wenn die Wände öfter abgewaschen werden sollen, muß man sie mit einem klaren, matten Kunststoffirnis versiegeln (auf jeden Fall dann, wenn man eine Wasserlasur verarbeitet hat). Matter Firnis trocknet ziemlich stumpf und läßt die Farben ein wenig nachdunkeln, und er ergibt eine viel härtere, abwaschbare Oberfläche.

Stoffwickel-oberflächen

Mit Stoffwickeltechniken erhält man eine elegant fließende, sanft gescheckte Wandoberfläche.

Ein zusammengerolltes Stück Stoff oder Chamoisleder wird in die nasse Lasur getaucht und dann mit unterschiedlichem Druck in wechselnden Richtungen über die Wand gerollt. Hin und wieder arrangiert man den Stoff- oder Lederlappen neu und erhält so eine angenehm zurückhaltende, aber lebendige Oberflächenstruktur.

Bei einer Variante dieser Technik wird Stoff oder Leder zu einer Rolle geformt und in einer Richtung über die nasse Lasur gerollt. Die Rollbewegung muß dabei sorgfältig sein, da sich mehr oder weniger vertikale, parallele oder gleich weit voneinander entfernte Streifen ergeben sollen. Professionelle Dekorateure markieren sich die Richtlinien oft mit Kreide oder Bleistift.

Formt man Stofflappen zu einem lockeren Strang, den man dann wie eine Acht zusammenlegt, erhält man eine interessant gemusterte Oberfläche, die den kühnen Maseroberflächen amerikanischer Landhausmöbel des 18. Jahrhunderts sehr ähnlich ist.

Farben

Da die Stoffwickeltechnik relativ intensive und auffällige Muster ergibt, halte ich sanftere Farbtöne für die geeignetsten. Die »interessanteren« Pastelltöne wie zum Beispiel Blaugrün, ein leicht bräunliches Rosa oder ein sanftgraues Violett wirken sehr attraktiv auf einem leicht »schmutzigen« Weiß – einem Weiß also, das durch ein wenig Umbra Natur einen grüngelben Hauch hat oder mit ein wenig Ocker und Siena Natur zart cremefarben schimmert. Zwei übereinanderliegende Farbschichten wirken bezaubernd, wenn sie eine ähnliche Intensität oder den gleichen Tonwert haben. Eine der schönsten Stoffwickeloberflächen, die ich jemals gesehen habe, bestand aus einem warmen, grünlichen Blau, über das ein transparentes, mit Gebrannter Siena gemischtes verblichenes Ziegelrot gerollt worden war. Ganz anders wirkt eine pergamentfarbene Lasur auf einem glatten, weißen Untergrund – vornehm, diskret und kostbar wie kühler weißer Marmor.

Die Besitzerin dieses Raumes übermalte die frostig weißen Wände, einer momentanen Eingebung folgend, mit Stoffwickeltechnik in Himmelblau. Keine andere Oberfläche könnte eine delikatere Atmosphäre verbreiten und gleichzeitig so zauberhaft zu dem Blaugrün des bemalten Stuhles passen.

Vorbereitungen

Wie bei fast allen besonderen Wandanstrichen ist als Untergrund für die Lasur eine seidenmatte Ölfarbe zu bevorzugen. Wenn man Emulsions- oder Latexfarbe für den Grundanstrich verwendet, sollte man ebenfalls eine halbmatte Farbe wählen, da es bei absorbierenden Farben schwieriger ist, feuchte Farbkanten zu behalten. Entscheidet man sich für eine Lasur aus verdünnter Emulsionsfarbe, sollte man einen matten oder halbmatten Emulsionsuntergrund auftragen. Achten Sie darauf, daß der Grundanstrich trocken und sauber ist.

Arbeitsmaterial für Stoffwickeloberflächen

Öl- und Wasserlasuren: Mit einer transparenten Öllasur erhält man sehr klare Muster; verdünnte halbmatte, matte oder stumpfe Ölfarbe oder eine Lasur aus verdünnter Emulsions- oder Latexfarbe ergibt gedämpftere Effekte (Informationen über verschiedene Farbarten siehe Seite 210–213). Wie üblich reicht auch hier etwa ein halber Liter Farbe oder Lasur für einen kleinen Raum aus.

Verdünnen Sie die Öllasur oder die Ölfarbe mit Terpentinersatz. Falls die Farbe zu dünn ist, mischen Sie etwas Trockenmittel unter. Zum Einfärben dieser Lasuren verwendet man Abtönpaste oder Künstlerölfarben. Emulsionsfarben verdünnt man mit Wasser und tönt sie mit Künstlergouache oder Acryl-

farben. Verdünnen und mischen Sie die Lasuren in einer Malschale, einem Farbtopf oder einem Eimer, wie es auf den Seiten 223–224 beschrieben ist. Probieren Sie die Stoffrolle und die Farben vorher auf einem Karton, auf Papier oder an einer Wandecke aus, um herauszufinden, welcher Effekt Ihnen gefällt.

Oben Abnehmen der Öllasur mit einem Stoffwickellappen.

Rechts Hier wird die Lasur mit dem Stoffwickellappen auf die Wand gerollt. Da diese Technik so schnell geht, ist sie besonders für rasch trocknende Wasserlasuren geeignet.

Stofflappen und Pinsel: Sie brauchen einen weichen, breiten Pinsel, um die Lasur aufzutragen, und einen großen Vorrat an Stofflappen oder ein Chamoisleder, um die Lasur abzurollen. Sie können alle möglichen Stoffarten verwenden (alte Bettlaken, Gaze, Mull, Leinenstoffe, Jute oder sogar Sackleinen), aber sie müssen alle gründlich gewaschen und fusselfrei sein. Natürlich muß man bei einer Stoffart bleiben. Man kann den Stoff und das Leder trocken oder (bei einer Öllasur), um eine reichere Struktur zu erhalten, in Terpentinersatz ausgewrungen benutzen.

Arbeitsmethode

Zuerst malt man mit dem großen, weichen Pinsel die Lasur auf eine ziemlich große Wandfläche auf. Transparente Öllasur muß man sorgfältig glätten, um Pinselspuren verschwinden zu lassen. Die Öllasur nach dem Rezept auf Seite 225 ist leichter zu glätten als gewöhnliche Öllasuren, aber sie braucht eine viel längere Trockenzeit. Es gibt zwei Möglichkeiten, Muster mit Stoff zu erzeugen. Entweder man nimmt den zusammengeknüllten Stofflappen in die Hand und tupft und preßt ihn mit lockerer Hand in die nasse Lasurschicht, oder man formt den Stoff zu einem kompakten, aber lockeren Bündel und rollt dieses mit beiden Händen in verschiedene Richtungen über die nasse Lasur. Das Ergebnis soll eine aus variierenden Mustern zusammengesetzte, relativ gleichmäßige Gesamtstruktur sein. Von Zeit zu Zeit muß man den Stofflappen, wenn er von zuviel Lasur steif geworden ist, gegen einen neuen austauschen. Benutzt man einen Lederlappen für die Öllasur, sollte man ihn hin und wieder in Terpentinersatz auswaschen.

Wenn die Öllasur während der Arbeit an den Kanten eintrocknet, kann man sie mit einem in Terpentin getränkten Lappen wieder aufweichen. Eine Wasserlasur trocknet so schnell, daß man am besten zu zweit arbeitet. Malen Sie immer nur ein kleines Stück Wand mit der Lasur an, und lassen Sie die Farbe zum Rand hin dünner werden, damit Farbüberlappungen nicht so auffallen. Beginnt die Wasserlasur zu trocknen, bevor sie mit dem Stofflappen bearbeitet wird, befeuchtet man die trockene Fläche mit einem Schwamm. Allzu harte Muster kann man mit ein wenig Scheuerpulver auf einem feuchten Tuch korrigieren.

Firnis: Zum Schutz der Oberfläche kann man einen klaren, matten Kunstharzlack verwenden.

Folgende Doppelseite Farben mit einem Schwamm auf die Wand aufzutragen ist die schnellste und einfachste Methode der Oberflächengestaltung. In dem abgebildeten Raum eines jungen Künstlers wurden drei ähnliche Farben verarbeitet, die an den Kanten sanft ineinander übergehen. Das Wandgemälde ist die mit schnell trocknender Acrylfarbe gemalte Kopie einer Museumspostkarte.

Gewolkte Lasuroberflächen

Gewolkte Lasuroberflächen werden mit einem Schwamm gemacht. Das Ergebnis ist eine hübsche, dekorative Struktur, die je nach Beschaffenheit des Schwamms, der Art, wie man ihn benutzt, und der Wahl der Farben viele verschiedene Variationsmöglichkeiten bietet.

Farben mit dem Schwamm auf- oder abtragen: Die üblichste Art, eine gewolkte Oberfläche zu erhalten, ist anders als die meisten hier beschriebenen dekorativen Endanstriche, da man die Lasur mit dem Schwamm aufstupft. Natürlich kann man die Farbe auch wie gewohnt mit dem Schwamm von der Wand abnehmen. Ein mit Verdünnungsmittel ausgewrungener Schwamm ermöglicht

eine sehr regelmäßige, ziemlich körnige Struktur, die wie die Oberfläche eines dicht texturierten Steins oder einer noppigen Wolke aussieht.

Zweifarbig gewolkte Lasuroberflächen: Eine Marmorstruktur ist schnell und einfach zu erzielen, wenn man zwei verschiedenfarbige Lasuren mit einem Schwamm über einen hellen Untergrund stupft.

Als Untergrundfarbe eignet sich eine helle, seidenmatte oder matte Ölfarbe oder eine Emulsions- oder Latexfarbe – hierbei wirken die Lasurfarben sanfter und weniger strahlend. Die Stupffarben werden mit den geeigneten Lösungsmitteln verdünnt, bis sie transparent sind.

Arbeitsmaterial für gewolkte Lasuroberflächen

Öl- und Wasserlasuren: Den schimmerndsten Marmoreffekt erhält man mit einer aufgestupften, getönten, transparenten Öllasur. Man kann aber auch eine Lasur aus verdünnter, halbmatter oder matter Ölfarbe verwenden (siehe Seite 221–226). Trägt man eine mit Wasser verdünnte Emulsions- oder Latexlasur auf einen matten Emulsionsgrund auf, wirken die Farben matter und weniger durchscheinend als bei einer Öllasur.

Das Abstupfen der Lasur mit einem Schwamm ist bei einer Ölfarbe einfacher als bei einer Wasserlasur, da diese wahrscheinlich zu schnell trocknet.

Für einen kleinen Raum sollte ein Liter Lasur – gleich welcher Art – ausreichen (Verdünnen und Tönen von Lasuren, siehe Seite 223–226).

Je nach Art der Lasur kann man sie mit Abtönpaste, Künstlerölfarben, Gouachefarben und Acrylfarben eintönen. Wenn nötig, verdünnt man Öllasuren oder Ölfarben mit Terpentinersatz.

Schwämme: Für gewolkte Oberflächen ist ein Naturschwamm unerläßlich – vielleicht kann ein alter Badeschwamm hier noch gute Dienste tun. Wenn Ihnen ein Naturschwamm zu teuer ist, können Sie auch einen Bausch aus weichem Musselin- oder Mullstoff verwenden, den man austauschen muß, wenn er durch zuviel Farbe hart geworden ist. Zelluloseschwämme ergeben hartkantige, identische Muster, die nicht so hübsch ineinander übergehen. Man kann sie jedoch für die Abstupftechnik verwenden, wenn man eine regelmäßige Struktur erzielen möchte.

Zusätzliches Arbeitsmaterial: einen Eimer oder einen Farbtopf zum Anmischen der Lasur; ein großes, flaches Gefäß als Palette; eine Stehleiter; viele Stofflappen und Makulaturpapier zum Saubermachen.

Arbeitsmethode

Abstupfen mit dem Schwamm: Für eine einfache, regelmäßige und einfarbig gewolkte Oberfläche trägt man die verdünnte Lasur auf einen Wandabschnitt auf und drückt dann den trockenen oder mit Terpentinersatz getränkten, ausgewrungenen Schwamm gleichmäßig auf die nasse Oberfläche. Das Ergebnis sollte eine regelmäßige Struktur sein; nehmen Sie sich die Zeit, dickere Farbstellen noch einmal zu bearbeiten, sie also noch einmal abzustupfen, damit die Lasur überall gleichmäßig verteilt ist. Hin und wieder muß man den Schwamm, wenn er zuviel Farbe aufgesaugt hat, mit Terpentinersatz auswaschen.

Aufstupfen mit dem Schwamm: Für eine mit zwei Lasuren gemachte marmorierte Oberfläche verwendet man am besten sanftfarbene, transparente Lasuren und stupft den Schwamm nur leicht auf die Wand. Man nimmt die Farbe mit dem Schwamm aus einem flachen Behälter und probiert sie erst auf einem Stück Papier aus. Dicke, nasse Farbflecken bedeuten, daß der Schwamm zuviel Farbe aufgesaugt hat. Stupfen Sie den Schwamm so lange auf das Blatt Papier, bis sich eine lockere, wolkige Struktur zeigt. Drücken Sie ihn dann mit einer leicht »hackenden« Handbewegung gegen die Oberfläche der Wand; man sollte die Schwammflecken nicht zu dicht setzen, so daß noch etwa zwei Fünftel der Untergrundfarbe sichtbar bleiben. Wenn die erste Lasurschicht ziemlich trocken ist, kann man die zweite Farbe auftragen. Dabei füllt man die noch freien Stellen aus und läßt dabei die neue Lasur die alte hin und wieder überlappen. Für einen Marmoreffekt darf die Struktur nicht zu regelmäßig und einförmig sein. Verändern Sie ab und zu die Stellung des Schwammes, und reinigen Sie ihn wenn nötig mit einem trockenen Lappen oder durch Auswaschen in Verdünner – Sie müssen ihn dabei aber gut auswringen, damit die nächste Farbe nicht zu sehr verdünnt wird.

Firnis: Lassen Sie die Lasur 24 Stunden trocknen, und tragen Sie dann eine halbmatte oder glänzende Firnisschicht (drei Teile Firnis zu einem Teil Terpentinersatz) oder – wenn Sie eine matte Oberfläche bevorzugen – einen matten, unverdünnten Firnis auf.

Oben Stupfen Sie den lasurgetränkten Schwamm mit leicht klopfenden Bewegungen auf die Wandfläche.

Rechts Für eine leicht marmorierte Oberfläche läßt man die erste Schicht trocknen und stupft dann eine zweite auf.

Lackoberflächen können sowohl weich und warm als auch hart und glänzend aussehen. Hier wurden Lasurschichten, Firnis und eine Wachsschicht übereinandergelegt. Der Wandfries unter der Decke ist ein typisches Merkmal der Arts-and-Crafts-Bewegung und wurde von Carl Larssons ländlichem Malstil inspiriert.

Lackoberflächen

Lackoberflächen haben eine ungeheure Farbentiefe und einen reichen Oberflächenglanz. Damit meine ich nicht die Art von lackierten Oberflächen, die man mit einfachen Lack- oder Emaillefarben erhält. Diese wirken im Vergleich mit kompliziert geschichteten Farben – matte Farbe, Lasur, Firnis – nur dick und leblos. Lackoberflächen sind ein anspruchsvoller Hintergrund, der nicht zu schäbigen Möbeln und ungünstig geschnittenen Räumen paßt. Lackierte Wände erfordern einen perfekten Raum – guten Wandputz, schön geformten Deckenstuck, sorgfältig bemaltes Holzwerk, elegante Möbel, alte Teppiche.

Eine Ausnahme kann ein Raum sein, dessen Wände so wirken, als seien sie vor langer Zeit lackiert worden, mit einem dunklen Untergrundton wie Karminrot, Scharlachrot, Olivgrün, Tiefblau oder Kastanienbraun, der mit ein wenig goldener Schablonenmalerei aufgehellt ist. Überzogen ist diese Wand dann mit einem halbmatten, mehr schimmernden als glänzenden Firnis.

Es gibt drei verschiedene Möglichkeiten, schöne Lackoberflächen zu erhalten. Die erste ist – wenn es Ihnen nur darum geht, daß die Wandoberfläche glänzt –, über die gewählte Untergrundfarbe ein oder zwei Schichten klaren Firnislack aufzutragen (halbmatter Firnis für schimmernde Oberflächen und Hochglanzfirnis für eine spiegelnde, hochglänzende Wandoberfläche). Die zweite Möglichkeit ist ähnlich, aber die Wand wird farbenreicher: Man trägt einen in der Farbe des Untergrundes getönten Firnis auf. Bei der dritten Möglichkeit übermalt man die Untergrundfarbe mit einer getönten Lasur und trägt dann die Firnisschicht auf. Streicht man eine Reihe verschieden getönter Lasuren auf, erhält man eine wunderbare Farbentiefe.

Vorbereitungen

Lackoberflächen erfordern perfekt vorbereitete Wände. Wählen Sie eine Untergrundfarbe, die unter einem klaren Schlußfirnis, nachfolgenden Lasuren oder getönten Firnisschichten schön bleibt. Wenn die Grundfarbe trocken ist, schmirgelt man sie vorsichtig ab, um sie von Staub zu reinigen; aber nur ganz leicht, damit keine Farbe abgeschliffen wird. Danach staubt man die Wand ab und wischt mit einem Reinigungslappen nach (siehe Seite 25). Wie bei jedem Firnisauftrag muß der Raum völlig sauber sein, damit sich kein Staub auf der feuchten Lackfarbe absetzen kann. Entfernen Sie deshalb Vorhänge und Teppiche, bedecken Sie die Möbel mit Papier oder Plastikplanen, und staubsaugen Sie den ganzen Raum. Halten Sie Fenster und Türen geschlossen.

Arbeitsmaterial für Lackoberflächen

Für einen etwa 3 x 4 vier Meter großen Raum benötigt man für eine Firnisschicht – die im Verhältnis 3 Teile Firnis zu 1 Teil Terpentinersatz verdünnt wird – einen Liter klaren halbmatten oder glänzenden Kunstharzlack.

Für eine Öllasur braucht man für denselben Raum einen halben Liter halbmatte Ölfarbe oder dieselbe Menge transparente Öllasur. Noch besser ist, man verwendet die auf Seite 224 beschriebene selbstgemachte Ölfarbe (sie ist bereits verdünnt, also wird man etwa die doppelte Menge brauchen). Diese Lasur ergibt eine wunderbar glänzende, transparente Oberfläche, die keinen weiteren Firnis benötigt, was bei gekauften Ölfarben oft nicht der Fall ist. Allerdings braucht diese Lasur wegen des Leinöls oft Tage, um zu trocknen. Zum Abtönen dieser Lasur verwendet man Abtönpaste oder Künstlerölfarben (weitere Informationen über Farben und das Mischen und Tönen von Lasuren siehe Seite 223–226).

Zusätzliches Arbeitsmaterial: Besonders gute, 75 oder 100 mm breite Pinsel zum Firnisstreichen (siehe Seite 232) – Reste alter Farbe verderben die Firnislackierung; Terpentinersatz; feines Sandpapier; eine Stehleiter; Malschale, Farbtopf oder Eimer für die verdünnte Lasur und viele saubere Stofflappen.

Arbeitsmethode

Getönter Firnis: Um Firnislack zu tönen, löst man zuerst einen Tropfen Abtönpaste oder Künstlerölfarbe in ein wenig Terpentinersatz auf und mischt dies mit einer Tasse Firnis. Man verrührt diese Mischung sorgfältig und rührt dann den Rest des Firnislacks unter und verdünnt das Ganze wie oben angegeben. Probieren Sie die Farbe an einem Stück Wand aus. Man sollte den Firnislack mit dem vollen Pinsel so gleichmäßig wie möglich auftragen; aber glätten Sie die Farbe nicht wie Lasuren oder andere Farben, da Kunstharzfarben schnell trocknen und leicht Pinselspuren zurückbleiben können. Vermeiden Sie auch, zweimal mit Farbe über dieselbe Stelle zu streichen, da dadurch beim Trocknen dunklere Flecken entstehen können. Auch wenn Firnislack schnell trocknet, sollte man ihn doch länger als in der Gebrauchsanleitung angegeben trocknen lassen, wenn man in einem unbeheizten Raum arbeitet. Am besten läßt sich Kunstharzlack in einem warmen Raum (etwa 21 Grad) verarbeiten, da die Farbe dann gut fließt und trocknet. Wenn man sorgfältig streicht, kann eine Schicht ausreichen; aber eine zweite Schicht verleiht der Farbe Tiefe und einen schöneren Glanz. Lassen Sie die erste Firnisschicht einige Tage lang trocknen, bevor Sie die zweite auftragen.

Öllasur: Tragen Sie die Öllasur mit einem großen, weichen Pinsel so glatt und gleichmäßig wie möglich auf die Wand auf. Glätten Sie die Farbe gut, um Pinselspuren zu vermeiden. Lassen Sie diese Farbschicht wenigstens 24 Stunden trocknen. Überstreichen Sie dann die Fläche mit einem makellos sauberen Pinsel mit einem verdünnten halbmatten oder glänzenden Firnislack (siehe oben).

Antiklack

Eine Antiklack-Oberfläche sollte die Patina alter japanischer Farbtöne anstreben. Man erzielt diese Wirkung, wenn man eine Antiklasur verwendet (siehe Seite 168), die man über oder unter Schablonenmalereien legt. Man kann auch ein wenig antik wirkende Farben in den Schlußfirnis mischen. Probieren Sie die Wirkung von Gebrannter Umbra und Umbra Natur an einer unauffälligen Wandstelle aus – Umbra Natur wirkt sehr schön mit Grün- und Blautönen, während Gebrannte Umbra besser zu roten Farbtönen paßt. Ein wenig beigemischtes Schwarz läßt die Oberfläche noch antiker wirken. Ich bin der Meinung, daß ein halbmatter Firnis eine schönere und weichere Textur erzeugt als glänzender.

Schablonen: Schablonenmuster mit Metallpulvern kommen auf einem Lackuntergrund besonders gut zur Geltung.

Das Schablonenmotiv können einfache Tudorrosen sein, die in einem auseinandergezogenen diagonalen Raster immer attraktiv aussehen. Oder übernehmen Sie die kunstvollen Chinoiserie-Figuren. Sie können ein Blumenmotiv mit einem alten Mann, der sinnend auf einer gebogenen Brücke steht oder aus einem Sampan heraus angelt, abwechseln lassen; dabei kann man die Schablonen beidseitig benutzen, um die Motive zu variieren. Eine andere Möglichkeit ist ein einfaches, an den Kanten verlaufendes Goldmuster.

Dekorative Malerei

Schablonenmalerei

Schablonenmalerei ist eine einfache, aber vielseitige Technik, mit der man, wie schon seit Jahrtausenden bekannt, Muster fast beliebig oft wiederholen kann. Sie war beliebt bei mittelalterlichen Herrschern, die bemalte Wände mit regelmäßigen Mustern »pudern« ließen. (Heinrich III. von England hatte auf seinen grünen Wänden solche gepuderten Goldsterne in Schablonentechnik.) Im späten 19. Jahrhundert gab es eine starke Wiederbelebung der Schablonenmalerei; man schmückte Kirchen, öffentliche Gebäude und neuere Königsresidenzen wie Osborne House mit vielfarbigen, komplizierten Schablonenmustern, und Künstler wie William Morris und William Burges, die mittelalterliche Techniken wiederaufleben ließen, verwendeten häufig Schablonenmuster bei der Gestaltung von Innenräumen.

Linke Seite Dieses lebhafte Schablonenmuster malten Vanessa Bell und Duncan Grant in Gelb und Silber in ihrem Haus, Charleston Manor, an die Wand. Es bildet einen schönen Hintergrund für andere, zurückhaltendere Möbel- und Stoffmuster. Ein ganz ähnlicher Effekt ist mit zwei Gummistempeln zu erzielen.

Links Schablonenmalerei wie diese verwendete man in der Zeit, als Arbeitszeit noch billig war und man teure Tapeten importierte, als Tapetenimitationen. Dabei nahm man mit der »Tapetenbreite« keine Rücksicht auf die Wanddielen. Es ist eine ironische Tatsache, daß Schablonenmuster wie dieses heute im allgemeinen die besten Zeugnisse früher Tapetendesigns darstellen.

Schablonenmuster galten auch lange Zeit als die Tapete des armen Mannes, da man mit ihnen die sich wiederholenden Muster teurer gedruckter und geprägter Tapeten imitieren konnte. Beispiele dieser Art findet man vor allem in abgelegeneren Landstrichen, von Neuengland über Skandinavien bis nach Sizilien. Schablonenmalerei ist eine arbeitsaufwendige Technik, aber das Ergebnis ist oft überraschend schön und muß nicht unbedingt den simplen Charme dieser ländlichen Beispiele ausstrahlen. Einige moderne Designer wie John Stefanidis und Renzo Mongiardino bedienen sich der Schablonenmuster-als-Tapetenimitation-Idee und verwenden »verblichene« Farben, um den Eindruck von alten Wandteppichen entstehen zu lassen. Derartig komplizierte Muster erfordern große Könnerschaft, aber Schablonenmalerei mit einfacheren Motiven ist nicht schwer und eine gute Möglichkeit, dekorative Konzepte zu bereichern. Ausdrucksstarke, geschlossene Muster wie Sterne, Lilien, Jakobsmuscheln und heraldische Motive eignen sich besonders gut. Eines der schönsten schwedischen Motive dieser Art ist ein nur wenige Zentimeter großer Korallenzweig, der mit mattem Rot im Abstand von wenigstens einem Meter voneinander auf einen mattgrauen Untergrund aufgebracht wird. Nach vielen Jahren, in denen vor allen Dingen etwas brav wirkende Blumenbordüren en vogue waren, zeigt sich jetzt der Trend zu phantasievolleren Schablonenmalereien. Es gibt eine Vielfalt von vorgefertigten Schablonen, aber wenn man ein »Lieblingsmuster« hat oder ein Muster verwenden möchte, das zum Beispiel auf einem Stoff vorkommt, kann man leicht eine eigene Schablone herstellen; das ist im Zeitalter des Fotokopierens noch viel einfacher geworden, da man Motive fast beliebig vergrößern oder verkleinern kann.

Anwendung von Schablonenmalerei

Man sollte Schablonenmuster nicht nur als reine Dekoration verwenden, sondern die Proportionen eines Raumes damit betonen, die Aufmerksamkeit auf hübsche oder sonderbare Raumdetails lenken oder kräftige Musterblöcke schaffen. Breite Musterbänder entlang der Decke oder dem Boden lassen einen Raum niedriger erscheinen. Man hat oft Wandsockelleisten mit Schablonenmalerei imitiert und die untere und obere Wandfläche in verschiedenen Farbtönen gestaltet, um Räume nicht so hoch wirken zu lassen. Bei einem neoklassischen Look kann man Pilaster in einigem Abstand voneinander zwischen Decke und Wandsockel aufmalen und den unteren Wandsockel marmorieren. Viele Möglichkeiten bietet die Schablonenmalerei beim Bedrucken von Stoffen, Böden und Möbeln und sogar Sisalmatten. Ein kleines, regelmäßig gesetztes Motiv ist eine zwar arbeitsaufwendige, aber einfache Methode, viele Dinge zu verschönern, angefangen bei einer Papierschachtel bis hin zu einem Paravent.

Arbeitsmaterialien für Schablonenmalerei

Zum Ausschneiden von Schablonen verwendet man geölten Schablonenkarton oder Acetatfolie. Geölter Schablonenkarton ist undurchsichtig und viel einfacher mit einem Teppichmesser oder Skalpell zu schneiden als die durchsichtige Acetatfolie, die leicht splittert. Man überträgt die Muster mit Kohlepapier oder einem spitzen Bleistift auf den Karton und mit einem Rapidographen oder wasserfestem Filzstift auf die Acetatfolie. Ich verwende Zeitungspapier als Schneideunterlage. Ein leichtes Schneidemesser oder ein Skalpell liegt besser in der Hand als ein großes Teppichmesser. Die Klingen müssen scharf sein und sollten deshalb oft gewechselt werden.

Pinsel und Schwämme: Schablonenmaler verwenden heute den klassischen Schablonierpinsel mit glatt abgeschnittenen Schweineborsten fast gar nicht mehr. Damit zu arbeiten ist sehr ermüdend. Ein weicherer, an der Spitze leicht gerundeter Pinsel erlaubt ein angenehmeres Arbeiten und ergibt ein feines, trockenes Ergebnis, das ebenso feingestäubt sein kann wie mit gesprühten Farben.

Natur- und Kunststoffschwämme verwendet man bei strukturierten Schablonenmustern. Sprühfarben werden wegen der Dämpfe und ökologischer Bedenken immer weniger verwendet.

Sprühkleber eignen sich gut dazu, Schablonen auf Oberflächen haften zu lassen; besonders bei fragilen, spitzenartigen Schablonen, die möglichst flach auf dem Untergrund aufliegen müssen, damit das Muster nicht verwischt oder die Schablone nicht zerreißt. Ein leichtes Überstäuben mit der Sprühdose reicht aus, um der Schablone Halt zu geben, und man kann sie zum Schluß leicht abheben, ohne die darunterliegende Wandfarbe zu zerstören.

Farben: Einige Maler schwören auf mit einem fast trockenen Pinsel aufgetragene Ölfarben, aber die meisten Dekorateure bevorzugen Künstleracrylfarben, wegen der großen Farbpalette und weil sie schnell trocknen. Man kann sie auf allen Oberflächen verarbeiten, inklusive Böden und Stoffen; Schablonenmalerei auf Böden erhält ihre Stabilität durch einen Schlußanstrich mit Firnis. Emulsionsfarben sind meiner Meinung nach zu dick für eine sensible Schablonenmalerei.

Zusätzliches Arbeitsmaterial: Stofflappen; einen oder zwei Teller als Palette; Klebeband; Stehleiter; Schlagschnur; Reißschiene oder ein langes Lineal.

Oben Eine Tapetenimitation aus einem einfachen, regelmäßig gesetzten Schablonenmuster bildet in diesem schwedischen Haus einen angenehmen Hintergrund für eine vergnügliche Ansammlung verschiedenster Oberflächengestaltungen: simple Marmor- und Holzmasereffekte sowie ein üppig bemalter Hängeschrank im Folklorestil.

Rechts Diese Nahaufnahme einer venezianischroten Landhausküchenwand zeigt, wie hübsch florale und symmetrische Schablonenmuster wirken können.

玫瑰紅茶
Rose Black Tea

Das Schneiden der Schablonen Bei der Verwendung von Acetatfolie überträgt man das Muster mit einem Rapidographen; da die Folie transparent ist, legt man sie einfach auf das Muster. Auf den undurchsichtigen Schablonenkarton überträgt man das Muster mit Durchschlag- oder Kohlepapier. Schablonenkarton ist viel glatter zu schneiden. Mit einer scharfen Klinge geht das Schneiden fast so leicht wie das Zeichnen. Acetatfolie ist praktisch für Arbeiten, die um Ecken herum verlaufen, da man sie biegen kann und sie fast unzerstörbar ist. Schablonenkarton weicht mit der Zeit auf, deshalb sollte man immer mehrere identische Schablonen anfertigen.

Anschlußmarkierungen Bei einem mehrfarbigen Schablonenmuster müssen die einzelnen Schablonen genau zueinander passen. Dazu schneidet man sie alle gleich groß aus und markiert sie an den oberen Ecken mit einer Kerbe, die man auf der Wand leicht mit Kreide nachzeichnet. Bei sich wiederholenden Schablonenmustern setzt man am besten Markierungslinien als Gerüst. Raster malt man dünn mit Kreide auf oder arbeitet mit einer Schlagschnur.

Das Auftragen der Farbe Auf den Tellerrand sollte man zu Beginn verschiedene Farbnuancen geben; in die Mitte des Tellers setzt man einen großen Klecks Weiß. Dann sollte man mit den Farben herumexperimentieren und sie auf dem Teller miteinander mischen; man benötigt für Schablonenmalereien nur sehr wenig Farbe. Die

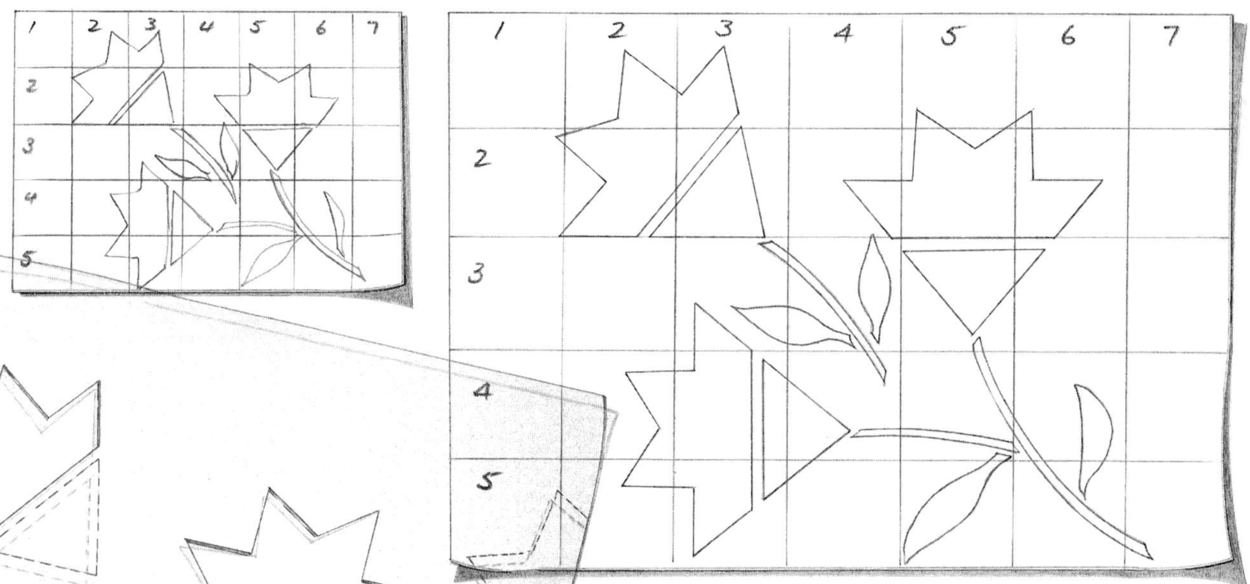

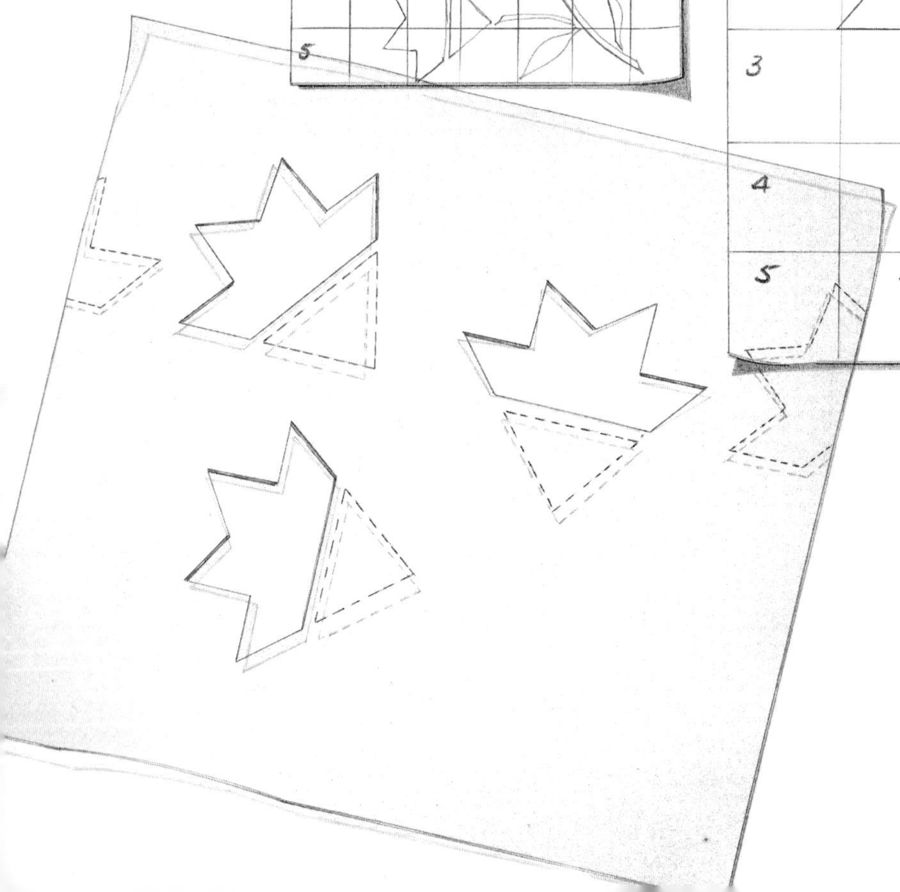

Oben Zeichnen Sie Ihr Muster in ein Quadratraster, und vergrößern/verkleinern Sie es auf die gewünschte Größe.

Links Zeichnen Sie für ein mehrfarbiges Motiv Markierungslinien auf jede Schablone, um eine genaue Deckung zu erzielen.

Rechts Schneiden Sie zuerst die kleineren, dann die größeren Sektionen aus, so daß die Schablone möglichst lange in sich stabil bleibt. Wenn man mit Schablonenkarton arbeitet, hält man das Messer in einem Winkel von 45 Grad, um eine abgeschrägte Schnittkante zu erhalten. So vermeidet man, daß Farbe unter die Schablone gerät, und erhält eine schärfere Kante.

Oben Beim Entwerfen einer Schablone geben die Stege zwischen den ausgestanzten Teilen der Schablone Stabilität und bilden einen integrierten Teil des Musters.

Rechts Es ist schwierig, mit einem Messer kreisrunde Löcher zu schneiden. Zu diesem Zweck sollte man ein Sortiment unterschiedlich großer Punzen zur Hand haben. Mit Hilfe eines Hammers erzielt man mit ihnen saubere, runde Löcher. Achten Sie darauf, daß die Schablonenunterlage aus Holz ist – eine Glasscheibe würde zersplittern.

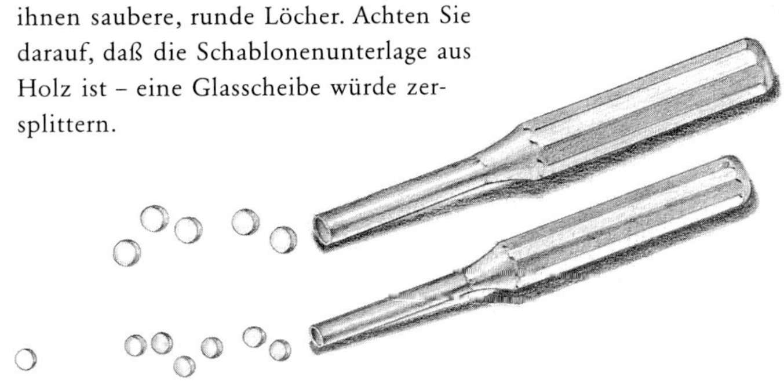

Links Verwenden Sie die Markierungslinien als Anhaltspunkte für ein sich wiederholendes Schablonenmuster.

Links Die Frische und der Charme dieses mit Gummistempeldrucken verzierten Landhausbadezimmers ergeben sich durch die Einfachheit des Designs. Die leicht unregelmäßigen, einander abwechselnden kleinblättrigen und großformatigen Muster wirken fast wie von Hand aufgemalt.

Oben Dieses etwas unregelmäßig gesetzte Mosaikmuster ist das Ergebnis des guten alten Kartoffeldrucks. Die Druckfläche wurde wie bei einem kleinen Waffeleisen in viele kleine Quadrate unterteilt und dieses Muster mit Acrylfarbe direkt auf die Badezimmerwand gedruckt.

Grundregel bei dieser Technik ist, daß der Pinsel fast trocken sein muß. Die gewünschte Farbe arbeitet man in den Pinsel ein, indem man ihn auf ein Stück Papier klopft. Wenn die Farbe weich, leicht transparent und ohne sichtbare Feuchtigkeit ist, kann man beginnen. Man befestigt die Schablone entweder mit Sprühkleber oder mit kleinen Klebebandstücken an der Wand. Nun trägt man die Farbe mit einer kreisenden Pinselbewegung auf, so, wie man Rouge auf die Wangen aufträgt. Derartig feine Farbe läßt sich gut mit einem zweiten schnellen Farbauftrag nuancieren. Muster mit zwei Farben (und zwei Schablonen), zum Beispiel rote Äpfel mit grünen Blättern, sehen hübsch aus, wenn man jede Farbe mit der anderen schattiert. Wenn man mehrere Farben übereinander auftragen will, muß die jeweilige Untergrundfarbe ganz durchgetrocknet sein.

Firnis

Schablonenmalerei auf Wänden muß im allgemeinen nicht gefirnißt werden. Aber aufwendige und kunstvolle Malereien sollte man mit einer Schicht farblosem, mattem Kunstharzfirnis schützen. Schablonengeschmückte Fußböden und Möbel kann man mit mattem Kunstharz- oder Siegellack firnissen. Siegellack sollte allerdings nicht auf matte Farben gestrichen werden.

Gummistempelmuster

Wenn man einen simplen und alltäglichen Gummistempel ohne weitere Überlegungen benutzt, denkt man meist nicht daran, welch überraschende kreative Möglichkeiten sie haben können. Gibt man einem Stempelhersteller einen Entwurf für ein Muster in der richtigen Größe, kann er die Zeichnung in einen Gummistempel umwandeln. Man kann dann mit schnell trocknenden Farben oder Tuschen dieses Muster auf Wände oder Möbel stempeln.

Diese Idee ist eine Abwandlung der alten Technik, Stoffe mit geschnitzten Holzmodeln zu bedrucken. Kleine, regelmäßig gedruckte Blumenmotive wirken wie handbemalte indische Baumwollstoffe, besonders, wenn das Motiv am Rand eine dichte Borte bildet. Mit einem geometrischen Motiv wie zum Beispiel einem simplen Achteck kann man einen Art-Déco-Effekt erzielen. Es gibt unzählige Möglichkeiten, aber man darf dabei nicht vergessen, daß Größe und Kompliziertheit des Stempels seinen Preis bestimmen.

Die naive Wirkung kleiner, sich wiederholender Blumenmuster paßt gut zu kleinen Räumen im Landhausstil. Bei diesen Zimmern kann man seinen Augen trauen und die Muster aufstempeln, ohne sie großartig vorher auszumessen und zu plazieren. Kleinere und größere miteinander abwechselnde Muster verstärken noch die handgemachte Wirkung.

In größeren Räumen muß man mit markierten Richtlinien arbeiten, da kleine Fehler auf großen Flächen stärker auffallen.

Arbeitsmaterial für Gummistempelmuster

Gummistempel; eine kleine Glasscheibe mit abgeklebten Rändern; Künstleracrylfarben und Acrylmalmittel oder Druckerfarben aus der Tube; eine kleine Linolschnittrolle; Lösungsmittel; Schwamm; Kreide; Schlagschnur; Lineal; Makulaturpapier; Terpentinersatz.

Vorbereitungen

Die Wände sollten ziemlich glatt und mit einer matten oder halbmatten Farbe frisch gestrichen sein.

Um ein regelmäßiges Gitterraster zu erhalten, mißt man die Wand aus und markiert die vertikalen Linien mit einer Schlagschnur (wie man diese benutzt, siehe Seite 132). Die horizontalen Linien, die sich im rechten Winkel mit den vertikalen Linien kreuzen, erhält man mit Hilfe eines Winkeldreiecks, einer Reißschiene oder einer Wasserwaage.

Zwei verschieden große Gummistempelmuster sehen am hübschesten aus, wenn man sie staffelt: So zum Beispiel, indem man ein kleines Muster gleich weit entfernt von zwei größeren Mustern stempelt, so daß eine dreieckige Form entsteht.

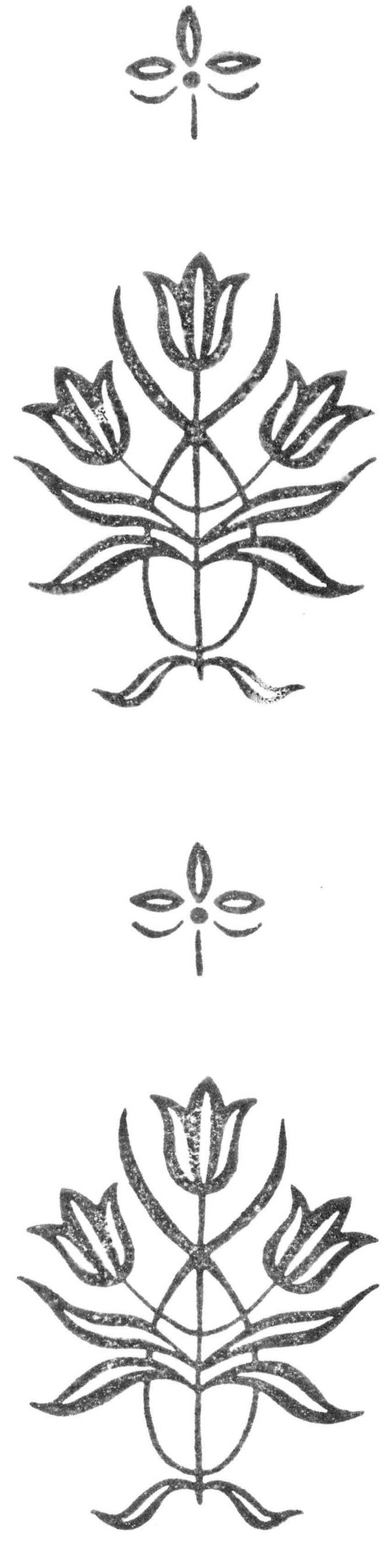

Arbeitsmethode
Mischen Sie sich die Farbe erst auf einer Untertasse an, bevor sie auf die Glasscheibe kommt. Mischen Sie einen bis eineinhalb Eßlöffel Acrylfarbe mit einem halben Eßlöffel Wasser und einem halben Eßlöffel Acrylmalmittel. Eine größere Menge Acrylfarbe anzumischen ist nicht sinnvoll, da Acrylfarbe, auch mit Wasser und Malmittel vermischt, nach einer Stunde hart wird. Es gibt zwar spezielle Paletten, die Acrylfarben tagelang feucht und malfähig halten, aber sie sind recht teuer. Es ist billiger und einfacher, sich zu notieren, welche Farben man zusammengemischt hat und in welchen Mengen, und – wenn nötig – eine frische anzurühren.

Wenn sie mit dem Farbton zufrieden sind, übertragen Sie einen oder zwei Löffel Farbe auf die Glasscheibe und rollen sie mit der Linolschnittrolle aus. Pressen Sie den Stempel fest auf die ausgerollte Farbe, und probieren Sie ihn auf einem Blatt Papier aus. Sieht der Druck klar und scharf aus, haben Sie genau die richtige Farbmenge auf dem Stempel. Stempeln Sie nun das Muster wie gewohnt auf die Wand, und erneuern Sie, wenn nötig, die Farbe. Dabei werden sicher einige Drucke sauberer und leuchtender sein als andere. Extrem unscharfe oder fleckige Drucke wischt man vorsichtig mit einem entweder mit Wasser befeuchteten (bei Acrylfarben) oder mit Lösungsmittel getränkten Schwamm (bei Druckerfarbe) ab. Aber im großen und ganzen macht gerade eine gewisse Unregelmäßigkeit den Charme handgemachter Dinge aus.

Um den Gesamteindruck noch zu verschönern, kann man die Kanten der Wand mit einem gemalten Band einfassen, das dieselbe Farbe hat wie die Stempeldrucke. Man kann sie mit der Hand mit einem feinen Künstlerpinsel konturieren und dann mit einem etwas breiteren Pinsel ausmalen.

In einem Dachzimmer mit schrägen Wänden ist ein Muster reizvoll, das zu einer dichten Frieslinie zusammengesetzt und dann mit einer gezogenen Linie vom Rest der Wand abgeteilt wird. Auch die Türen eines Einbauschranks, dicht an dicht gemustert, so daß sie wie eine große farbige Fläche wirken, und die Wände des Zimmers, nur hin und wieder mit demselben Muster gestempelt, ergeben interessante Effekte.

Man sollte eine mit Gummistempeln gemusterte Wand mit ein oder zwei Schichten Kunstharzfirnis schützen.

Anmerkung: Denken Sie nicht, daß ein Gummistempel eine Investition ist, die sich nicht lohnt. Sie können damit passende Gardinen oder Rouleaus bedrukken, das Motiv einzeln für einen Lampenschirm verwenden oder mit ihm (wie es sich ja eigentlich für ihn gehört) Ihr Briefpapier verschönern.

Wandmalerei

Mit phantasievollen Wandgemälden kann sich selbst die schönste Schablonenmalerei nicht messen. Aber es scheint eine tiefverborgene Angst davor zu geben, hübsche, saubere Wände zu bemalen und ohne Ausbildung eine solche Arbeit einfach anzugehen. Aber eigentlich ist es gar nicht so schwer. Es gibt viele unausgebildete Menschen, die eindringliche und bezaubernde Wandgemälde geschaffen haben. Auch wenn ich die kunstvollen Gartenblicke und Kolonnaden-Fresken berühmter Künstler sehr bewundere, so finde ich sie doch oft nicht eindrucksvoller als Wandgemälde von Laien, die vielleicht technisch nicht so gekonnt gemalt, aber mit viel Engagement entstanden sind.

Wenn Sie eine Vorlage nicht freihändig kopieren können, werden Sie bald herausfinden, daß man eine genaue Vergrößerung ganz einfach und fast mechanisch mit einem Raster erzielt (siehe Seite 72). Hat man die Umrisse erst einmal mit Kreide auf die Wand übertragen, muß man nur noch die Farben kopieren;

Linke Seite Freihändig gemalte blattartige Arabesken und Blumen bilden die üppige Umgebung für regelmäßig gesetzte, aber keineswegs genau vertikale Säulen. Lebensgroße Figuren wie die hier abgebildeten findet man in alten skandinavischen Häusern oft neben den Eingängen zu Festräumen. Diese gelungene Wandgestaltung zeigt, daß bäuerliche Malerei keine großen künstlerischen Fähigkeiten voraussetzt, um hübsch und attraktiv zu wirken.

Oben In diesem sparsam möblierten Bauernhaus in Pennsylvania wurden das Holzwerk und die Sockelleiste in leuchtenden Farben bemalt. Der blanke Fußboden besteht aus Kiefernholzdielen. Ungewöhnlich, aber praktisch ist die Idee, die markante schwarze Fußbodenleiste überall, auch auf den Türrahmen und Türen selbst, fortzuführen.

dabei sollen Ihnen die in diesem Buch gegebenen Ratschläge, wie man Farben mischt und wie man dekorative Effekte durch Stupfen und andere Techniken erhält, helfen.

Motive

Seien Sie bei der Wahl eines Motivs realistisch: Flache, zweidimensionale Formen, die mehr durch Umriß und Farbe als durch Modellierung und Perspektive wirken, sind einfacher zu malen. Sehen Sie sich ägyptische, etruskische, kretische und pompejanische Wandgemälde, alte Wandteppiche, Gemälde von Uccello, Matisse, dem Zöllner Rousseau, japanische Drucke, Lackarbeiten und Delfter Kacheln in Sammelbänden an, und betrachten Sie die Schmuckränder in Kinderbüchern – sie sind oft wahre Fundgruben für hübsche Ideen. Am hilfreichsten und inspirierendsten aber ist und bleibt die Volkskunst in ihren verschiedenen Formen und Ausführungen: Stickereien, Schnitzereien, Keramiken, bemalte Möbel und natürlich Wandgemälde. Die Volkskunst ist der lebenige Beweis, daß ein Gefühl für Farbe und ein starker Wunsch, Dinge zu verschönern, technische Begrenzungen aufheben können. Einige meiner liebsten Wandmalereien sind die Arbeiten von Malergesellen des 18. und 19. Jahrhunderts in New England. Sie malten bezaubernde ländliche Szenen mit kleinen Hügeln, sich schlängelnden Flüssen und üppigen, gestupften Baumkronen. Diese Malereien zeigen keinerlei technische Perfektion, aber sie verraten eine große Sensibilität für Motive und Farben.

Vorbereitungen und Farbe

Entsteht ein Wandgemälde ganz spontan aus einem plötzlichen Impuls heraus, sollte man benutzen, was gerade zur Hand ist. Vorausgesetzt, die Wandoberfläche ist in Ordnung und relativ glatt, kann man mit allen möglichen Farbresten von früheren Malarbeiten hantieren. Abbröckelnder und rissiger Putz, übermalte, sich lösende Tapete und alte, poröse oder fettige Emulsionsanstriche beeinträchtigen allerdings die Wirkung Ihrer Malerei. Für eine recht kunstvolle und große Wandmalerei sollte man einen haltbaren, nicht absorbierenden Grundanstrich aus einer halbmatten Ölfarbe (siehe Seite 212) auftragen, die man mit Abtönpaste oder Künstlerölfarbe tönen kann. Diese Farbe kann man auch zum Malen verwenden. Auf einer neuen, fehlerfreien Emulsionsschicht können Sie mit Emulsionsfarben malen, die mit Pigmenten, Künstlergouache oder Acrylfarben abgetönt werden – Acrylfarben gibt es in einer besonders reichhaltigen Palette, aber sie sind nicht billig. Unvermischt und nur mit Wasser oder Malmittel verdünnt, sind Acrylfarben leuchtend und schnelltrocknend und ideal für kleinere Details – für größere Flächen sind sie wohl zu teuer (siehe Seite 216–217 für das Abtönen von Farben).

Pinsel und anderes Arbeitsmaterial: Man braucht Pinsel in verschiedenen Größen: kleine Künstlerpinsel für Details und normale 12 oder 25 mm breite Malpinsel (oder Künstlerölfarbenpinsel), um größere Flächen zu malen; ein breiter, 75 oder 100 mm breiter Pinsel ist für Hintergrundfarben wie blaue Himmel und grüne Hügel nützlich; eventuell Arbeitsmaterialien für Stupftechniken und Schablonenmalerei (siehe die betreffenden Kapitel); Kreide oder Kohlestifte zum Zeichnen der Umrisse; Terpentinersatz; verschließbare Gläser für überschüssige Farben; für jede Farbe eine Untertasse als improvisierte Palette; Farbtopf oder Eimer für größere Farbmengen; Stehleiter; Schlagschnur; Stofflappen und Zeitungspapier.

Arbeitsmethode

Das Motiv: An einem einfachen Motiv, wie zum Beispiel einem gemalten Orangenbaum neben einer Tür, kann man sehen, wie unterschiedliche Materialien und Techniken das Endresultat beeinflussen. Bei diesem Motiv geht es nicht um botanische Genauigkeit, sondern um den dekorativen Effekt. Deshalb sollte man den Baum möglichst stilisiert malen, mit einer kreisrunden oder pyramidenförmigen Blattkrone, in der runde, leuchtende Früchte blitzen (die Orangen kann man mit Schablonen malen), und er sollte in einem dekorativ geformten Korb oder Blumentopf stehen. Skizzieren Sie zuerst unterschiedliche Formen und Arrangements mit farbigen Stiften auf Kästchenpapier. Wenn Sie die richtige Lösung gefunden haben, vergrößern Sie diese Vorlage mit Hilfe eines Rasters (siehe Seite 72) und zeichnen den Baum neben die Tür.

Farbe und Relief: Bei der Malerei kann man sich für einfache, matte Farben, die Form und Farbkontrast des Motivs betonen, oder für Farben, die noch mit Lasuren oder anderen Oberflächenbehandlungen bereichert werden, entscheiden. Ist man sich bei Beginn der Arbeit darüber noch nicht im klaren, sollte man, um sicherzugehen, verschiedene Teile mit blassen, matten Farben malen –

Ein echtes Trompe l'œil: ein Blick durch die gemalte Tür in eine weite Landschaft. Die Tür sollte in Grisaille-Technik ausgeführt werden. Der daneben gemalte Orangenbaum in einem Korb ist eine schöne Ergänzung des Motivs.

Oben Alle Oberflächen wurden mit Farbe behandelt: Das Holzwerk ist mit einem Schwamm leicht marmorartig gewolkt worden, auf das Glas sind Muster mit Schablonen aufgestupft. Das Überraschendste ist aber der Trompe-l'œil-»Kachel«-Fries im Stil William de Morgans. Kacheln sind nicht schwer zu imitieren und lassen sich leicht dreidimensional darstellen.

Rechte Seite Dieses Detail zeigt, mit welch simpler Schatten- und Glanzlichttechnik sich ein geraffter Musselinstoff und Wandfriese darstellen lassen. Deckenleisten-Malereien waren im frühen 19. Jahrhundert große Mode, und sie erleben heute eine Renaissance, da sie sich besonders gut dazu eignen, langweiligen, modernen Kastenzimmern ein wenig Eleganz und Üppigkeit zu verleihen.

den Stamm in Grau, die Blätter saftgrün, die Früchte blaßorange und den Korb in Gelb. Danach kann man die Oberfläche mit Lasuren veredeln, die dunkler sind als die Grundfarbe – ein Braun für den Stamm, ein mit dem Schwamm auf die Blätterkrone aufgestupftes leuchtendes Grün, ein kräftiges Zinnoberrot, das man mit dem Pinsel auf die Früchte stupft, und eine Gebrannte Umbra, mit lockerem Pinselstrich kreuzweise über das Gelb des Korbes gesetzt, um ein Korbgeflecht entstehen zu lassen. Lasuren geben der Farbe Tiefe und wie in diesem Fall eine Art Reliefwirkung (Informationen über das Verdünnen und Abtönen von Lasuren siehe Seite 223). Stupfen Sie Glanzlichter mit einer gebrochenen Weißlasur auf die Früchte, und hellen Sie blassere Farbflächen im Blattwerk mit einem Gelbgrün auf. Auch der Korb erhält durch Aufhellung und Schattierung des Flechtwerks größere Plastizität. Aber bevor man ein Wandgemälde allzu kunstvoll gestaltet, sollte man darüber nachdenken, ob man die Orangenbäume, oder welches Motiv auch immer, wirklich reliefartig haben möchte. Bei einer flachen und rein dekorativen Wandmalerei stört es nicht, wenn ein Baum oberhalb der Fußleiste schwebt, aber bei einer realistischen Ausführung können solche Dinge unangenehm surreal wirken. Die Trompe-l'œil-Malerei kultiviert diese Widersinnigkeiten (siehe Seite 84–85). Aber im allgemeinen wirken flache zweidimensionale Formen bei einem Wandgemälde am hübschesten, es sei denn, man will, daß die Malerei die Wände sozusagen »öffnet« und man weite Landschaften sieht, die von Säulengängen, phantastisch beschnittenen Baumreihen oder einer weinberankten Pergola umrahmt sind. Aber auch hier sollte man stilisierte Effekte verwenden und nur ein paar Tricks benutzen, wie zum Beispiel einen von Himmelblau bis zu einem – im unteren Teil – nur noch in einem matten Hauch von Blau verlaufenden Himmel oder grauviolette bis graublaue, weit entfernte Hügel.

Firnis: Sie sollten jedes Wandgemälde, das Ihnen gefällt, mit einem klaren, matten Kunstharzfirnis überstreichen, um es vor Stößen und Kratzern zu schützen und um die Wand abwaschen zu können. Es wäre doch allzu schade, mitansehen zu müssen, wie Ihr Meisterwerk wie Leonardo da Vincis »Letztes Abendmahl« langsam dahinschwindet.

Trompe l'œil

Trompe l'œil bedeutet »das Auge täuschen«. Um dies zu erreichen, benutzt man in der dekorativen Malerei traditionelle Techniken geübter Künstler, um drei Dimensionen vorzugaukeln, wo eigentlich nur zwei sind, so daß für einen kurzen Moment der Eindruck entsteht, das gemalte Bild sei real. Trompe l'œil ist oft die witzige Lösung eines architektonischen oder gestalterischen Problems. Wirkt ein Raum unausgeglichen, weil er zum Beispiel nur auf einr Seite des Kamins eine hübsch gewölbte Nische hat, kann man natürlich für viel Geld eine zweite in die Wand schlagen lassen. Aber ebensogut könnte man sie einfach in Trompe-l'œil-Technik aufmalen und so die Symetrie des Raumes herstellen. Das Reizvolle an der Trompe-l'œil-Malerei ist die Vielfalt der Darstellungsmöglichkeiten.

Abgesehen vom praktischen Nutzen, architektonische Felder zu kaschieren, mag ich den witzigen Überraschungseffekt der Trompe-l'œil-Malerei, die stets, wenn sie enttarnt wird, Begeisterungsrufe erntet. Eine besonders hübsche Illu-

sionsmalerei war eine runde Nische auf einer leeren Badezimmerwand, auf deren Regalbrettern Dinge standen, die für gewöhnlich nicht in einem Badezimmer zu finden sind – einige schöne alte Bücher mit goldgeprägten Rücken, eine Vase mit Nelken und chinesischer Zierat.

Es wäre falsch, zu behaupten, daß Trompe-l'œil-Malerei so einfach ist wie Schablonenmalerei oder zweidimensionale Wandgemälde. Andererseits glaube ich, daß diese Technik in ein Buch für Amateurmaler gehört, da sie für jemanden, der klug und geduldig genug ist, eine Vorlage genau zu kopieren, nicht zu schwierig ist. Diese Art der Malerei hat also mehr mit Kopieren als mit eigener Kreativität zu tun. Und es gibt eine Reihe relativ einfacher und wirkungsvoller Trompe-l'œil-Effekte, die man einmal ausprobieren sollte; so könnte man einen Teppichläufer auf eine Treppe aufmalen, eine Wand mit gemalten Delfter Kacheln verschönern oder einen Raum durch einen gemalten Wandsockel beleben – eine ähnliche Technik wie bei den auf den Seiten 96–100 vorgestellten bemalten Türen. Eine weitere hübsche Idee ist es, Mauersteine aufzumalen.

Architektonische Trompe-l'œil-Malereien werden in der sogenannten Grisaille-Technik gemalt, bei der nur eine Farbe in verschiedenen Helldunkelschattierungen verwendet wird.

Bei der Trompe-l'œil-Malerei spielt die Schattierung der Farben für die Suggerierung eines dreidimensionalen Raumes eine große Rolle.

Für einen Amateurmaler ist es am besten, nach einem Modell zu malen – eine Vase mit Blumen, blauweißes Porzellan, ein Stapel alter ledergebundener Bücher – oder, noch besser, nach einer guten Farbabbildung. Es ist unwahrscheinlich, daß einem ungeübten Künstler ähnlich realistische Stilleben gelingen wie einem alten niederländischen Meister; wenn man aber farblich und formal dekorative Motive wählt, kann das Ergebnis sehr attraktiv wirken und die leichte Steifheit der Ausführung den Charme naiver Malerei haben.

Einige hilfreiche Tips: Schrecken Sie nicht davor zurück, Freihandmalerei mit Schablonenmalerei zu kombinieren, wenn das Motiv es zuläßt, wie zum Beispiel bei formalisierten Tannenbäumen oder Schafen in einer Landschaft oder bei Weintrauben. Das kann hübsch und witzig wirken. Auch gestupfte Oberflächen können auf einer großen farbigen Fläche wirkungsvoll sein. Gewolkte Oberflächen bieten die schnellste Möglichkeit, Blattwerk zu suggerieren. Persönliche Elemente beleben jede Wandmalerei – malen Sie Ihnen bekannte Gebäude oder Ihre Familie in das Bild hinein; dabei kommt es mehr auf charakteristische Umrisse als auf detaillierte Charakterisierungen an. Allzu leuchtende Farben kann man mit einer cremigen Lasur leicht mildern (weiße Farbe mit ein wenig Ocker und Umbra Natur). Verdünnen Sie die Lasur, so daß sie eine ganz feine, blasse Schicht bildet.

Holzwerk

Vorhergehende Seite Eine verschwenderisch marmorierte hölzerne Kaminumrandung.

Das Holzwerk eines Raumes – wie zum Beispiel Türen, Architrave, Verkleidungen, Fuß- und Scheuerleisten – verhält sich zu den Wänden etwa wie ein Rahmen zu einem Gemälde. Es begrenzt und unterteilt optisch horizontale und vertikale Flächen. Scheuerleisten schützen die Wände nicht nur vor Beschädigung durch Stuhllehnen, sondern sie gliedern gleichzeitig große, eintönige Flächen und verbessern so die Proportionen eines Raumes. Als Holz und Arbeitszeit noch billig waren, verwendete man solche Details großflächig und reich verziert. Die Türen hatten Füllungen, die Architrave waren von beachtlichem Ausmaß, und die Fuß- und Scheuerleisten hatten Formate, die gut zu den Höhen der Decken und den Deckensimsen paßten. Ein solches Holzwerk unterstützt die Wirkung eines Raumes in hohem Maße, und es lohnt sich, diese dekorativen Elemente zu betonen. Streicht man alles in einem glänzenden, strahlenden Weiß, verschmilzt das Holzwerk mit der Wand und bildet keinen strukturierenden Rahmen. Wenn man in einem Raum schön proportioniertes Holzwerk hat, sollte man in Erwägung ziehen, es auf andere Art und Weise zu gestalten.

Vorbereitungen

Holzwerk, das bemalt werden soll, muß sorgfältig vorbereitet werden. Diese Oberflächen werden recht stark strapaziert, und wenn die Farbe rissig und verwittert ist, sammelt sich viel Schmutz an, der schwer wieder abzuwaschen ist. Welche Vorarbeiten nötig sind, hängt vom Zustand der alten Farbe ab. Ist sie noch ziemlich glatt und eben, reicht es im allgemeinen, sie mit einem Anlauger abzuwaschen und kleine Risse und Nagellöcher zu spachteln und abzuschmirgeln.

Entfernen alter Farben

Bis zu einem gewissen Punkt kann man verwitterte und abgeblätterte Farbe durch gründliches Verkitten und Schmirgeln glätten. Niemand wird Holz freiwillig abflämmen, wenn es nicht unbedingt nötig ist. Wenn aber die alte Farboberfläche allzu verwittert oder so beschaffen ist, daß sie wahrscheinlich die neue Farbschicht fleckig erscheinen läßt oder sich beim Überstreichen auflöst, ist es im Endeffekt zeitsparender, sie zu entfernen.

Am schnellsten entfernt man alte Farbe, indem man sie mit einer Lötlampe abbrennt und mit einer Ziehklinge abzieht. Es lohnt sich, bei einem Eisenwaren- oder Werkzeugladen eine mittelgroße Gaslötlampe zu kaufen. Man beginnt mit dem Abbrennen der Farbe immer von unten, da die Hitze hochsteigt und die Farbe so aufweicht, daß man sie mit einer Ziehklinge abschieben kann. Legen Sie einen Metallbehälter auf den Boden, in den die heißen, geschmolzenen Farbreste fallen können. Bewegen Sie die Lötlampe hin und her, und ziehen Sie die Farbe in Richtung der Holzmaserung ab.

Das Arbeiten mit Abbeizmitteln ist eine langsamere Methode. Dabei sollte man die Instruktionen des Herstellers genau beachten und zum Schutz der Hände auf jeden Fall Gummihandschuhe tragen. Nach dem Abbeizen reibt man die Holzoberfläche gründlich mit Terpentinersatz ab, um die Chemikalien zu beseitigen. Danach schmirgelt man sie glatt.

Risse, Äste, Harzgallen

Um größere Haarrisse entlang von Holzverkleidungen oder Fußleisten, um Türfüllungen und an Stellen, an denen eingebautes Holzwerk an die Wand oder an die Decke stößt, sauber und schnell zu verschließen, mixt man eine Universal-Spachtelmasse mit Wasser zu einer cremigen Paste und streicht diese mit einem einfachen Malerpinsel in die Risse. Durch den Pinselauftrag entsteht eine so glatte Oberfläche, daß man nur wenig oder gar nicht mit Schmirgelpapier nachglätten muß.

Für größere Risse verwendet man eine etwas dicker angerührte Universal-Spachtelmasse. Zuerst aber tupft man ein wenig Grundierung oder Vorstreichfarbe in die Löcher, damit die Spachtelmasse besser hält und nicht schrumpft. Benutzen Sie zum Spachteln ein einfaches Messer oder ein Palettmesser, und glätten Sie die Oberfläche, indem Sie die noch nicht trockene überschüssige Spachtelmasse mit einem feuchten Lappen abwischen. Für Fensterrahmen verwendet man Holzkitt, der sich mit dem Holz dehnen und zusammenziehen kann und wie andere Spachtelmassen verarbeitet wird.

Harzige Stellen und Äste können die Haftung und das Aussehen des neuen Farbanstrichs beeinträchtigen. Man entfernt das Harz mit Terpentin und isoliert diese Stellen durch Überstreichen mit Schellack. Größere Harzansammlungen (Harzgallen) sticht man mit dem Spachtel aus oder brennt sie mit der Lötlampe aus und verkittet danach die so entstandenen Löcher.

Grundierung und Vorstrich

Zuerst streicht man neues oder abgebeiztes Holz mit einer Grundierung, dann mit einer Vorstreichfarbe, die man mit einer zum Endanstrich passenden Tönung verwenden kann. Sind die ersten Anstriche trocken, schmirgelt man sie leicht mit feinem Sandpapier ab, um eine glatte Fläche für den Endanstrich zu erhalten. Am besten ist es, wenn man zwei Vorstriche aufträgt – den ersten verdünnt mit Terpentinersatz, den zweiten wie er aus der Dose kommt.

Schon bemaltes Holz benötigt keine Grundierung, muß aber vor dem Neuanstrich, nachdem man es sauber abgewaschen hat, mit Sandpapier, Salmiakwasser (1 Teil Salmiakgeist auf 8 Teile Wasser) oder Anlauger aufgerauht werden. Auf jeden Fall muß jede einzelne Farbschicht gut durchtrocknen.

Endanstrich

Fast alle hier beschriebenen Anstriche basieren auf einer matten Ölfarbe (siehe Seite 210). Die meisten Dekorateure bevorzugen diese Oberfläche, da sie vornehm zurückhaltend wirkt. Wenn Sie aber eine leicht glänzende Oberfläche vorziehen, können Sie eine seidenmatte Ölfarbe verwenden (siehe Seite 212), und nur wenn Sie eine lackiert wirkende Oberfläche wünschen, sollten Sie eine halbmatte oder glänzende Farbe nehmen. Um eine hochglänzende Oberfläche und eine größere Farbtiefe, als Lackfarbe sie bieten kann, zu erhalten, sollten Sie getönte Öllasur und Glanzfirnis nehmen oder getönten Firnislack, wie er für das Lackieren von Wänden verwendet wird (siehe Seite 64–65).

Die klassische Reihenfolge beim Streichen von Holzwerk ist: zuerst die Türen, dann die Fenster, den Kaminsims, Scheuerleisten und zum Schluß die Fußleisten, weil beim Streichen der Fußleisten aufwirbelnder Fußbodenstaub an den Pinsel und dann in die Farbe geraten kann und sie so verschmutzt.

Arbeitsmaterialien

Kleine, 50 oder 75 mm breite Malerpinsel und einen noch kleineren, 12 oder 25 mm breiten Pinsel für knifflige Ecken und Stellen; ein Farbtopf oder eine Blechdose; Terpentinersatz; mittelfeines und feines Schmirgelpapier; Zeitungen; saubere Lappen; eine Stehleiter. Siehe Seite 88–89 mit Anweisungen, wie man Fenster und Türen mit Füllungen streicht.

Einfache dekorative Oberflächen

Weißschattierungen

Dekorateure verwenden oft unterschiedliche Weißschattierungen, um Türen, Schränke und Fensterläden mit Füllungen oder andere dekorative Details zu betonen. Dieser raffinierte Farbeinsatz akzentuiert diskret die Dreidimensionalität ohne einen Verlust an Leichtigkeit. Die Wahl einer im allgemeinen matten, hin und wieder seidenmatten, aber niemals glänzenden Oberfläche verrät dieselbe Zurückhaltung. Diese Art der Farbwahl und Oberfläche wirkt besonders in alten Häusern so, als habe sich eine alte Farbe mit der Zeit verändert.

Man verwendet drei Weißtönungen: die dunkelste für Füllungen, die nächsthellere für Profile und die hellste für die Umrandungen – dazu gehören auch angrenzende Architrave, Fuß- und Scheuerleisten etc. Einige Dekorateure kehren die Reihenfolge um und verwenden den hellsten Farbton für die Füllungen und den dunkelsten für die Umrandungen. Wie groß der Kontrast dieser drei Weißtöne ist, hängt von der Farbgestaltung des Raumes insgesamt ab und davon, wie stark man das Holzwerk betonen möchte.

Arbeitsablauf: Um alle Holzteile in einem kleinen Raum anzustreichen, benötigen Sie etwa einen halben Liter Farbe. Beginnen Sie mit den hellen Flächen. Vielleicht entspricht das nicht ganz den Regeln, aber es ist sinnvoll, da man so keine Farbe verschwendet. Ein kaum wahrnehmbar gebrochenes Weiß erhält man, indem man etwas Umbra Natur, ein wenig Schwarz und Gelben Ocker (Künstlerölfarben) mit einer matten oder halbmatten weißen Ölfarbe vermischt.

Als nächstes tönen Sie die verbliebene Farbe wiederum mit denselben Farben – Umbra Natur, Schwarz und Gelber Ocker – ab. Probieren Sie die Wirkung aus, bevor sie alle Profile streichen – der Ton sollte kaum wahrnehmbar dunkler sein. Um den dunkelsten Ton zu erhalten, mischt man dieselben Farben wieder unter die noch verbliebene Farbe. Der Farbton für die Füllungen sollte nun ein warmes, leicht grünliches Grau sein, das zu fast jeder Wandfarbe oder Wandoberfläche paßt.

Die Farbkontraste der architektonischen Elemente – Böden, Treppe, Geländer – werden durch die in verschiedenen kühlen Weißtönen gestrichenen Wände miteinander verbunden. Bei dem Geländer wurde eine gezogene Lasur über einen grünen Untergrund gelegt, während der Nut-und-Feder-Wandsockel mit einer auf weißen Untergrund gelegten Cremelasur gestaltet wurde.

Ton-in-Ton-Anstrich

In vielen alten amerikanischen Häusern sind Holzwerk und Wände im gleichen Farbton gestrichen. Das wirkt besonders hübsch in Räumen mit viel Holzwerk. Wenn die Fensterläden, die Füllungen, die Fensterrahmen, die Fußleisten, die Türen und die Wände in einer dieser sanften, aber heiteren Farben der Kolonialzeit – wie zum Beispiel in Heidelbeerblau, Zimt oder diesem besonderen Blaugrün, das entsteht, wenn man einen gelbgetönten Firnis über ein verblichenes Blau legt – gestrichen sind, wirkt der ganze Raum ungemein beruhigend und schlicht, was den reichen Farben von Bildern, Teppichen und Möbeln eine besondere Intensität verleiht.

Aber auch hier sollte die Farboberfläche matt sein; zwar kann auch eine ganz und gar glänzende Oberfläche recht wirkungsvoll sein, aber sie wird immer ein

Anstrich glatter Türen
Eine große, ebene Fläche wie zum Beispiel eine glatte Tür wird am besten in einzelnen Abschnitten bemalt, wobei man oben beginnt und sich nach unten vorarbeitet. Dabei trägt man die Farbe schnell auf, damit sie nicht trocknet, bevor sie aufgestrichen, quergestrichen, geglättet und von überschüssiger Farbe befreit wurde. (Zur Erläuterung nebenstehender Abbildungen siehe Seite 93, unten rechts)

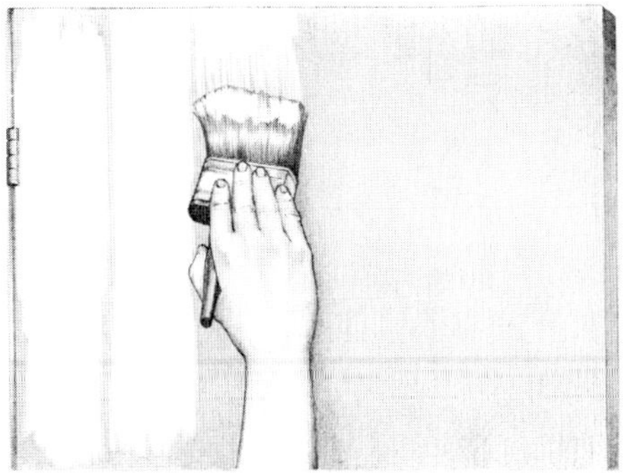
1

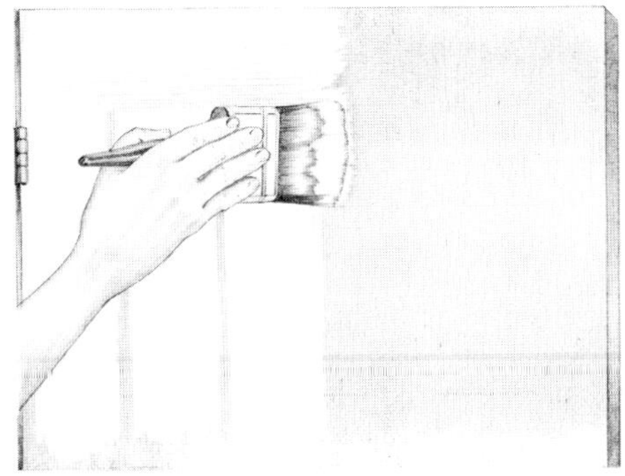
2

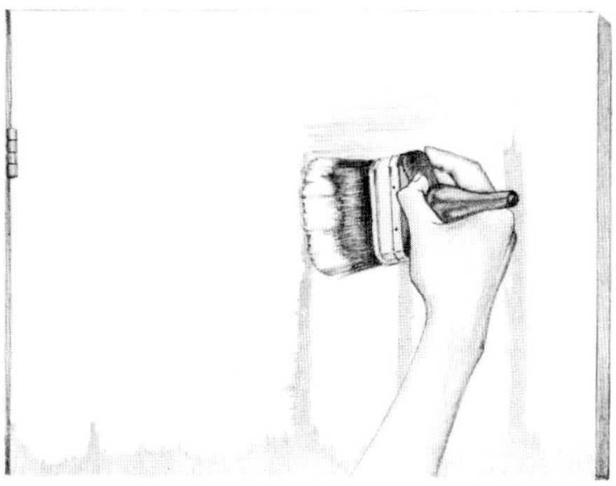
3

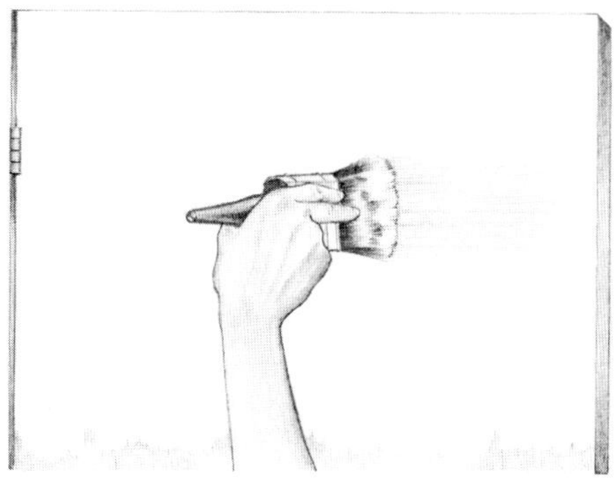
4

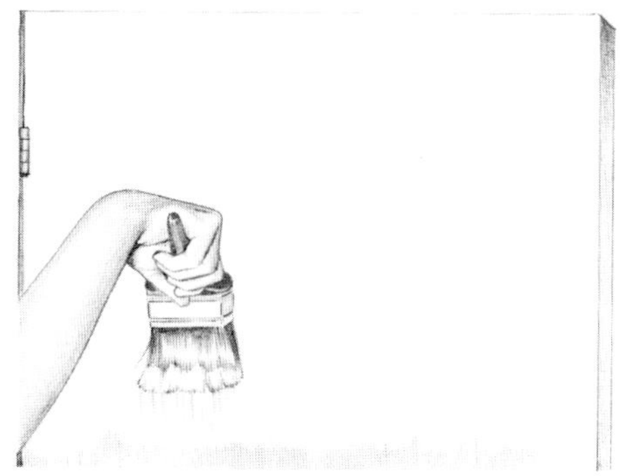
5

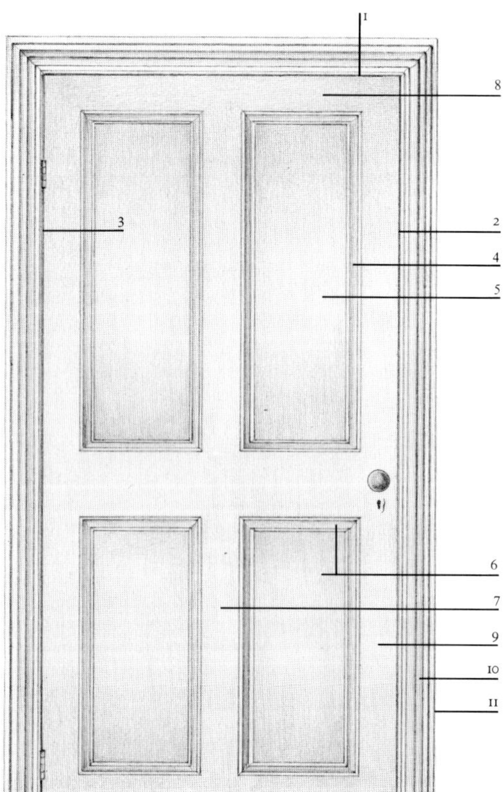

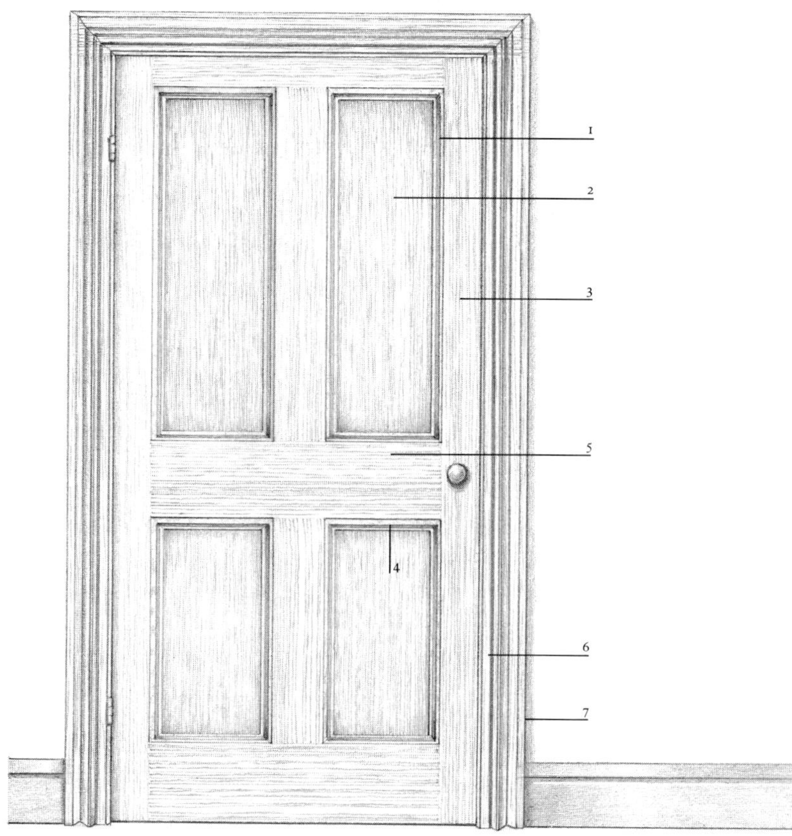

Anstreichen von Türen mit Füllungen und Profilen

Einen bestimmten Ablauf beim Bemalen von Türen mit Füllungen und Profilen einzuhalten (unten, ganz links) spart Zeit und Arbeit.

Wenn sich die Tür in Ihre Richtung öffnet, beginnen Sie mit (1) der Falz- und (2) der Vorderkante. Öffnet sich die Tür in die andere Richtung, streicht man zuerst die Falz- und Scharnierkanten (3). Danach streicht man die Profile (4) der oberen Füllungen und dann diese Füllungen (5) – legen Sie die Farbe gut in die dekorativen Profile, aber achten Sie darauf, daß sich keine »Nasen« bilden. Nun bemalt man die unteren Profile und Füllungen (6) ebenso. Als nächstes streicht man die senkrechte Mittelleiste (7), dann die waagerechten Flächen – erst die obere, dann die mittlere und zum Schluß die untere – und danach die äußeren senkrechten Seitenteile (9). Zuletzt folgen Türrahmen (10) und Abdeckleiste (11). Lassen Sie die Tür zum Trocknen offen stehen.

Richtung des Farbauftrags

Gezogene Lasuren folgen üblicherweise der Konstruktion von Türen und anderem Holzwerk (siehe Seite 96, gezogene Lasuren auf Holzwerk). So streicht man auf folgenden Flächen senkrecht: auf senkrechten Profilen (1), Füllungen (2) und Seitenteilen (3). Waagerecht streicht man waagerechte Profile (4) und Querleisten. Die senkrechten Türrahmen streicht man vertikal, das horizontale Türrahmenstück (5) horizontal. Eine Ausnahme von dieser Regel bilden Türen mit drei oder mehr querformatigen Füllungen, da die Holzmaserung dieser Füllungen meistens horizontal verläuft.

Anstrich von Fenstern

Fenster sollte man ebenso wie Türen in einem bestimmten Malablauf streichen. Damit keine Farbe auf das Glas kommt, empfiehlt sich ein Metallschutz oder Klebeband.

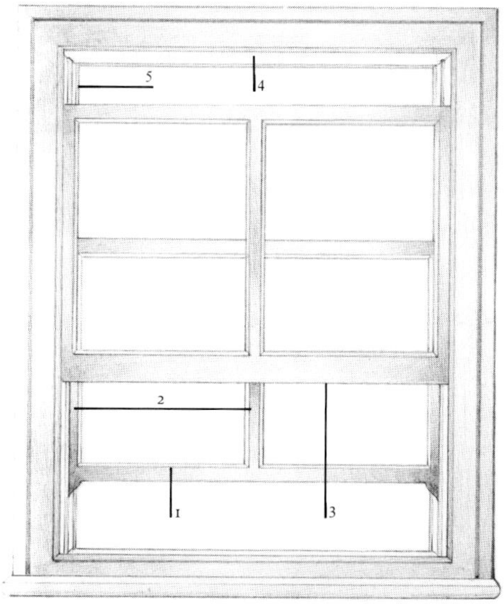

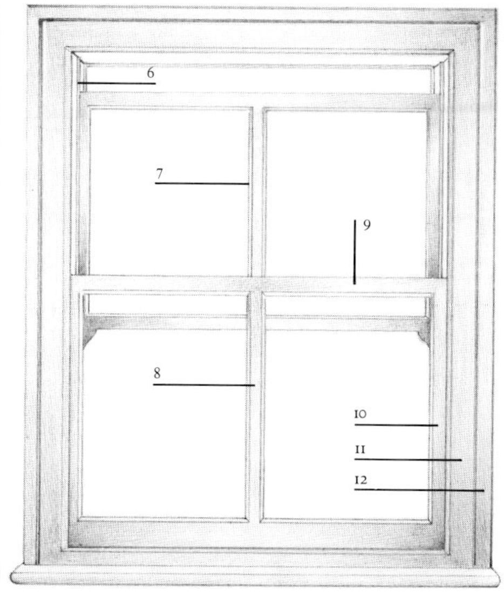

Um ein Schiebefenster zu streichen, schiebt man den unteren Teil nach oben und den oberen nach unten, so daß man das untere Rahmenholz (1), die Glasleisten und die Unterkante streichen kann. Danach malt man die erreichbaren Teile der Sprossen (2) des oberen Schiebeteils, die Unterkante (3) des unteren Fensterteils, den Blendrahmen (4) und etwa 50 mm des äußeren Laufrahmens (5). Sodann schließt man das Fenster fast ganz und streicht 50 mm des inneren Laufrahmens (6). Streichen Sie nun alle Glasleisten (7), die Kreuzsprossen (8), die restlichen Rahmenhölzer (9), die Flügelhölzer (10), den Fensterrahmen (11) und die Abdeckleisten (12). Achten Sie darauf, daß keine Farbe in die Zugleisten gelangt (man muß nicht den ganzen Laufrahmen streichen).

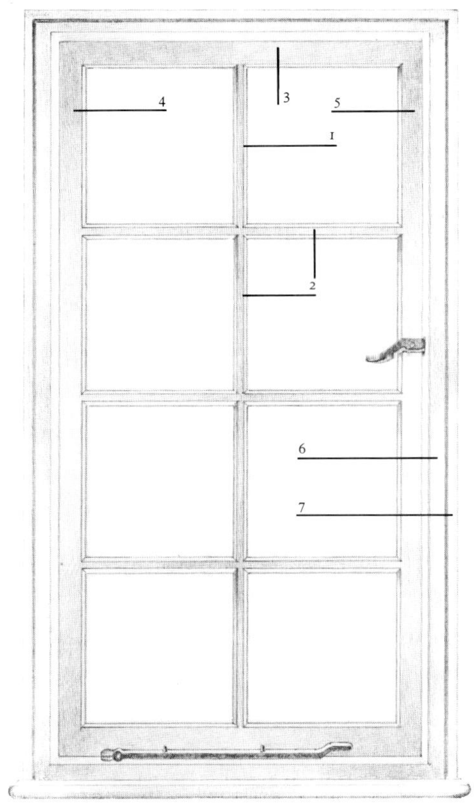

Ein Flügelfenster streicht man in ähnlicher Reihenfolge. Erst kommen die Glasleisten (1), dann folgen die Kreuzsprossen (2), die waagerechten Flügelhölzer (4 und 5), der Fensterrahmen (6) und zum Schluß die Abdeckleisten (7).

1 Aufstreichen der Farbe mit senkrechtem Pinselstrich

2 Querstreichen der Fläche, ohne neue Farbe auf den Pinsel zu nehmen

3 Auftragen und Querstreichen der Farbe auf einem weiteren Abschnitt

4 Glätten der beiden Abschnitte

5 Abstreichen der Farbe

wenig glatt und überfeinert wirken. Will man die Oberflächen etwas stärker texturieren und Holzwerk und Wände mehr miteinander verschmelzen lassen, kann man beide mit einer unauffälligen, gezogenen Pinsellasur, die ein Farbton dunkler ist als die Untergrundfarbe, versehen.

Ein Ton-in-Ton-Anstrich ist besonders in Räumen nützlich, die nur wenig und kein besonders schönes Holzwerk haben. In einem solchen Fall sollte man es nicht betonen, sondern in der gleichen Farbe streichen wie die Wände.

In diesem schwedischen Haus dominieren Farbkombinationen. Skandinavische Dekorationsmaler unterteilen Wände oft in zwei Farbflächen, um die Decke niedriger erscheinen zu lassen. Sie behandeln die Holzdielen die eine verputzte Wand und malen einfach über die Dielenspalten.

Kontrastierende Farben

Kontrastierende Holzfarben können kostbar und architektonisch wirken. Ich erinnere mich an einen Raum mit verblichenen roten Wänden und graublauem Holzwerk und an eine noch ausgefallenere Zusammenstellung: orangefarbene Wände und erbsengrünes Holzwerk, ein schöner Hintergrund für opulente maurische Objekte und lebhafte Stickereien und Teppiche. Im allgemeinen wirken Farben mit ähnlichem Tonwert am besten miteinander (diese Farben würden in einer Schwarzweißfotografie mit demselben Grauwert wiedergegeben). Sanfte Rot-, Blau- oder Grüntöne können sehr gut zueinander passen. Oft dämpft man die Wirkung kontrastierender Farben auf Wänden und Holzwerk durch eine gezogene Lasuroberfläche, bei der die Endlasur ein oder zwei Farbtöne dunkler gewählt wird. Eine attraktive Alternative zu dieser Oberfläche ist eine schöne Maserlasur, die wie die phantasievolle Kombination einer Holz- und Marmoroberfläche wirken kann. In letzter Zeit gestaltet man Holzwerk gerne in dunklen Farben (sogar in Schwarz) und die Wände in kräftigen Farbtönen.

Betonen der Profile

Um einem Raum ein eigenes Flair zu geben, betonen Dekorateure Profile, Deckensimse etc. durch eine besondere Farbe (siehe die Abbildung auf der gegenüberliegenden Seite). Auf diese Art kann man auch große Holzflächen gliedern, wie zum Beispiel bei Einbauschränken. Da die meisten neuen Schränke heute flach sind, müssen Sie eventuell erst Profile und Täfelung aufnageln oder -leimen. Sie können auch die hervorstehenden Teile der Profile und Deckensimse mit einer starken Farbe streichen und die Zwischenflächen mit einer sanfteren Variante dieser Farbe ausfüllen. Wählen Sie eine Farbe, die im Raum bereits vorkommt, und benutzen Sie sie entweder einen Ton heller, dunkler oder genau passend.

Verwenden Sie eine wasserdünne Lasur aus einer matten oder seidenmatten Farbe, um eine matte Oberfläche zu erhalten. Probieren Sie die Farbe zuerst aus, um ihre Intensität zu testen. Verwenden Sie einen weichen, 12 mm breiten Maler- oder Künstlerpinsel und einen feinen Marderhaarpinsel für saubere Kanten.

Gezogene Lasuren

Die meisten bisher beschriebenen dekorativen Maltechniken, wie gestupfte und gewolkte Oberflächen, lassen sich auch für die Gestaltung von Holz verwenden. Mit ihnen kann man schönes Holzwerk schmeichelhaft betonen oder flache, unattraktive Holzarbeiten, wie man sie heute in so vielen modernen

Wohnungen vorfindet, verschönern. Eine häufig angewendete Technik ist die mit verdünnter Farblasur gezogene Oberfläche, die Umrisse weicher erscheinen läßt und eine delikate Farbpatina erzeugt.

Gebrochene Weißtöne: Eine gezogene Lasuroberfläche wirkt besonders schön in drei unterschiedlichen Weißtönen, wie sie bereits beschrieben wurden. Malen Sie die gesamte Fläche zuerst mit einer weißen, matten oder halbmatten Ölfarbe an. Lassen Sie die Farbe gut trocknen, und ziehen Sie dann die mit Künstlerölfarben in Umbra Natur, Schwarz und Ockergelb getönte Lasur in drei verschiedenen Helligkeitsabstufungen über den weißen Untergrund.

Farben: Holzwerk, das in der gleichen Farbe wie die Wände bemalt ist (siehe Seite 91), kann man, um ihm mehr Textur zu geben, mit einer gezogenen Lasuroberfläche versehen, die ein wenig heller oder dunkler als die Grundfarbe ist. Hat man die Wände mit einer gebrochenen Farboberfläche und das Holzwerk in einer kontrastierenden Farbe gestrichen, mildert eine gezogene Holzoberflächenlasur in einem zum Holz passenden helleren oder dunkleren Ton den Gegensatz. Ist der Kontrast zwischen Wand und Holzwerk zu stark, kann man auch eine mit Umbra Natur getönte Lasur auftragen, die jede Farbe leicht verändert und milder wirken läßt.

Arbeitsmethode

Die Technik ist die gleiche wie beim Bemalen von Wänden (siehe Seite 45–49); man verwendet transparente Öllasuren oder verdünnte Ölfarben (siehe Seite 223–225) und tönt sie mit Abtönpaste oder Künstlerölfarben ab. Der Untergrund ist eine matte oder halbmatte Farbe. Der einzige Unterschied besteht in der Richtung der gezogenen Lasur; das ist besonders bei Türen mit Füllungen zu beachten. Ich habe zwar Türen gesehen, die nur in einer Richtung lasiert waren, aber im allgemeinen zieht man die Lasur in Richtung der Holzmaserung auf. So verstreicht man die Lasur auf den Füllungen, vertikalen Profilen und Rahmenbrettern und den vertikalen Türrahmen mit vertikalem Pinselstrich und auf den horizontalen Profilen, Rahmenbrettern und dem horizontalen Türrahmenstück mit horizontaler Pinselbewegung. Dasselbe gilt für Fenster und Fensterläden. Fuß- und Scheuerleisten und andere Holzarbeiten werden horizontal gestrichen.

Firnis: Zum Schutz der Lasur trägt man ein oder zwei Schichten klaren, matten Kunstharzfirnis auf. Türen sollte man unbedingt gut firnissen, da sie oft angefaßt werden.

Trompe-l'œil-Täfelungen

Die glatten Türen der 60er Jahre sehen oft sehr langweilig aus, aber mit einer einfachen Trompe-l'œil-Täfelung oder -Füllung kann man optische Wunder wirken. Mit der gleichen Technik lassen sich auch große, uninteressante Einbauschranktüren verschönern.

Glatte Türen sind im allgemeinen für ihre Höhe recht schmal, deshalb wirken sie mit einer größeren Täfelung oben und einer kleineren unten besser proportioniert. Die unten beschriebenen Techniken beziehen sich auf Türen mit zwei Paneelen. Bei anders proportionierten Türen kann eine andere Verteilung der Paneele möglicherweise besser wirken. Auf Seite 100 sind einige Beispiele wiedergegeben. Trompe-l'œil-Effekte dieser Art malt man im allgemeinen monochrom, das heißt, man benutzt nur eine Farbe in verschiedenen Helldunkelschattierungen; meistens verwendet man gebrochene Weißtöne, die von fast ganz Weiß bis Grau variieren können.

Vorbereitungen

Am besten hängt man die Tür aus den Angeln und legt sie flach hin, was leider nicht immer möglich ist. Die Oberfläche sollte sauber, glatt, gespachtelt und sorgfältig geschmirgelt sein. Nach dem Grundieranstrich sollte man wenigstens eine Schicht weiße, halbmatte Öl- oder Wasserfarbe aufstreichen.

Arbeitsmaterial für Trompe-l'œil-Täfelungen

Weiße Ölfarbe; transparente Öllasur; Terpentinersatz; Künstlerölfarbe in Umbra Natur und Schwarz; einen weichen, buschigen Pinsel zum Stupfen; einen 35 mm breiten Malerpinsel für die gezogene Lasur und einen 25 mm breiten Pinsel zum Ziehen der Trompe-l'œil-Profile; Klebeband; Stofflappen; einen Bleistift und ein Lineal; Gefäße zum Anmischen der Lasuren.

Arbeitsmethode

Zuerst zeichnet man die Paneel-Quadrate oder -Rechtecke leicht mit Bleistift auf. Die Größe der Rechtecke richtet sich nach den Proportionen der Türen. Mit Klebeband kann man erst einmal ausprobieren, wie die Paneele in etwa wirken werden. Bei der traditionellen Methode der Trompe-l'œil-Täfelung beginnt man mit den hellsten Flächen auf zwei Seiten der Paneele und bearbeitet dann die dunkleren Felder, wobei man jede bemalte Fläche erst gut durchtrocknen läßt. Das ist zwar langwierig, aber es verhindert, daß die Lasuren ineinander verschmieren. Nach dem Trocknen der hellen Innenflächen wird die Umrandung mit einer gezogenen Lasur, die um einige Farbtöne dunkler ist, bearbeitet, und danach wird die Paneelfläche wieder mit einer noch etwas dunkleren Lasurfarbe gestupft. Zum Schluß werden die zwei dunklen oder »im Schatten liegenden« Profile eingemalt. Jedesmal verwendet man die gleiche Lasur, die man nach und nach durch Beimischen von etwas mehr Farbe dunkler abtönt.

Zuerst mischt man eine fast ungetönte Lasur, dabei verwendet man ein wenig weiße Ölfarbe, etwas transparente Öllasur und ganz wenig Umbra Natur sowie einen Klecks Schwarz, in Terpentinersatz aufgelöst. Die Lasur ist auf weißem Untergrund nun ein zartes Grüngrau. Zum Markieren der auf Gehrung aneinanderstoßenden Ecken der hellen Profile benutzt man Klebeband, damit die hellen und dunklen Lasuren nicht übereinanderlappen. Dann malt man die helle Lasur mit einem schmalen Pinsel zwischen die Markierungslinien, wobei man die Oberfläche glatt oder mit gezogener Textur gestalten kann (siehe Seite 93). Trocknen lassen. Nun markiert man mit Klebeband die an die hellen Profile anstoßenden Profile. Wie oben beschrieben ausmalen und trocknen lassen.

Nun gibt man ein wenig mehr Farbe in die Lasur, wobei man mehr Umbra Natur als Schwarz beimischt. Mit dieser Lasur malt man nun die Umrandung der Paneele; zuerst die horizontalen, dann die vertikalen, zuerst glatt, dann in gezogener Lasurtechnik. Wenn man schnell arbeitet, wird die überschüssige Farbe der horizontalen Flächen beim Malen der vertikalen Flächen sauber verteilt. Die überschüssige Farbe kann man aber auch mit einem fusselfreien Lappen, der mit Verdünner befeuchtet ist, abwischen.

Während die gezogenen Oberflächen trocknen, kann man die Paneele schon mit Stupftechnik bearbeiten, wobei man die Lasur wiederum mit ein wenig

Trompe-l'œil Paneel-Maltechnik eignet sich für viele Bereiche. Hier wurden die Füllungen eingemalt und der Rahmen in gezogener Lasurtechnik gestaltet. Die Richtung der Schatten richtet sich stets nach dem gegebenen Lichteinfall.

A

B

C

D

Helles Holz

1 Untergrund mit einer gebrochen weißen Farbe auf Wasser- oder Ölbasis.

2 Man mischt eine gelbbraune, aber kühle Öllasur aus Künstlerölfarbe in Umbra Natur, Siena Natur und ein wenig Weiß auf die übliche Weise, verdünnt mit Terpentinersatz. Die Lasur sollte etwa die Konsistenz von flüssiger, süßer Sahne haben. Ein wenig von dieser Flüssigkeit in ein anderes Gefäß geben und diese mit ein wenig Umbra Natur dunkler tönen.

3 Man streicht die hellere Lasur mit einem 35–50 mm breiten Malerpinsel locker in verschiedene Richtungen auf den hellen Untergrund (A).

4 Mit einem Vertreiber trägt man die dunklere Lasur hier und dort an verschiedenen Stellen wie abgebildet auf (B).

5 Man streicht den Vertreiber auf einem Tuch aus und zieht ihn ein wenig zittrig über die Oberfläche, um eine durchgehende Maserung und unregelmäßige dunkle Streifen zu erhalten (C).

6 Oberflächen glättet man mit einem Staubpinsel (D). Am besten versiegelt man die Oberfläche mit einem matten Alkydfirnis, der nicht vergilbt.

E

F

Mahagonimaserung

Bei dieser Technik gelten dieselben Arbeitsschritte wie bei hellem Holz (gegenüberliegende Seite); nur die Farbabfolge ist eine andere. Links sieht man den ersten und den letzten Arbeitsschritt.

Für ein goldenes Mahagoni bildet eine goldtonige Farbe auf Wasserbasis den Untergrund, für rotes Mahagoni ein rosafarbenes Rot. Aus einer transparenten Öllasur, Künstlerölfarben in den Tönen Umbra Gebrannt und Siena Gebrannt und Terpentinersatz mischt man eine tief rotbraune Lasur. Diese trägt man mit einem 35–40 mm breiten Malerpinsel mit lockerem Pinselstrich in verschiedene Richtungen schnell auf (E). In einem anderen Gefäß mischt man der Lasur ein wenig mehr Umbra Gebrannt unter und malt mit einem Vertreiber hier und da dunkle Streifen auf. Man wischt den Pinsel trocken und führt ihn mit leicht zittriger Bewegung über die gesamte Oberfläche durch die nasse Lasur. Danach vertreibt man vorsichtig allzu dunkle Streifen und Stellen (F). Trocknen lassen. Wenigstens einmal firnissen mit einem seidenmatten Alkyd- oder Kunstharzfirnis.

Oben In diesem Biedermeier-Badezimmer wurden helle Holz- und Mahagonimalerei kombiniert. Die schwarzen gemalten Rahmen wirken wie Ebenholz-Einlegearbeiten. Diese Oberfläche sollte man in einem Badezimmer mit matten oder seidenmatten Alkydfirnisschichten vor Wasserspritzern und Kondenswasser schützen.

Umbra Natur und ganz wenig Schwarz dunkler tönt. Zuerst streicht man die Lasur auf die Fläche, dann stupft man mit einem weichen Pinsel die Farbe vorsichtig ab, daß eine zarte, pudrige Farboberfläche entsteht. Diesen Vorgang wiederholt man auf den übrigen Paneelen und läßt die Türe über Nacht trocknen.

Zum Schluß malt man die »Schattenprofile«. Dazu tönt man die Lasur wiederum durch Beimischen von Farbe dunkler. Man klebt die Gehrungsecken erneut mit Klebeband ab, streicht zuerst das eine, nach dem Trocknen das andere Profil. Wenn alles ganz trocken ist, überstreicht man die gesamte Tür zum Schutz mit einer oder zwei Schichten transparentem, seidenglänzendem Kunstharzfirnis oder einem durchsichtigen, extra matten Kunstharzlack, wenn die Tür besonders elegant wirken soll.

Diese Trompe-l'œil-Technik ist zwar zeitraubend, aber sicher, und sie wird oft von professionellen Dekorateuren angewendet, die die Trockenzeit für andere Arbeiten nutzen. Wenn genaue Gehrungen nicht so wichtig für Sie sind wie eine schnelle Arbeitsweise, können Sie die Innenpaneele stupfen, die »Rahmen« mit gezogener Lasur bearbeiten und die hellen und dunklen Profile separat einmalen, wenn die anderen Flächen trocken sind.

Eine Trompe-l'œil-Täfelung auf eine glatte Tür zu malen ist nicht schwer. Unten sind verschiedene Täfelungsmuster vorgeführt. Eine weitere hübsche Türverzierung sind in Grisailletechnik gemalte Oberlichter.

Phantasie-oberflächen

Holzmaserer und Marmorierer gelten im allgemeinen als die Elite der Dekorateurszunft, deren Handwerkstradition bis in die Antike zurückreicht (die Römer verwendeten bereits beide Methoden). Um Marmor und Holz zu imitieren, sind hohe handwerkliche Fertigkeiten, ein gutes Urteilsvermögen und Geschmack nötig, und außerdem eine genaue Kenntnis der eigentlichen Materialien. Die Arbeiten der berühmten Marmorierer und Holzmaserer des 19. Jahrhunderts wie zum Beispiel Thomas Kershaw, dessen Arbeiten im Victoria and Albert Museum in London zu sehen sind, sind in ihrer handwerklichen Vollkommenheit fast unübertrefflich. Meine Favoriten sind allerdings die frühen Barockmaler, deren Werke man im Ham House in Surrey, in Belton House in Lincolnshire und in Blenheim Palace, Oxfordshire, in England bewundern kann und deren Einfluß sich bei den modernen amerikanischen Marmorierern und Holzmaserern zeigt.

Holzmaserung

Holzmaserungen können blaß wie beim sogenannten bois-clair-Stil, warm und rötlich wie in den mahagonigemaserten Pubs der viktorianischen Zeit oder dunkel wie die Eichentäfelungen aus der Zeit Jakobs I. sein. Einer der großen Vorteile der Holzmasermalerei besteht darin, häßliche Materialkombinationen aus Preßspan und billigem Sperrholz geschickt zu verbergen. Ein neuer Bücherschrank sieht mit einer zum übrigen Holzwerk eines Raumes passend gestalteten Oberfläche gleich vornehmer aus.

Holzmasermalerei kann ein hochspezialisierter und sehr arbeitsintensiver Prozeß sein, bei dem der fachgerechte Umgang mit Spezialpinseln und -werkzeug eine wichtige Rolle spielt. Aber es ist doch überraschend, wie leicht es auch für den Amateur sein kann, mit ein paar Pinseln und ein wenig getönter Öllasur einen schönen Holzeffekt zu zaubern. Obwohl professionelle Holzmaserer Farben auf Wasserbasis (wie zum Beispiel matte Bierlasur, siehe Seite 108) bevorzugen, bin ich der Meinung, daß ein Anfänger zu Beginn viel besser mit einer Öllasur zurechtkommt. Durch die längere Trockenzeit kann man sie besser manipulieren und überarbeiten und nötigenfalls mit einem in Verdünner getränkten Lappen wieder abwaschen. Eine einfache gezogene Lasur ergibt sofort eine holzähnlich strukturierte Oberfläche, die so, wie sie ist, sehr hübsch aussieht.

Das Brechen der Oberfläche ist einer der wichtigsten Prozesse bei der Holzmasertechnik. Anfänger haben zu Beginn oft Hemmungen, eine gestaltete Oberfläche noch einmal zu brechen; sie haben das Gefühl, sie möglicherweise zu verschmieren. Aber man entdeckt schnell, wie viel schöner das Endresultat wird, wenn man mit einem weichen Pinsel harte Linien bricht und Farben ineinander verstreicht.

Walnußmaserung

1 Mischen Sie eine mittelbraune Öllasur mit Künstlerölfarben in Siena Natur und ein bißchen Umbra Natur sowie Umbra Gebrannt und einer transparenten Öllasur. Mit Terpentinersatz verdünnen.

2 Lasur in alle Richtungen mit einem 35–50 mm breiten Malerpinsel auf einen karamellfarbenen Untergrund auftragen (A).

3 Mit einem weichen Stofftuch leicht darüberreiben. Mehr Umbra Natur unter die Lasur mischen und mit dieser dunkleren Lasur kurvige Linien und Flecken einmalen (B).

4 Ein weiches Baumwolltuch viereckig zusammenfalten und es über die Oberfläche rollen, drehen und wenden. Mit einem Wasserfarbenpinsel Nr. 3 mit der dunklen Lasur unregelmäßige Flecken einmalen (C).

5 Mit einem sauberen Vertreiber die Oberfläche sanft glätten oder mit den Borstenspitzen glattstupfen (D). Man kann die Oberfläche auch mit einem Malerpinsel oder einem Schläger bearbeiten, um Textur zu erzielen. Aber man sollte nicht all diese Möglichkeiten an derselben Stelle ausführen, damit die Oberfläche variationsreich wird. Ist die Farbe ganz trocken, mit ein oder zwei seidenmatten Alkyd- oder Kunstharzfirnisschichten schützen.

A

B

C

D
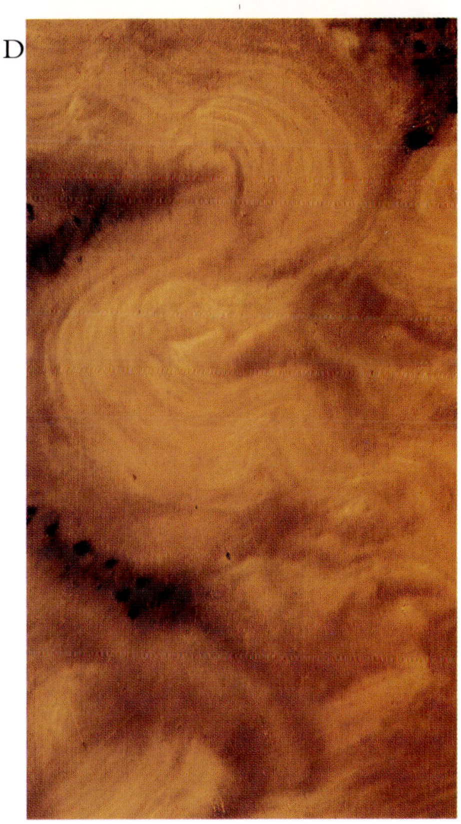

Links Diese schöne Walnußmaserung aus dem 18. Jahrhundert gibt dem Raum eine gemütliche und warme Atmosphäre.

Eichenmaserung

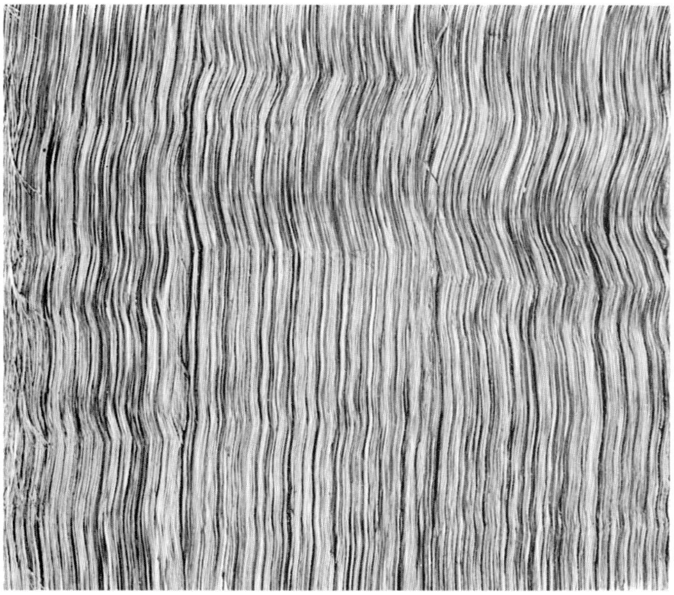

1 (Zur Erläuterung siehe Seite 105)

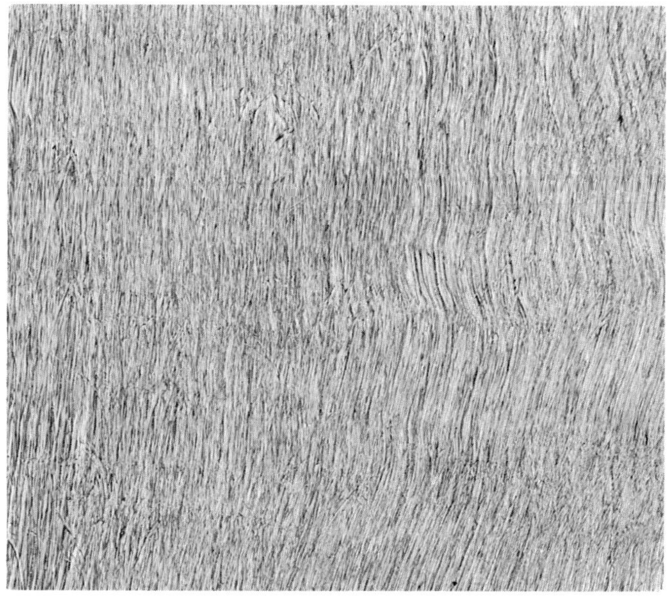

2

3

4

Vorbereitungen

Eine glatte matte oder halbmatte Ölfarbe bietet einen guten Untergrund. Die Grundfarbe richtet sich nach der Farbe des intendierten Holzes. Ein cremefarbener oder braungelber Farbton eignet sich für fast alle helleren Hölzer, goldfarbenes Mahagoni braucht einen gelblichen Untergrund und dunkles Mahagoni malt man oft über einen matten rosafarbenen oder roten Grund. Die genaue Farbe ist dabei nicht so wichtig, da man den Endton durch Tönen der Holzlasur beeinflussen kann.

Arbeitsmaterial für Holzmasermalerei

Lasur: Die Lasur besteht aus einer transparenten Öllasur (selbstgemischte, siehe Seite 223, oder gekaufte), die mit Terpentinersatz verdünnt und mit Künstlerölfarben getönt wird. Zum Ausprobieren sollte man ein Probebrett mit der Grundierung bemalen, um die Lasurkonsistenz zu testen und die speziellen Effekte, wie eine leicht »wackelige« Pinselführung, zu üben.

Pinsel und zusätzliches Arbeitsmaterial: Professionelle Holzmaserer arbeiten mit Pinseln und Werkzeugen, die speziell für besondere Techniken entwickelt wurden. Dazu gehören Strukturpinsel, Schwertschlepper und Quasten, eine Reihe von unterschiedlichen Maserkämmen aus Metall oder Gummi und Wiegestempel, um Astlöcher und Kernholz zu simulieren. Man muß aber keineswegs zu Beginn all diese Werkzeuge kaufen; zum Experimentieren reichen ein Firnispinsel, ein »Schläger« und ein Wiegestempel oder ein Korken (siehe Pinsel, Seite 229–232) und ein oder zwei feine Marderhaar-Wasserpinsel (Nr. 2 und Nr. 3). Findet man Gefallen an diesen Techniken, kann man sich später einen Dachshaarvertreiber leisten. Auch ein Fensterleder ist hilfreich bei der Arbeit, aber es reichen auch ein paar Stofflappen.

Arbeitsmethode

Betrachten Sie ein klar strukturiertes Stück Holz, und merken Sie sich einige schmückende Unregelmäßigkeiten – Äste, die wie kleine Inseln den Fluß der Maserung zerteilen; Kernholz, das wie die Berge auf einer Höhenlinienkarte wirkt; Glanzlichter, die sich wie leuchtende Linien durch die Maserung ziehen, und zickzackförmige Abweichungen der an sich parallel verlaufenden Maserungen. Es ist nicht allzu wichtig, welches Holz man sich ansieht – obwohl die stärker gemaserten wie Eiche, Mahagoni, Walnuß und Fichte sicherlich stimulierender sind. Es geht vor allen Dingen darum, sich stets daran zu erinnern, daß die Natur, die einfallsreichste und vielfältigste Musterfabrikantin, niemals monoton ist – das gibt Ihnen einen großen Gestaltungsspielraum.

Wie bei allen stark gemusterten Oberflächen ist es einfacher, die zu bemalende Fläche in einzelne Paneele zu unterteilen. Man sollte sich aber an ein paar Regeln halten. So sollte die Holzmaserung richtigem Holz ähnlich sehen. Zu viele Äste wirken fleckig, es sei denn, sie wollten Vogelaugenahorn oder Kiefer imitieren.

Im allgemeinen sollte man versuchen, eine sanft fließende, leicht gewellte Maserung zu erreichen, die nur hin und wieder von einem Ast oder einem zerklüfteten Kernholz unterbrochen wird.

Tragen Sie zuerst eine dünne Farblasur über die Untergrundfarbe auf. Dann ziehen Sie die Borstenspitzen des trockenen, sauberen Pinsels mit den wenigen Haaren sanft durch die nasse Farbe, um feine Linien zu erhalten. Schlenkern Sie den Pinsel aus dem Handgelenk, damit der Eindruck einer Maserung entsteht. Gehen Sie nun mit dem Staubpinsel oder einem Vertreiber sanft über die

1 Ziehen Sie mit einem trockenen Pinsel leicht gewellte Linien in die nasse Lasur.

2 Verwischen Sie diese Linien sanft mit einem weichen, sauberen Pinsel.

3 Ziehen Sie nun mit dem harten Rand eines Korkens ungefähr parallellaufende Linien in die nasse Lasur.

4 Zeichnen Sie mit der Korkenkante einen Ast, und umrahmen Sie ihn mit Maserungslinien, die sich nicht überschneiden dürfen.

A

B

C

D

Grauer Marmor

1 Den Untergrund für einen blassen, gräulichen Marmor bildet eine weiße, halbmatte, leicht geschmirgelte Ölfarbe. Mischen Sie mit wenig Umbra Natur und noch weniger Schwarz (Künstlerölfarben) eine getönte Lasur aus zwei Teilen matter oder halbmatter weißer Ölfarbe und aus einem Teil Terpentinersatz. Tragen Sie diese Lasur mit Pinsel oder Schwamm auf.

2 Mischen Sie, um ein Graubraun zu erhalten, ein bißchen schwarze Künstlerölfarbe mit Umbra Natur. Zeichnen Sie nun mit einem feinen Pinsel mit leicht krakeligem, lockerem Strich Marmoradern in die nasse Lasur. Diese sollten diagonal verlaufen, sich nach rechts und links verzweigen und einen Anfang und ein Ende haben – echte Marmoradern beginnen und enden nicht im Nirgendwo.

3 Tupfen Sie die Adern leicht mit einem Schwamm ab, um überschüssige Farbe zu entfernen. Mit einem trockenen Pinsel streicht man nun in diagonaler Richtung über die Adern hin und zurück (z. B. von unten links nach oben rechts), um die harten Linien weicher zu machen. Mischen Sie ein dunkleres Grau aus mehr Schwarz und weniger Umbra Natur, und malen Sie kleinere Verbindungsadern ein. Wie die größeren sollten auch diese hauptsächlich diagonal verlaufen.

4 Mit einem Schwamm oder einem Papiertaschentuch nimmt man die überschüssige Farbe von den kleinen Adern. Man kann dann mit einem Schwamm oder einem Taschentuch leichte Farbtupfer in die freien Stellen stupfen, um die sanfte Fleckigkeit echten Marmors zu imitieren.

5 Glätten Sie die gesamte Oberfläche nun mit einem trockenen Pinsel, indem Sie jede Diagonale mindestens dreimal in beide Richtungen sanft überstreichen.

6 Wenn die Oberfläche nach ein paar Stunden ziemlich trocken ist, malt man mit verdünnter weißer Ölfarbe noch einige Adern und stupft kleine weiße Flecken auf.

Nach 42 Stunden überstreicht man die Oberfläche mit einem matten oder halbmatten klaren Kunstharzfirnis. Ist die Firnisschicht fast trocken, poliert man sie mit Scheuerpulver oder Talkum und einem weichen Tuch, um eine matt schimmernde Marmoroberfläche zu erhalten.

A

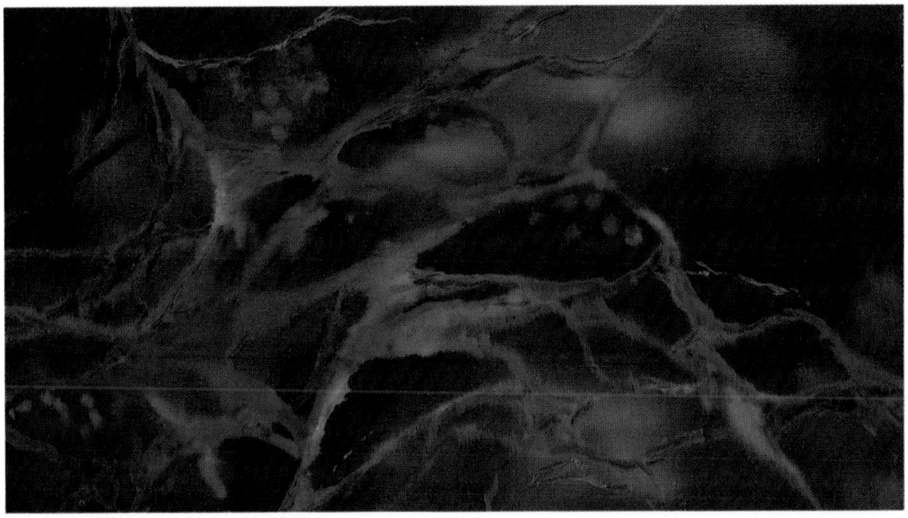

B

Grüner Marmor

1 Den Untergrund bildet eine schwarze Ölfarbenschicht. Man mischt eine Lasur aus Terpentinersatz und ein wenig mit Chromgrün und sehr wenig Van-Dyck-Braun (Künstlerölfarben) vermischter transparenter Ölfarbe. Diese Lasur trägt man wolkig auf den Untergrund auf und vertreibt die Farbflächen, so daß der Effekt sehr zart ist. Nun mischt man eine Lasur mit einem leicht gelben Ockerton und wiederholt die Prozedur (A).

2 Danach malt man mit einem kleinen Künstlerpinsel eine weitere Lasur, die etwas mehr Chromgrün, ein wenig Smaragdgrün und gelben Ocker enthält, in dünnen Linien als Adern in die nasse Lasur, um verschieden starke Steinmaserungen zu erhalten. Man sollte hier und da unterschiedliche Grüntöne verwenden und die Oberfläche am besten mit einem Dachshaarvertreiber vertreiben (B).

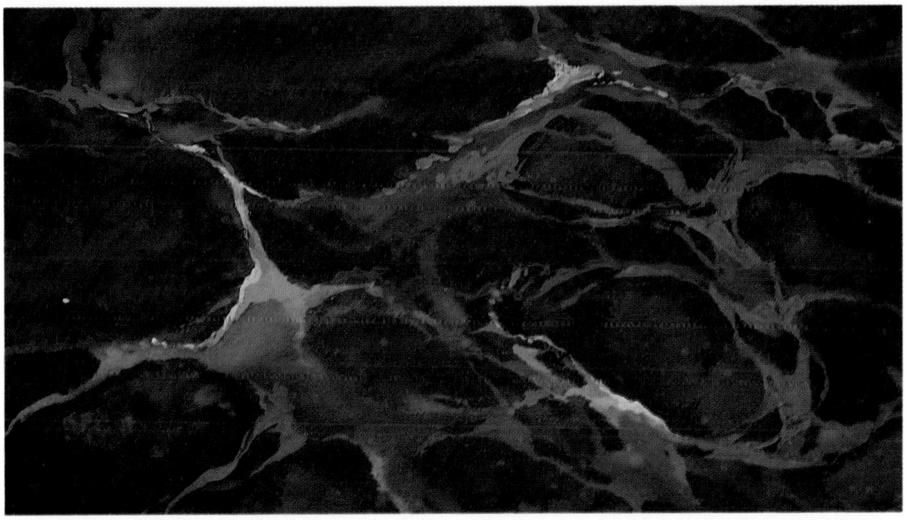

C

3 Man malt immer mehr Adern in verschiedenen Farbtönen ein und vertreibt sie sanft. Mit einem trockenen Pinsel setzt man noch einige hellere Aderlinien, die man mit den bereits bestehenden verbindet (C).

4 Ist die Oberfläche trocken, fügt man noch einige weiße Adern und Stellen in Kieselform ein (D). Ist die gesamte Farbe trocken, überstreicht man sie am besten mit zwei Schichten eines seidenmatten Kunstharzfirnis.

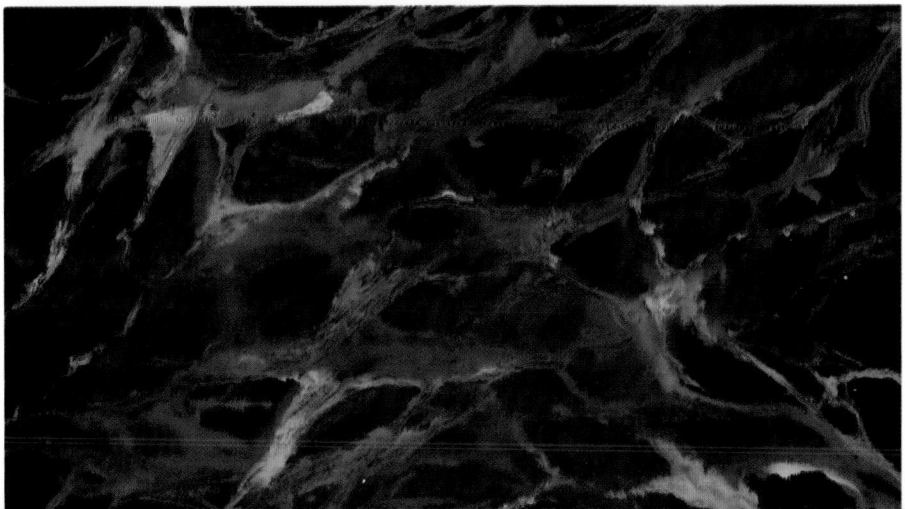

D

Streifen, so daß sie ein wenig unschärfer werden. Nun haben Sie die Basismaserung und können einige charakteristische Glanzlichter, Äste und Kernholzmuster einarbeiten. Wie man das macht, zeigen die Illustrationen auf Seite 104.

Ist die Gestaltung des Holzmusters fertig – übertreiben Sie die Musterung nicht! –, geht man noch einmal ganz vorsichtig mit einem weichen Pinsel in Richtung der Maserung über die Farbfläche. Aber wirklich nur ganz sanft, denn sonst verwischt man leicht alles zu einem einzigen Geschmiere. Wenn Ihnen einige Partien zu unruhig sind, wischen Sie sie, solange die Lasur noch naß ist, fort, und passen Sie auf, daß Sie dabei die restlichen Muster nicht verwischen. Lassen Sie dann die Lasur ganz durchtrocknen.

Anleitung zum Malen von hellem Holz, Mahagoni und braungelbem Walnußholz siehe Seiten 98, 99 und 100.

Bier- und Essiglasuren: Traditionelle Maserer arbeiten oft mit Bier- oder Essiglasuren auf Wasserbasis, da sie besonders transparent sind und schnell trocknen. Die auf Seite 188 beschriebenen Bier- und Essiglasuren sind einfacher zu manipulieren als einfache Wasserfarben, und der Zuckergehalt macht die Lasur etwas dickflüssiger.

Firnis: Ölfarben müssen nicht gefirnißt werden. Will man sie aber strapazierfähiger machen, überstreicht man sie mit mattem oder glänzendem Firnislack. Essig- oder Bierlasuren müssen mit einer Firnisschicht fixiert werden.

Marmorieren

Es gibt zwei Arten des Marmorierens: Die eine ist die kunstvolle Technik, Marmor möglichst naturgetreu zu imitieren, die andere ist impressionistisch und gibt sich damit zufrieden, einen Marmoreffekt zu erzeugen und mit den reichen Farben und vielfältigen Mustern des Materials zu spielen. Der zweite Angang ist vergnügter und weniger ehrgeizig und für Amateuransprüche viel besser geeignet. Hat man sich erst einmal den impressionistischen Stil angeeignet, kann einen nichts mehr davon abhalten, sich ein Stück Marmor genau anzuschauen und zu versuchen, mit getönten Lasuren und geschickter Pinselarbeit der Natur so nahe wie möglich zu kommen. Da es viele verschiedene Marmorarten gibt, ist es unmöglich, diesem Thema in ein paar Abschnitten gerecht zu werden. Aber ein Phantasiemarmor läßt sich schnell und mit viel Vergnügen herstellen.

Eine hölzerne Kaminumrandung wirkt besonders prächtig mit einer Phantasie-Marmorbemalung, und man kann vielleicht auch die Decken- und Fußleisten sowie den Wandsockel marmorieren. Auch ein Badezimmer eignet sich gut für Marmormalereien.

Es ist sicher ratsam, erst einmal mit einer kleinen Fläche zu beginnen. Eine große Fläche teilt man am besten in kleinere Rechtecke auf, die man nacheinander bearbeiten kann. Das ist einfacher, und das Resultat wirkt realistischer, da Marmor im allgemeinen in kleinen Platten geliefert wird. Außerdem werden die einzelnen Flächen variationsreicher. Arbeiten Sie zügig, und haben Sie keine Angst vor Fehlern; man wird sie zum Schluß wahrscheinlich gar nicht wahrnehmen, und falls doch, kann man sie einfach fortwischen und die Stelle neu bemalen.

Der Untergrund sollte eine matte oder halbmatte, ziemliche trockene, glattgeschmirgelte weiße Ölfarbe sein.

Vorbereitungen

Matte oder halbmatte weiße Ölfarbe; Künstlerölfarbe Umbra Natur und Schwarz; einen 50 mm breiten Malerpinsel; einen feinen Künstlerpinsel für Details; einen runden oder flachen, 50 mm breiten Vertreiber; einen Naturschwamm; Terpentinersatz; Marmeladenglas; Untertasse; Stofflappen.

Arbeitsmaterial

Die hier beschriebene Technik ergibt eine blasse, graugrüne, kühl und zurückhaltend wirkende Marmoroberfläche. Mischen Sie in einem Marmeladenglas eine dünne Öllasur aus etwa zwei Teilen Farbe zu einem Teil Terpentinersatz. Tönen Sie diese mit Umbra Natur und ein wenig Schwarz, so daß Sie einen graugrünen Farbton erhalten, der sich vom weißen Untergrund abhebt. Streichen Sie diese Lasur mit dem Malerpinsel auf die gewünschte Fläche auf, und tupfen Sie sie dann mit einem Schwamm leicht ab, um eine gebrochene Oberfläche zu erhalten.

Arbeitsmethode

Malen der Marmoradern: Tupfen Sie einen Klecks Umbra Natur und einen Klecks Schwarz auf eine Untertasse, und mischen Sie ein wenig Schwarz in das Umbra Natur; so erhalten Sie ein dunkles Graubraun, das Sie mit einem feinen Künstlerpinsel als große Adern in die nasse Lasur einmalen. Diese Linien sollten nicht gerade, sondern ein wenig zittrig-nervös sein. Marmoradern schlängeln sich meist diagonal und verzweigen sich nach rechts und links. Aber alle Aderlinien sollten einen Anfang und ein Ende haben und nicht im Nirgendwo beginnen und enden – man sollte sie wie Straßen auf einer Landkarte miteinander verbinden. Tupfen Sie die gemalten Linien vorsichtig mit dem Schwamm ab, um überschüssige Farbe zu beseitigen. Wischen Sie den Pinsel mit einem Stofflappen trocken, und streichen Sie mit ihm leicht, in diagonaler Richtung, hin und zurück über die Bemalung, um sie ein wenig zu verwischen und weicher zu machen. Tragen Sie danach mit dem feinen Pinsel eine noch dunklere Umbra-Natur- und Schwarz-Mischung als weitere Adern auf. Diese Linien sollten wie kleinere Straßen die größeren kreuzen oder in sie einmünden. Man nimmt wiederum überschüssige Farbe mit dem Schwamm ab und glättet mit dem trockenen Malerpinsel. Dieser Tupfvorgang verzaubert die etwas grob wirkenden Farbschnörkel in scheinbar reale Marmoradern. Treten Sie zurück, und begutachten Sie Ihre Arbeit. Vielleicht fehlt hier und da noch eine Ader, oder vielleicht sollte man die von Adern umgebenen Flächen in große oder kleine Kieselsteinformen verwandeln, die man mit einem feinen Pinsel leicht einzeichnet.

Aber malen Sie nicht zuviel; beim Marmorieren besteht die hohe Kunst darin, zu wissen, wann man aufhören sollte. Wenn die Oberfläche nach ein paar Stunden trocken ist, krakelt man mit weißer Farbe noch ein paar Adern in das Muster hinein, um dem Marmor einen frischen und leichten Anschein zu geben. Kieselsteinformen kann man mit weißen Glanzlichtern verschönern (siehe Abbildungen Seite 106).

Beim Einmalen der Marmoradern hält man den Pinsel locker in der Hand und zieht unruhige, kurvige Linien.

Firnis: Lassen Sie die Oberfläche 24 Stunden lang trocknen, und übermalen Sie sie dann mit einem matten oder halbmatten Firnis. Wenn die Firnisoberfläche fast trocken ist, bestäubt man sie mit Talkum oder Haushaltsmehl und poliert

Links oben Dunkel gemasertes Holzwerk, verziert mit kleinen Schablonenmustern in Blattform, bildet einen klaren Abschluß für die in strahlendem Blau gehaltenen Lasuroberflächen: einem kräftigen Phantasiemarmor und einer gezogenen Lasuroberfläche in den gleichen Farbtönen.

Links unten Ein schlichter Londoner Kamin mit einer Umrandung aus auffälliger Schildpattmalerei, die gut zu den folkloristischen Objekten paßt. Schwarz und warme Brauntöne sind immer eine hübsche Farbkombination.

Schildpattmalerei

1 Den Untergrund bildet eine hellgelbe, halbmatte und glattgeschmirgelte Ölfarbe. Diese Oberfläche wird mit einem breiten Malerpinsel zügig mit glänzender Lackbeize im Farbton Dunkle Eiche überstrichen. Dabei bilden sich Blasen, die aber kein Grund zur Beunruhigung sind (A).

2 Nun malt man mit dem Pinsel lockere, diagonale, etwa 5 cm breite Zickzackstreifen in den nassen Lack, die sofort ineinander zu verlaufen beginnen. Als nächstes tupft man walnußgroße Lacktropfen in unregelmäßigen Abständen, aber mindestens 6 oder 7 cm von den diagonalen Linien entfernt, auf die Oberfläche (B).

3 Dann folgt mit einem Künstlerpinsel Gebrannte Umbra (Künstlerölfarbe) in kleinkurvigen, unregelmäßigen Linien und Bögen entlang der diagonalen Linien, etwa 2 oder 3 cm unterhalb der Lackkleckse (C).

4 Mit einem weiteren feinen Künstlerpinsel werden nun kaulquappenförmige Gebilde mit schwarzer Künstlerölfarbe in kleinen Gruppen zwischen die anderen Muster gesetzt. Dabei sollten weniger schwarze als umbrafarbene Muster aufgemalt werden (C).

5 Mit einem trockenen, sauberen Pinsel streicht man danach in diagonaler Richtung über den Lack, bei nebenstehendem Beispiel also von unten links nach oben rechts, danach noch vorsichtiger in die entgegengesetzte Richtung – hier also von oben rechts nach unten links. Wiederholen Sie diesen zweifachen Glättungsvorgang in der entgegengesetzten Diagonalen – von

A

B

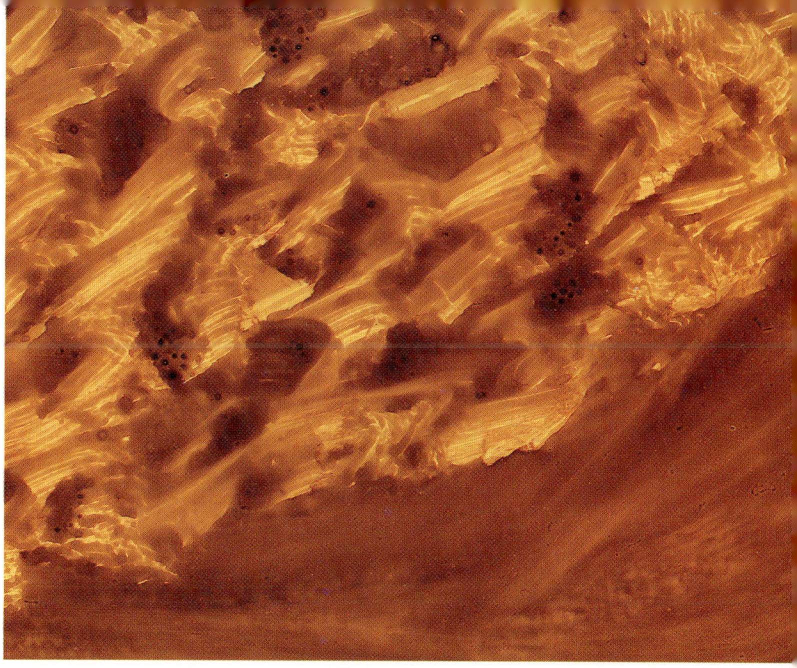

C

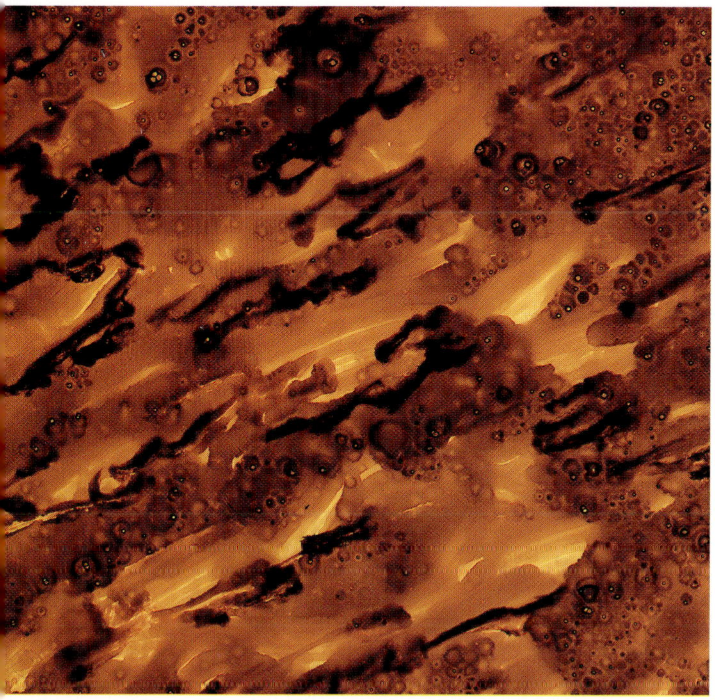

D

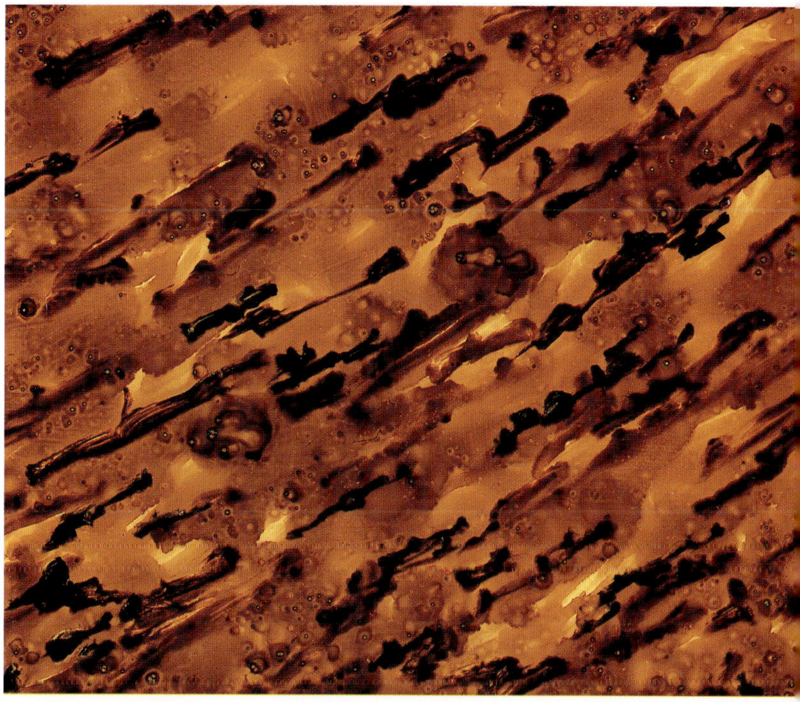

E

F

unten rechts nach oben links und dann von oben links nach unten rechts (E).

6 Zum Schluß fährt man noch einmal mit dem Pinsel hin und zurück über die erste Diagonale (F). Die einzelnen Muster sind nun so miteinander verbunden, daß die Oberfläche wie echtes Schildpatt aussieht.

sie mit einem weichen Tuch, um auf diese Weise eine marmorglänzende Oberfläche zu erhalten.

Einige Tips: Schauen Sie sich echten Marmor an, und prägen Sie sich die Oberflächenstruktur ein. Seien Sie nicht ängstlich bei der Gestaltung der Maserung. Bei einer großen Oberfläche sollten die Adern die Richtung öfter wechseln, bei einer kleinen Fläche sollte die Musterung relativ gleichmäßig sein.

Möchten Sie einen stärkeren Farbton oder einen intensiveren Marmoreffekt, können Sie den Vorgang des Marmorierens mit einer andersfarbigen Glasur wiederholen – gelb, grün, rotbraun –, die sie über die erste Glasurschicht auftragen. Diese schimmert durch die zweite und vermittelt einen Eindruck von Tiefe wie bei echtem Marmor.

Schildpattmalerei

Holz oder sogar Wände so zu bemalen, daß sie wie Schildpatt aussehen, ist ein wunderschönes Beispiel für den intelligenten Umgang mit Farben und Firnis. Ich bezweifle, daß außer einem Farbexperten irgend jemand, der vor einer zauberhaften, in Gelbbraun, Kastanienbraun und glänzendem Schwarz changierenden Tür steht, herausfinden kann, wie dieser Effekt zustande gekommen ist. Hat man die Technik erst einmal begriffen, ist es kein großes Problem mehr, sogar größere Flächen so zu gestalten. Das ganze Geheimnis besteht darin, daß man Farben in nassen Firnislack setzt und diese dann mit einem trockenen Pinsel sanft in diagonal entgegengesetzte Richtungen verstreicht; so ergibt sich das typische Schildpattmuster fast von selbst.

Das bedeutet aber keineswegs, daß man diesen Vorgang mechanisch und variationslos angehen sollte und den Farben die Verantwortung für die Gestaltung überlassen kann. Monotonie wirkt immer leblos. Man sollte sich echtes oder gemaltes Schildpatt einmal genau ansehen, bevor man sich an die Arbeit macht, und die vielfältigen Muster des ursprünglichen Materials oder einer gekonnten Imitation sorgfältig studieren.

Es gibt helles Schildpatt, leopardengeflecktes in transparenten Brauntönen auf umbrafarbigem Grund und dunkleres, das mehr in braunen und schwarzen Farbtönen changiert, wie das hier beschriebene Beispiel. Schildpatt kann sehr dekorativ aussehen, aber man sollte sorgfältig darauf achten, wo es am besten zur Geltung kommt. Eine solch üppige Oberfläche wirkt am beeindruckendsten in kleinen, begrenzten Räumen wie in Fluren mit vielen Türen, engen Arbeitsräumen oder in einem Badezimmer.

Vorbereitungen

Den Untergrund für ein dunkelbraunes Schildpattmuster bildet eine hellgelbe, halbmatte Ölfarbe. Am besten verwendet man ein helles, leuchtendes Gelb – also eher ein Chromgelb oder das bleifreie Arylamid als ein Ockergelb, da später aufgetragene Farbschichten den Untergrund stark abdunkeln.

Arbeitsmaterial

Glänzende Lackbeize in der Farbe Dunkle Eiche; Künstlerölfarben in den Farben Gebrannte Umbra und Schwarz; zwei 50 mm breite Malerpinsel und zwei kleine, flache, etwa 12 mm breite Künstlerpinsel – ein Pinsel von jeder Sorte genügt auch, allerdings muß man dann die Pinsel zwischendurch reinigen; Terpentinersatz; saubere Stofflappen.

Arbeitsmethode

Man bestreicht den vorbereiteten gelben Untergrund zügig und nicht allzu sorgfältig mit einem der breiten Pinsel mit der Lackbeize. Die Farbe wird wahrscheinlich Blasen werfen, die bei dem weiteren Verlauf aber nicht stören. Sobald die Farbe aufgetragen ist, malt man mit demselben Pinsel etwa 5 cm breite, lockere, diagonal verlaufende Zickzackstreifen in den nassen Lack. Diese einzelnen Zickzackbänder verlaufen ineinander, und die ganze Oberfläche ist in Bewegung. Nun tupft man noch einige zusätzliche, etwa walnußgroße Lacktropfen entlang der diagonalen Linien. Man sollte sie unregelmäßig, aber mindestens 6–7 cm voneinander entfernt plazieren. Als nächstes malt man mit einem der kleinen Künstlerpinsel Gebrannte Umbra in nervösen, schnörkeligen Linien in die Farbflächen, etwa 2 oder 3 cm unterhalb der eben gesetzten Lackkleckse. Dabei sollte man sich an die ursprünglichen Diagonalen halten und darauf achten, daß diese Farbmuster weder zu regelmäßig werden noch zu dicht beieinanderliegen. Nun tupft man mit dem anderen feinen Pinsel mit der schwarzen Ölfarbe kleine Gruppen kaulquappenförmiger Muster in die noch freien Stellen zwischen den anderen Mustern. Zum Schluß sollte es mehr umbrafarbige als schwarze Musterungen geben.

Glätten: Nun wird es spannend! Man streicht mit dem noch trockenen breiten Pinsel ganz leicht und vorsichtig in Richtung der Diagonale über die nasse Lackoberfläche. Die Farben verlaufen sanft ineinander und beginnen ein weiches Muster zu bilden. Nun wiederholt man diesen Vorgang in die entgegengesetzte Richtung. Danach vollführt man den gleichen zweifachen Glättungsprozeß in die andere Diagonalrichtung (wenn also die erste Diagonale von oben links nach unten rechts verläuft, streicht man danach von oben rechts nach unten links und zurück über die nasse Lackschicht). Zum Schluß führt man den Pinsel noch einmal über die erste Diagonale hin und zurück. Insgesamt hat man die Fläche also nun sechsmal geglättet; je nach Belieben kann man sie natürlich noch weiter glätten. Während dieser Streichprozeduren entstehen aus den Klecksen und Linien auf geheimnisvolle Weise die zarten, transparenten Muster des Schildpatts. Bis der Lack zu trocknen beginnt, verlaufen die Farben noch weiter sanft ineinander.

Helles Schildpatt: Für ein helles Schildpatt verwendet man Lackbeize in der Farbe Helle Eiche oder Lackbeize in der Farbe Dunkle Eiche, die man mit Terpentinersatz verdünnt. Die Untergrundfarbe ist dasselbe helle Gelb, und für die Muster verwendet man Gebrannte Umbra, die beim Glätten ein kräftiges Rotbraun ergibt, und wenig oder gar kein Schwarz.

Paneele

Eine Schildpatt-Tür, eine Kamineinfassung oder was auch immer bemalt werden soll, bearbeitet man am besten so, daß man keine störenden Ansatzlinien erhält. Will man eine große Fläche wie zum Beispiel eine Wand bemalen, arbeitet man sinnvollerweise zu zweit oder unterteilt sie in einzelne Paneele. Man markiert sich die einzelnen (zum Beispiel 50 x 100 cm großen) Rechtecke mit einem Bleistift und kann sie dann nacheinander einzeln bemalen. Dabei sollte man die Diagonalrichtungen der aneinanderstoßenden Felder wechseln, um die Ansatzlinien zu betonen. Damit die Felder sauber und gerade aneinanderstoßen, klebt man sie mit Klebeband ab. Wichtig ist, daß die bemalte Fläche völlig trocken ist, bevor man mit der danebenliegenden beginnt.

Fußböden

Fußböden sind bei der Gestaltung eines Raumes ein besonderes Problem. Sie sind selten schön genug, um sie im Naturzustand zu belassen und hin und wieder mit ein wenig Wachs zu pflegen. Andererseits ist es teuer, sie abzudecken, besonders, wenn man dies sowohl bei den Treppen, den Fluren und den meisten anderen Räumen machen muß. Deshalb ist die Möglichkeit, blankes Holz zu färben, zu beizen oder zu bemalen und hinterher mit einem Firnislack zu überstreichen, immer beliebter geworden, da diese Böden nicht nur schön, sondern auch preiswert sind.

Der moderne Trend geht im Vergleich zu den Modeströmungen der letzten Jahrzehnte, bei denen kunstvolle Muster und hochglänzende Oberflächen gefragt waren, mehr in Richtung einfacher Effekte, wie gemalte Rautenmuster, Randborten mit kraftvoller Schablonenmalerei oder einer transparenten Lasur, die dem Fußbodenholz das Aussehen von verwittertem Treibholz verleiht. Auch gebrochene Farben kommen mehr und mehr in Mode, so daß der ursprüngliche Holzboden durch die tägliche Benutzung hindurchzuschimmern beginnt. Bilder von skandinavischen Räumen beweisen, wie schön diagonal gesetzte, schwarzweiße Rautenmuster aus einer kreidigen, halbtransparenten Farbe auf Wasserbasis aussehen. In Skandinavien verwendet man dazu eine Leimfarbe, ich würde allerdings eine matte Emulsionsfarbe bevorzugen. Diese Methode spart Zeit und Geld, da man die Farbe direkt auf das blanke Holz aufträgt und mit einem schnell trocknenden, matten Kunstharzfirnis versiegelt. Bei der Verwendung von Beizen bleibt die natürliche Holzstruktur sichtbar, und man kann mit ihnen die unterschiedlichsten Parkettoberflächen zaubern. Mit den neuen Beizen muß man die Oberfläche zum Schluß nicht einmal mehr mit Firnis versiegeln.

Aber es gibt Böden, die in einem derart schlechten Zustand sind, daß man sie nur völlig deckend übermalen kann. Bei fleckigem oder unregelmäßigem Holz ist die einfachste Lösung das Überstreichen mit einer dunklen Farbe – Marineblau, Oxydrot, Dunkelgrün oder Schwarz –, aufhellen kann man sie mit Schablonenrändern, Teppichen oder Fußbodenbelägen (siehe Seite 137). Dunkle Farben benötigen eine dunkle Grundierung und eine Versiegelung mit einem geeigneten strapazierfähigen Firnislack.

Bei hellen Farben fallen Fehler mehr ins Auge, aber wenn man einen hellen Fußboden in einem dunklen Raum haben möchte, kann man die Fußbodendielen zuerst mit einer Acrylgrundierung bearbeiten, dann eine matte Emulsionsfarbe mit einer Malerrolle auftragen und zum Schluß zwei Schichten matten Kunstharzfirnis aufstreichen. Der matte Firnis ist weniger empfindlich als ein glänzender.

Komplizierte Fußbodenmuster können wunderbar aussehen, aber die Vorbereitungen sind recht mühsam, da sie fast alle auf Händen und Knien ausgeführt werden müssen. Bei sich wiederholenden Mustern sind Schablonen eine große Hilfe (siehe Seite 129).

Auch bei Treppen sind Farben eine geeignete Alternative. Man kann sie in einem Treibholzfarbton passend zu den Rautenmustern des Flurbodens im Skandinavischen Stil bemalen. Sie können auch einen Treppenläufer mit Schablonen und dekorativer Malerei vortäuschen. Eine andere Möglichkeit besteht darin, die Trittflächen blank zu lassen und nur auf die vertikalen Flächen ein Kachelmotiv zu malen, das man in seiner Gesamtheit vom Fuß der Treppe aus bewundern kann.

Vorhergehende Seite Die einfachste Oberflächengestaltung kann oft die wirkungsvollste sein. Große aufgemalte, sich farblich abwechselnde Quadrate, die quer zu den Bodendielen verlaufen, geben dem Raum eine besondere Perspektive. Hier wurden die Quadrate leicht marmoriert, um den Farbkontrast zu mildern und um den Eindruck zu vermitteln, man wandele auf einem Marmorfußboden.

Einfarbige, schmucklose Böden wirken schön, wenn man eine phantasievolle Farbe wählt; mischen Sie Ihren eigenen Farbton. Marineblau oder Sonnenblumengelb sind praktische und heitere Farben für ein Kinderzimmer, matte, verwitterte Erdtöne wie Siena Natur oder Venezianischrot wirken in einem Wohnzimmer warm und freundlich. Niemand würde einen eleganten Parkettboden oder breite, alte Eichendielen überstreichen, aber für die meisten unebenen, löchrigen und abgetretenen Weichholzfußböden ist Farbe die beste Gestaltungsmöglichkeit.

Vorbereitungen

Ein Fußboden braucht, im Gegensatz zu Möbeln, keinen ultraglatten Untergrund, um ihn streichen zu können. Farbe hat hier sogar den Vorteil, daß man mit ihr eine Reihe von Mängeln zudecken kann, wenn man genügend Farbschichten aufträgt, um eine glatte, harte Oberfläche zu erhalten. Aber dennoch wird man meist die schlimmsten Risse und Löcher ausspachteln müssen.

Nägel und Heftklammern: Nageln Sie alle losen Bodenbretter fest, und entfernen Sie vorstehende Nägel oder Heftklammern, die von früheren Bodenbelägen übriggeblieben sind. Verwenden Sie dafür eine Beißzange oder einen Klauenhammer. Hartnäckige Nägel schlägt man mit einer 7-mm-Punze unter die Oberfläche.

Abnehmen alter Farbe

Öfter als Farbe muß man im allgemeinen eine Schicht dunklen, klebrigen Firnis vom Fußboden entfernen, bevor man ihn neu streicht. Diese zähe Substanz enthält ein schwarzes Konservierungsmittel, das in das Holz einzieht. Kleine Flächen lassen sich durch heftiges Schrubben mit Brennspiritus reinigen, aber bei großen Flächen muß man die gefärbte obere Holzschicht abschmirgeln. Das kann eine harte und zeitaufwendige Arbeit sein. Ist ein Teil oder der ganze Fußboden mit Firnislack gestrichen, rauhen Sie am besten die ganze Oberfläche leicht mit Sandpapier auf und überstreichen ihn insgesamt. Allerdings schimmern die dunklen Stellen durch, wenn man den Boden färbt oder beizt.

Alte Farbe entfernt man am schnellsten und effektivsten durch Abbrennen mit einer Lötlampe und indem man die aufgeweichte Farbe mit einer Ziehklinge abschabt. Mieten Sie sich eine starke, gasbetriebene Lötlampe, und beachten Sie die Anweisungen des Herstellers. Angebrannte Stellen, die beim Bearbeiten hartnäckiger Farbreste entstehen, muß man mit Sandpapier nachbearbeiten.

Selbstgemachter Ablauger: Es gibt viele fertige chemische Ablauger, aber den stärksten (und billigsten) kann man selbst machen. Mischen Sie eine Dose Ätznatron mit einem Liter Wasser, und verdicken Sie diese Mischung mit Mehl oder Reismehl. Dieser Ablauger muß mit großer Vorsicht gehandhabt werden, da die starken Dämpfe, die er entwickelt, in einem abgeschlossenen Raum gefährlich sind. Öffnen Sie alle Fenster, und tragen Sie Gummihandschuhe, Atemmaske und Schutzkleidung. Ätznatron verbrennt Haut, Haare und Kleidung, und wenn man direkt damit in Berührung kommt, muß man es sofort mit klarem Wasser abwaschen. Tragen Sie den Ablauger in kleinen Flächen auf, und bleiben Sie so weit wie möglich entfernt. Er weicht Farbe in einer Zeit von

Rechts Bei dieser schwedischen Diele aus dem 18. Jahrhundert verbinden sich Eleganz und Einfachheit zu einem gelungenen Beispiel Gustavianischen Stils: die zart strukturierten Wände in verblichenem Ocker und Blau, die Trompe-l'œil-Täfelung, der gebleichte Boden, der schöne gemalte »Himmel« und die bemalten Stühle mit ihren einfachen rot-weiß karierten Bezügen.

Links Die Fußbodendielen wurden mit einem geometrischen Muster, das wie eine Einlegearbeit wirkt, verschönert. Der hellste Farbton ist die originale Holzoberfläche, die weiteren Farben wurden mit verdünnter Beize aufgebracht, so daß die Holzmaserung sichtbar bleibt.

Links Imitationen von Einlegearbeiten können sich aus sehr komplexen Mustern zusammensetzen, bei denen mit mehrfarbigen Schablonen und sorgfältiger Malerei gearbeitet wird. Bei diesem Beispiel wirkt das Muster durch die Struktur des Holzes noch interessanter.

zehn Minuten bis zu einigen Stunden gründlich auf. Lassen Sie ihn nicht trocknen, sondern geben Sie hin und wieder etwas Wasser hinzu, und schrubben Sie die Flächen, um die weiche Farbe zu lösen. Wässern Sie die Flächen gründlich, zuerst mit klarem Wasser, dann mit Wasser mit einem Schuß Essig, um das Ätznatron zu neutralisieren. Ätznatron macht die Holzoberfläche rauh, und deshalb muß das getrocknete Holz zuerst mit grobem, dann mit feinem Sandpapier glattgeschmirgelt werden. Ätznatronablauger verwendet man am besten bei kleinen, übersichtlichen Flächen, wie zum Beispiel Treppenstufen; einen ganzen Fußboden reinigt man besser mit einer Lötlampe.

Ausgleichen

Ein bemalter oder gefärbter Boden sieht schöner aus, wenn die größeren Risse und Löcher ausgefüllt sind. Für eine transparente Oberfläche verwendet man dafür am besten Holzkitt, der sich mit dem Holz dehnt und zusammenzieht. Färben Sie diese Spachtelmasse mit wasserlöslichen Farben etwa in der Farbe des Holzes ein, oder tönen Sie sie mit der Beize, die Sie verwenden wollen. Spachteln Sie nicht jeden Riß und jedes Astloch aus, sondern nur die schlimmsten Unebenheiten. Ist die Spachtelmasse trocken, schmirgelt man sie glatt.

Bei einer deckenden Farbe kann man Ölkitt verwenden. Die Risse und Löcher müssen zuerst angerauht und mit ein wenig Grundierung oder Vorstreichfarbe eingestrichen werden, damit der Kitt nicht schrumpft oder sich hebt.

Schleifen

Soll ein Naturholzboden nur versiegelt oder mit einer transparenten Oberfläche gestrichen werden, muß er vorher abgeschmirgelt werden, um Schmutz, alten Firnis, Farbe oder Beize zu beseitigen. Mit einer Parkettschleifmaschine geht diese Arbeit schneller voran als mit irgendeinem Heimwerker. Wie man eine solche Parkettschleifmaschine benutzt, wird Ihnen der Verleiher sagen. Verwenden Sie eine große Parkettschleifmaschine für große Flächen und einen kleinen Kantenschleifer für Kanten und Ecken.

Schleifen Sie den Boden ab, bevor Sie mit irgendeiner anderen Dekorationsarbeit beginnen. Entfernen Sie alle beweglichen Gegenstände aus dem Zimmer, und halten Sie die Türen fest verschlossen. Schleifmaschinen produzieren Unmengen von Staub; arbeiten Sie deshalb mit einer Maske, oder wickeln Sie sich einen Schal um Nase und Mund. Bewegen Sie die Maschine ständig hin und her, damit sie sich nicht in das Holz eingräbt. Beginnen Sie in einer Ecke, und schleifen Sie den Boden in diagonalen Streifen, die einander um etwa 7 cm überlappen sollten. Ist der Raum einmal ganz abgeschliffen, schleifen Sie ihn noch einmal in entgegengesetzter diagonaler Richtung. Zum Schluß schleifen Sie den ganzen Boden noch einmal mit einem feineren Sandpapier in Richtung der Holzmaserung. Staubsaugen Sie, so gut es geht, und wischen Sie den Boden dann mit Wasser und ein wenig Haushaltsreiniger auf. Bevor Sie ihn nun weiter bearbeiten, muß er gut durchtrocknen.

Kleine noch vorhandene Farbreste oder Risse kann man mit um einen Schleifklotz gewickeltem Sandpapier entfernen. Schmirgeln Sie zuerst mit grobem und dann mit immer feinerem Sandpapier in Maserrichtung.

Transparente Oberflächen

Färben

Stoff-, Teppich- und Lederfarben lassen sich gut auf blankem Holz verarbeiten, wenn man vorher die Oberfläche von Wachs oder fettigem Schmutz gereinigt hat. Fett und Wachs entfernt man mit Sandpapier, durch Abbürsten und indem man zum Schluß die Oberfläche abreibt. Bei der Auswahl der Farbe sollten Sie einen natürlichen Holzton verwenden. Aber auch Grün, Blau und Kastanienbraun sehen hübsch aus.

Mischen Sie nach Anweisung des Herstellers eine starke Färbelösung, aber verwenden Sie nur halb so viel Wasser wie angegeben. Probieren Sie die Farbe an einer kleinen Stelle aus, und lassen Sie sie trocknen, um die endgültige Wirkung beurteilen zu können. Gefällt Ihnen das Ergebnis, tragen Sie die Farbe mit einem sauberen, fusselfreien Stofflappen so gleichmäßig wie möglich auf den ganzen Boden auf. Um die ursprüngliche Holzfarbe wahrnehmbar zu verändern, müssen nun noch zwei oder drei weitere Farbschichten aufgetragen werden. Das Ergebnis wird wahrscheinlich ein wenig streifig sein, da Farbe auf Wasserbasis je nach Menge des im Holz enthaltenen Harzes unregelmäßig einsinkt. Aber dennoch sieht ein solcher Boden attraktiv aus.

Der gefärbte Boden muß nun gut durchtrocknen und dann, falls nötig, mit einem mittelfeinen Sandpapier leicht nachgeschliffen werden, um die vom Wasser aufgerauhte Oberfläche zu glätten. Als letztes überzieht man ihn mit einem klaren Kunstharzlack (siehe Seite 122).

Beizen

Beizen dringen tiefer in das Holz ein als Färbemittel (siehe die Tabelle auf Seite 214). Es gibt sie zumeist in Holztönen – von einem hellen Holzton bis hin zum dunkelsten Ebenholz –, aber heute auch in Phantasiefarben.

Es sind verschiedene Typen von Beizen verfügbar: Wasserbeizen, lösungsmittelhaltige Beizen und Lackbeizen. Wasserbeizen lassen sich am einfachsten auftragen, neigen aber dazu, fleckig aufzutrocknen. Lösungsmittelhaltige Beizen trocknen sehr schnell, so daß man darauf achten muß, nicht allzu oft dieselbe Stelle zu überstreichen, weil sie sonst dunkler wird als der Rest. Lackbeizen sollte man vermeiden, da sie dicke, klebrige Rückstände hinterlassen.

Der Untergrund für jede Beize muß sauberes, blankes Holz sein – glattgeschmirgelt und mit Terpentinersatz abgerieben. Befolgen Sie die Anweisungen des Herstellers. Die einzige Ausnahme ist Antikbeize; sie braucht als Untergrund eine Schicht Bodenversiegelung. Antikbeize erhält man, indem man Bienenwachs oder Paraffinwachs mit Künstlerölfarbe im Wasserbad schmilzt und ihn dann zu einer weichen Paste abkühlen läßt. Diese Paste reibt man dann mit viel Druck mit einem Pinsel oder einem Lappen in die Bretter, anschließend werden sie glänzend poliert. Damit diese Oberfläche glänzend bleibt, muß man sie regelmäßig polieren, und wenn man eine neue Oberfläche haben will, muß die Wachsschicht erst völlig entfernt werden.

Schablonenmalerei mit Beize

Um Fußböden zu verschönern, können Sie mit Beizfarben Schablonenmuster auf den Boden malen. Ein heller, goldbraun gebeizter Boden kann mit Schablonenmustern, die ein oder zwei Töne dunkler sind als die Untergrundfarbe, versehen werden. So entsteht ein warmer, hübscher Intarsieneffekt.

Arbeitsmethode

Zuerst beizt man die gesamte Bodenfläche in der gewünschten Farbe und läßt sie gut trocknen. (Auf den Seiten 129–134 finden Sie Techniken für Schablonenmalerei.) Verwenden Sie große, einfache Schablonen. Stupfen Sie den dunkleren Farbton mit einem fusselfreien Stofflappen durch die Schablonenlöcher; ein Stupfpinsel ist in diesem Fall nicht so günstig, da er zu viel Farbe sammeln kann. Verwenden Sie die Farbe sparsam, damit sie nicht unter die Schablone läuft und die klaren Umrißlinien nicht ausfransen. Man kann dies auch vermeiden, indem man die an die Muster angrenzenden Flächen vorher mit einem schnelltrocknenden Schellack bemalt. Wenn die Beize trocken ist, wischt man den Schellack mit einem in Brennspiritus getauchten Lappen ab.

Der Intarsieneffekt läßt sich verstärken, indem man mit einem Teppichmesser vorsichtig eine kleine Kerbe an den Umrißlinien der Muster schneidet oder

Dieser graue Boden wirkt ganz anders als derjenige auf Seite 126, da die Farbe hier halbtransparent ist und mit vielen Kunstharzschichten versiegelt wurde. Die Dielen sind aus gutem Holz, das mit grauer Farbe eingerieben und dann mit Glanzfirnis bestrichen wurde.

In diesem kleinen Flur sind die hellen und dunklen Fußbodenquadrate eine geschickte Lösung, die gut zu den unterschiedlichen Möbeln und Objekten aus den verschiedensten Epochen paßt.

sie mit einem schwarzen Filzstift oder Farbe dünn umrandet; dies wirkt wie eine Ebenholzintarsie. Zum Schluß trägt man noch drei bis fünf Schichten Kunstharzfirnis auf.

Firnis

Kunstharzfirnisse (siehe Seite 214) sind leicht zu verarbeiten. Wenn das Fußbodenholz gut abgelagert ist, kann man sie direkt auf den geschmirgelten Grund auftragen. Spachtelarbeiten sollte man zuerst mit einem passenden Füllkitt ausführen. Je nach gewünschtem Oberflächenglanz wählt man matten, halbmatten oder glänzenden Firnis. Glanzfirnis trocknet langsamer und härter auf. Firnis erhält man in Holztönen, getönt und klar; aber auch klarer Firnis dunkelt die darunterliegende Farbe ab und läßt sie gelblich werden. Acrylfirnis gilbt nicht, und einige Sorten sind stabil genug für die Bodenversiegelung.

Arbeitsmethode Der Raum sollte so sauber und staubfrei wie möglich sein. Tragen Sie den Firnis mit einem sauberen Pinsel, den Sie nur dazu verwenden sollten, auf – die erste Schicht gegen die Maserung, um sie dann in Maserrichtung zu glätten. Ist die Schicht trocken, wird sie abgeschliffen, bevor eine neue aufgetragen wird. Kunstharzfirnis ist in sechs bis acht Stunden staubtrocken. Ab der zweiten Schicht kann man ihn mit Terpentinersatz verdünnen – drei Teile Firnis mit einem Teil Terpentinersatz. Der verdünnte Firnis kann mit einem fusselfreien Stoffbausch, in den man Verbandwatte wickelt, aufgetragen werden.

Je mehr Schichten Sie auftragen, um so strapazierfähiger wird der Boden – drei Schichten sind das Minimum und für Böden, die viel begangen werden, fünf. Alle ein oder zwei Jahre muß die Oberfläche erneuert werden.

Eine letzte dünne Wachsschicht läßt die Oberfläche noch schöner aussehen und erhöht die Haltbarkeit des Anstrichs. Aber denken Sie daran, daß diese Wachsschicht vor einem Neuanstrich völlig entfernt werden muß.

Fußbodenversiegelung

Fußbodenversiegelung läßt sich recht einfach auftragen und ist dünn genug, um mit einem weichen Tuch verstrichen zu werden. Die Oberfläche ist nicht so hart wie ein Kunstharzfirnis, trocknet langsamer und erfordert 2 bis 3 Schichten, um genügend strapazierfähig zu sein. Die erste Schicht reibt man gegen die Maserrichtung ein, alle folgenden in Maserrichtung. Zwischen jedem neuen Auftrag schmirgelt man die Oberfläche sanft glatt.

Wie bei einer Kunstharzfirnis-Ölfarbe kann man Fußbodenversiegelung, wenn sie mit der Zeit dünn geworden ist, neu auftragen; aber vorher muß auch sie wachs- und fettfrei sein.

Wachs

Wachs riecht angenehm, ergibt einen unvergleichlichen Glanz und bereichert die natürliche Holzfarbe mit einem warmen, angenehmen Ton. Aber es läßt sich nicht leugnen, daß eine solche Fußbodenoberfläche harte Arbeit erfordert.

Tragen Sie das Wachs nicht direkt auf das blanke Holz auf, besonders nicht auf weiches Holz wie zum Beispiel Fichte, da das Wachs möglicherweise Schmutz zwischen den Fasern des Holzes fest einschließt. Tragen Sie zuerst eine Schicht Fußbodenversiegelung auf. Diese verhindert, daß das Wachs allzu tief in das Holz eindringen kann, und macht es einfacher, den gewünschten Glanz zu erzeugen. Reiben Sie die Versiegelung gut in die Holzmaserung, und schleifen Sie dann diese Schicht mit einem feinen Sandpapier in Richtung der Holzmaserung.

Die älteste, einfachste Art zu wachsen, die nur Bienenwachs und Terpentinöl verwendet, ist meiner Meinung nach noch immer die schönste, da das Wachs angenehm riecht und eine wunderschöne Honigfarbe ergibt. Das ist allerdings heutzutage für große Flächen zu teuer, und es war schon immer eine wahre Knochenarbeit, Wachs aufzutragen und zu polieren; aber für diejenigen, die es trotzdem einmal ausprobieren wollen – besonders auf blankem Kiefernholz sieht es herrlich aus – hier das Rezept. Bienenwachs kann man in der Drogerie oder in einem Geschäft für Bastelbedarf kaufen.

Bienenwachspolitur: Für Bienenwachspolitur schmilzt man einen Block Bienenwachs mit reinem Terpentinöl (in etwa gleicher Menge) im Wasserbad. Achten Sie darauf, daß weder das Bienenwachs noch das Terpentinöl mit allzu großer Hitze in Berührung kommt, da beide noch entzündlich sind. Lassen Sie diese Mixtur etwas abkühlen, und reiben Sie sie, wenn sie noch weich ist (aber nicht mehr flüssig) dünn, aber sorgfältig mit einem alten, weichen Pinsel oder einem fusselfreien Stoffbausch in das Holz ein. Lassen Sie die Wachsschicht einige Stunden lang durchhärten, und polieren Sie sie dann mit einer sauberen, weichen Bürste. Sie werden die Bürste oft reinigen oder gegen eine neue austauschen müssen, wenn sich zuviel Wachspolitur angesammelt hat. Der Lohn allerdings ist eine süß riechende Oberfläche von sanfter Tiefe und reichem Glanz.

Moderne Wachspolituren sind erheblich einfacher aufzutragen; sie enthalten Silikone, um sie strapazierfähiger zu machen, und Trockenmittel zur schnelleren Härtung. Tragen Sie das Wachs mit einem weichen Tuch dünn auf, lassen Sie es einige Stunden trocknen, und bearbeiten Sie die Oberfläche dann mit einer weichen Bürste. Polieren Sie die gesamte Fläche mit einem weichen Tuch.

Aufhellen

Die folgende Technik, naturfarbenes Holz aufzuhellen, ist besonders hilfreich bei astreichen Bodendielen und Kiefernholz, das schnell einen feurig-orangen Farbton entwickelt, wenn man es firnißt:

Man trägt eine getönte weiße Farbe mit dem Pinsel auf das Holz auf und reibt sie dann wieder ab, so daß Farbreste in Rissen und Poren zurückbleiben. Verwenden Sie eine matte, mit ein wenig Umbra Natur, Ocker und schwarzer Künstlerölfarbe getönte Ölfarbe. Streichen Sie die Farbe mit einem harten Pinsel großzügig auf eine kleine Holzfläche, warten Sie einige Minuten, ob sie haften bleibt, und reiben Sie sie mit einem Stofflappen fest und quer zur Maserung ab. Die freigelegte Maserung ist nun mit einem Schleier bleicher Farbe bedeckt. Wiederholen Sie das abschnittweise über den ganzen Boden.

Soll die Farbe auch als Spachtelmasse dienen, vermischt man sie mit ein wenig Holzkitt oder Universal-Spachtelmasse. Diese Flächen müssen dann mit einem Schleifklotz und mittelfeinem Sandpapier abgeschliffen werden.

Bleichen

Die typischen schönen grauen Holzfußböden alter schwedischer Häuser sind das Ergebnis jahrzehnte-, wenn nicht jahrhundertelangen Schrubbens und Scheuerns mit feinem weißem Sand. Wenn man Weichholz regelmäßig scheuert, wird es langsam weiß, und das härtere Splintholz steht leicht hervor. Es gibt eine Möglichkeit, einen konventionellen Kiefern- oder Tannenboden ähnlich wirken zu lassen, indem man eine der oben beschriebenen gräulich-weißen Grundier- oder Emulsionsfarben in das Holz einreibt.

Damit das Holz wie Treibholz aussieht, reibt man eine verdünnte Emulsionsfarbe ein, die man mit einem Gummischrubber wieder abnimmt. Um den Gelbton des Holzes zu mildern, sollte man kühle gebrochene Weißtöne in Grau- und Graugrünschattierungen wählen. Am kreidigsten und pudrigsten wirkt das Holz jedoch, wenn man es mit einer Mischung aus Farbe auf Wasserbasis mit einem hohen Anteil von Gipsfüllstoff bearbeitet.

Deckende Anstriche

Farbe

Nach einer Grundierung läßt sich die nächste Farbschicht einfacher auftragen, sie deckt außerdem besser und hält länger. Streichen Sie alte und neue Holzfußböden zuerst mit einer Schicht Holzgrundierung und dann mit ein oder zwei Lagen Vorstreichfarbe. Soll der Boden in einer kräftigen oder dunklen Farbe gestrichen werden, verwendet man am besten dunkel getönte Vorstreichfarbe – aber nicht im gleichen Farbton wie die endgültige Bodenfarbe. Auf diese Weise kann man nämlich schnell kontrollieren, ob man etwas zu streichen vergessen hat, bevor die Farbe getrocknet ist. Ein Endanstrich sollte für eine unifarbene Oberfläche oder als Untergrund für weitere Dekorationen ausreichen.

Farbe: Für einen Fußbodenanstrich kann man eigentlich fast alle Farbarten verwenden, da der Endanstrich mit einem harten Kunstharzfirnis auch weichere Farben vor Abnutzung schützt. Man kann sogar mit einfachen, matten Emulsions- oder Latexfarben arbeiten, wenn man sie gut firnißt. Ich halte ihre pudrige, trockeneOberfläche für einen ausgezeichneten Untergrund für weitere Dekorationen. Es ist nicht wichtig, welchen Oberflächenglanz der Anstrich hat, da es Kunstharzfirnis matt, halbmatt und glänzend gibt. Deshalb besteht also kein Anlaß, teure Glanzlacke zu verwenden, die sich außerdem auch nicht gut überstreichen lassen. Professionelle Dekorateure bevorzugen eine matte, weiße, mit Abtönpaste oder Künstlerölfarben abgetönte Ölfarbe, weil sie sich leicht auftragen läßt und eine samtige Oberfläche hat. Sie ist besonders gut für Muster geeignet, die Fliesen imitieren sollen und die hochglänzend zu hart aussehen würden.

Arbeitsmethode

Der Raum sollte leer und sauber sein und möglichst geschlossen bleiben, während Sie arbeiten – aber öffnen Sie am besten ein Fenster, damit der Farbgeruch abziehen kann.

Fußböden werden wie Wände mit Pinsel oder Malerrolle in einzelnen Abschnitten gestrichen. Der Pinsel sollte so breit sein, daß er noch gut in der Hand liegt. Planen Sie die Arbeit so, daß Sie bei einer Tür enden und nicht in einer Ecke, umgeben von nasser, klebriger Farbe.

Jede Farbschicht sollte nach dem Trocknen mit einem mittelfeinen Sandpapier geschliffen werden. Anschließend reinigen Sie den Boden am besten mit dem Staubsauger.

Wenn man den gewünschten Farbton erzielt hat, läßt man den Boden gut durchtrocknen. Soll er nicht weiter verziert werden, muß man ihn nur noch firnissen – je nach gewünschtem Glanz mit mattem, halbmattem oder glänzendem Firnis. (Firnis siehe Seite 123.)

In diesem amerikanischen Landhausraum ist der Boden zinngrau gestrichen, so daß er wie eine glatte Schieferfläche wirkt. Das Holzwerk wurde in einem tieferen Grau gehalten, so daß ein harmonischer Gesamteindruck entsteht.

Rautenmuster

Diagonal verlaufende (im Winkel von 45 Grad zu den Fußbodendielen), schwarzweiße Quadrate verwandeln die Perspektive eines Raumes und lassen ihn größer und eleganter erscheinen. Deshalb findet man die meisten dieser Fußböden, auch in echtem Marmor, in Eingangsbereichen und repräsentativen Räumen. Meiner Meinung nach paßt eine gemalte Version am besten in weniger wichtige Räume, zum Beispiel in Badezimmer oder Wintergärten. Mir gefällt diese Bodengestaltung so gut, weil sie wegen der hellen Quadrate licht wirkt und wegen der dunklen Quadrate eine klare Struktur hat.

Vorbereitungen

Zunächst muß man entscheiden, wie groß die einzelnen Quadrate sein sollen. Riesige Quadrate, die in einem Tanzsaal oder einem Landhausfoyer gerade richtig wären, sind auf einem kleinen, unregelmäßigen Boden fehl am Platz. Andererseits können kleine Quadrate allzu unruhig erscheinen und unnötige Arbeit verursachen. Ein maßstabgerechter Plan des Bodens ist eine große Hilfe, um die beste Quadratgröße zu bestimmen; aber oft kann man dies auch mit dem bloßen Auge entscheiden. Andererseits lassen sich mit einem Plan architektonische Unregelmäßigkeiten und Besonderheiten besser einplanen. Ein dunkler Rand, in derselben Farbe wie die dunklen Quadrate, kann Unregelmäßigkeiten ausgleichen, indem er sich ein wenig zu den Wänden hin verengt oder verbreitert, damit die Symmetrie des Rautenmusters nicht verändert werden muß. Man sollte sich ein Rautenmuster wie einen Teppich vorstellen, der in einem geraden Winkel zu den Türen liegt und der von dem gemalten dunklen Rand eingefaßt wird.

Beim Aufzeichnen benutze ich oft eine Plattenhülle, die als Rautenquadrat schon oftmals bei meiner Arbeit unbezahlbare Dienste geleistet hat. Für dieje-

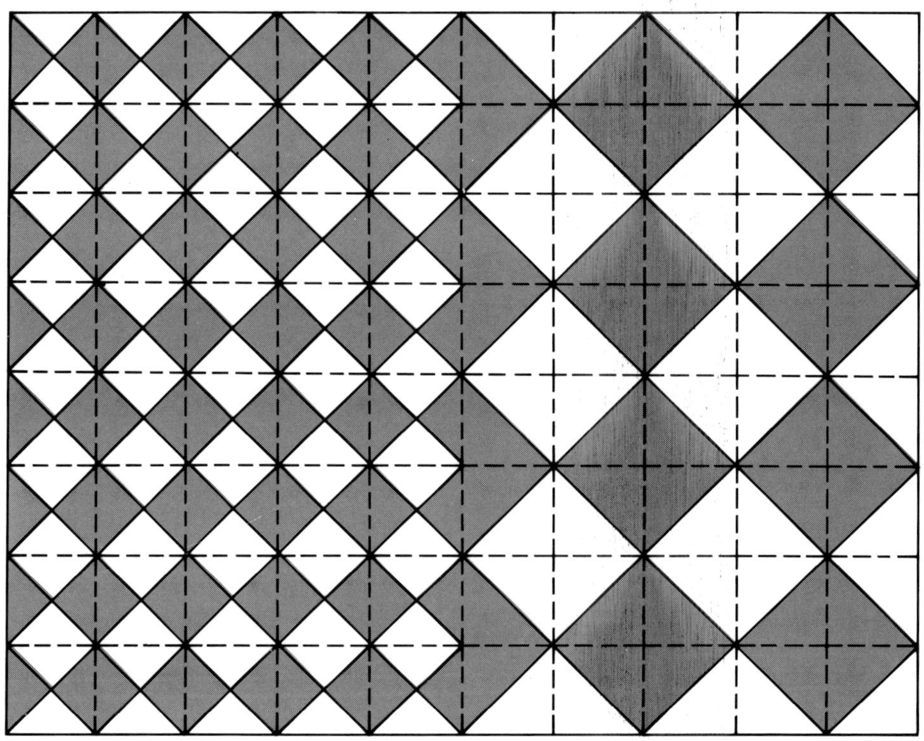

Einen rautengemusterten Boden teilt man zuerst in Quadrate auf (siehe Seite 132–133). Nachdem die Quadrate mit Kreide aufgezeichnet sind, zieht man durch die horizontalen und vertikalen Schnittpunkte Diagonalen. Beginnen Sie in einer Ecke des Raumes, die Linien über den Fußboden zu ziehen. Größere Rauten, (rechts) erhält man, indem man nur jeden zweiten Schnittpunkt verwendet oder größere Quadrate ausmißt.

nigen, die es genauer nehmen, empfiehlt sich eine Schlagschnur. Sie besteht aus einer dünnen, mit Kreide bestäubten Kordel; zieht man die Kordel von einem Punkt zu einem anderen stramm und zupft an ihr, so fällt die Kreide zu Boden und bildet eine gerade Linie.

Arbeitsmethode

Das Aufzeichnen des Musters ist die schwierigste Arbeit. Will man ein opakes Rautenmuster, trägt man zuerst die Grundierung, dann den hellen Farbton auf. Bei einer halbtransparenten Oberfläche malt man den hellen Farbton direkt auf das Fußbodenholz auf. Nachdem die Farbe trocken ist, markiert man mit Bleistift oder Kreide die Quadratumrisse und bemalt jedes zweite Quadrat mit dem dunkleren Farbton – die Mitte des Quadrates mit einem breiten Pinsel, die Ecken und Außenlinien mit einem feinen, spitz zulaufenden Künstlerpinsel (Nr. 4 oder 5). Zum Schluß streicht man noch ein oder zwei Schichten eines matten, klaren Kunstharzfirnis' auf.

Schablonenmalerei

Die wirkungsvollsten Schablonenmalereien auf Fußböden sind meiner Meinung nach solche, die sich mehr an traditionelle Vorlagen halten – dunkle und gedämpfte Farben und regelmäßige, sich wiederholende Muster. Abgesehen vom praktischen Aspekt, daß Schmutz und Staub nicht so sichtbar sind, gibt es noch einen ästhetischen und psychologischen Grund für diese Vorliebe. Ein Raum wirkt optisch ausbalancierter, wenn der Fußboden einen soliden Eindruck macht – ein delikater, blumiger Porzellaneffekt auf einem hellen, blassen Boden mag zwar an sich sehr hübsch aussehen, aber insgesamt kann sich ein vages, unangenehmes Gefühl einstellen; es sei denn, der ganze Raum ist farbig auf diesen etwas unsubstantiell wirkenden Boden abgestimmt. Sehen Sie sich die in diesem Buch gezeigten Beispiele, traditionelle Böden mit Kacheln, Teppichen und alten Schablonenmustern, an, und entscheiden Sie selbst.

Rein technisch arbeitet man mit Schablonen auf Böden genauso wie auf Wänden (siehe Seite 69–72).

Vorbereitungen

Schablonenmalerei erfordert einen recht sorgfältig vorbereiteten, glatten Untergrund. Schablonenmuster wirken auf einem deckend gestrichenen Boden auffälliger und teppichartiger, auf einer halbtransparenten Oberfläche zurückhaltender und unauffälliger. Anleitungen zum Streichen von Fußböden finden Sie auf Seite 127.

Arbeitsmaterial für Schablonenmalerei

Farbe: Die besten Farben für Schablonenmalerei auf Fußböden ebenso wie auf Wänden sind schnell trocknende, gut deckende Farben, die in einer großen Farbpalette erhältlich sind. Die meisten Dekorationsmaler verwenden heute für Schablonenmalereien Acrylfarben, da sie schnell trocknen und mit Wasser unterschiedlich transparent verdünnt werden können. Sprayfarben nimmt man heute in Innenräumen wegen der gesundheitsgefährdenden Dämpfe nur noch selten. Auch matte Ölfarben und Vorstreichfarbe eignen sich gut für Schablonenmuster.

Pinsel: Ein vorn gerundeter Pinsel, den man mit kreisenden Bewegungen über das Schablonenmuster führt, ergibt die schönste und klarste Struktur. Arbeitet man mit mehreren Farben, verwendet man für jede Farbe einen eigenen Pinsel.

Oben Auch auf Böden kann man leichte und verspielte Muster verwenden. Diese hübschen blauen Schablonenmuster sind auf einen Untergrund aus zwei Schichten weißer Farbe aufgemalt. Der Rand ist im selben Blau gehalten und könnte gut von den blauweißen Porzellanmustern inspiriert worden sein.

Rechts In diesem schwedischen Raum sind Wände und Holzwerk in überraschenden Farbkombinationen gestaltet. Der mit kräftigen geometrischen Schablonenmustern bemalte Boden greift die Rauten- und Kreismuster des Holzwerkes auf. Die braunen Achtecke in der Originalfarbe der Bodendielen und die schwarzen Rauten sind von einem hellgrauen Untergrund umgeben. Für diese Art der Oberfläche eignet sich am besten ein matter Firnis.

Aufteilen eines Fußbodens in Quadrate
Um einen Boden in Quadrate aufzuteilen, benötigt man einen Bleistift, ein Lineal und Kästchenpapier; Kreide; Schlagschnur und/oder eine lange Latte; ein Zeichendreieck oder einen Winkel zur Kontrolle der Ecken. Es spart Zeit, wenn man diese aufwendige Arbeit zu zweit ausführt.

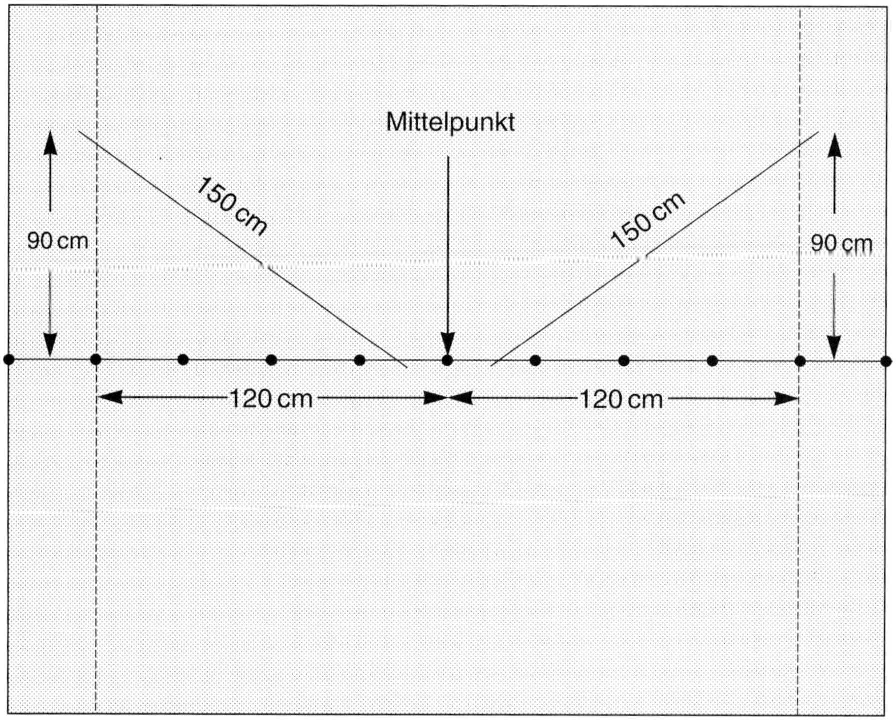

B

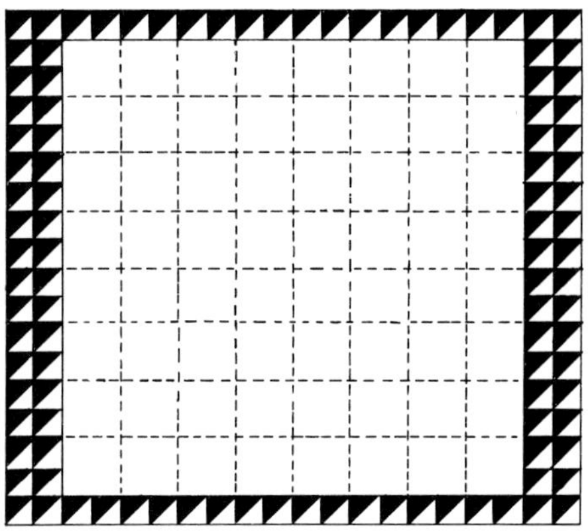

A

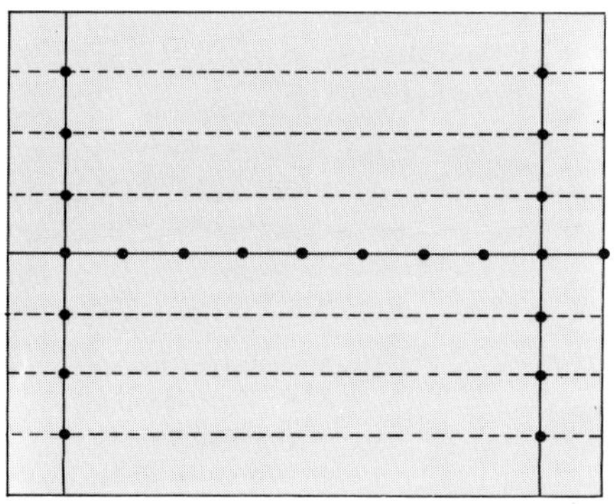

C

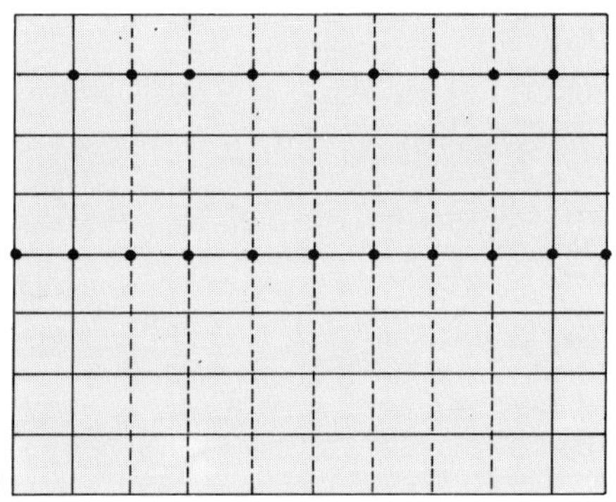

D

1 Messen Sie den Raum bzw. den Fußboden aus, und übertragen Sie die Maße maßstabgerecht auf Kästchenpapier. Wenn Sie wissen, wie groß die Quadrate sein sollen, markieren Sie sie mit Bleistift an den Umrißlinien des Fußbodenplanes, indem Sie jeweils von der Mitte jeder Wand ausgehen. Möglicherweise muß man die Quadratgröße verändern, da die meisten einfachen Muster am schönsten aussehen, wenn sie nicht irgendwo angeschnitten sind. Eine Randleiste (A) bietet die Möglichkeit auszugleichen.

2 Messen Sie die Mitte zweier gegenüberliegender Wände aus, und markieren Sie diese Punkte. Ziehen Sie zwischen diesen beiden Punkten mit Kreide und Latte oder mit kreidebestäubter Schnur, die durch den Raum gespannt wird, eine Verbindungslinie. Die Mitte dieser Linie ist die Mitte des Raumes.

3 Markieren Sie nun von diesem Punkt aus die Länge der Quadrate auf der gezogenen Linie. Zeichnen Sie durch die zwei äußeren Punkte zwei parallel verlaufende Linien in der Länge des Raumes (im rechten Winkel zur ersten Linie). Beim Ausmessen des Bodens ist Genauigkeit wichtig, da kleine Fehler auf einem großen Boden schnell zu großen werden. Kontrollieren Sie die rechten Winkel mit einem Zeichendreieck oder noch besser mit nachfolgender Formel: Markieren Sie sich auf einer der Parallelen 90 cm, auf der Hauptlinie 120 cm, und verbinden Sie diese beiden Punkte miteinander. Diese dritte Linie sollte genau 150 cm lang sein. Ist sie es nicht, so stimmt der Winkel nicht (B).

Zusätzliches Arbeitsmaterial: Kästchenpapier; Schlagschnur oder Lineal und Kreide; Stofflappen zum Saubermachen; Untertassen zum Farbenmischen; Schablonen oder Materialien zur Schablonenherstellung.

Arbeitsmethode

Bevor man mit der Schablonenmalerei beginnt, muß man den Boden in Quadrate aufteilen, um so die Plazierung der einzelnen Musterpartien festzulegen. Dazu zeichnet man den Fußbodenplan auf Kästchenpapier. Übertragen Sie die Markierungslinien mit Schlagschnur und/oder Kreide und Lineal auf den Boden. Soll der ganze Boden mit einem regelmäßigen Muster versehen werden, teilt man ihn, wie auf der gegenüberliegenden Seite zu sehen ist, ein. Musterbänder plant man, indem man die Länge der Wand durch die Größe des Motivs teilt, um herauszufinden, wie oft sich das Muster wiederholt. Ziehen Sie mit Kreide eine Linie in der gewünschten Entfernung zur Wand, und markieren Sie mit kurzen Strichen den Mittelpunkt des Motivs. Markieren Sie auch auf der Schablone selbst den Mittelpunkt des Motivs mit zwei sich im rechten Winkel kreuzenden Strichen, so daß man die Schablone genau anlegen kann.

Wie man die Farben anmischt und die Schablonen plaziert und ausmalt, sehen Sie auf den Seiten 69–76. Schablonenmalerei auf Fußböden strapaziert den Rücken; deshalb sollte man nicht allzuviel auf einmal ausmalen. Da man in kniender Position dazu neigt, den Pinsel stärker aufzudrücken, ergeben sich wahrscheinlich häufiger Schmierstellen und Kleckse. Wischen Sie diese bei der Arbeit mit sauberen Stofflappen weg, und reinigen Sie die Rückseiten der Schablonen regelmäßig. Heben Sie die Schablone vorsichtig hoch, damit sie nicht über die nasse Farbe wischt. Aber wenn der Boden fertig ist, werden kleine Nachlässigkeiten hier und dort gar nicht mehr auffallen.

Lassen Sie den fertigen Boden mindestens 24 Stunden trocknen. Danach trägt man zum Schluß mindestens drei matte, halbmatte oder glänzende Kunstharzfirnisschichten auf.

4 Sind diese Linien aufgezeichnet, markieren Sie darauf, wie auf der Hauptlinie, die Quadrate. Nun kann man alle in eine Richtung verlaufenden Linien aufzeichnen, indem man nur die gegenüberliegenden Punkte miteinander verbindet (C).

5 Markieren Sie nun wie zuvor auf den parallel zu der Hauptlinie verlaufenden Außenlinien die Quadrate, und verbinden Sie auch hier die gegenüberliegenden Punkte (D).

Dieses Detail ist ein Ausschnitt aus einem bemalten Boden, dessen Muster vom Design eines Teppichs aus dem 17. Jahrhundert inspiriert ist. Die Blumen, Früchte und Baummuster wurden mit Schablonen, Autolackspray und Acrylfarbe direkt auf den Boden aufgebracht.

Fossiler Marmor
1 Den Untergrund bildet eine weiße oder gebrochen weiße halbmatte, glattgeschliffene Ölfarbe. Dann reibt man mit einem weichen Tuch eine dünne Schicht Leinöl auf. Mischen Sie zwei Öllasuren an: ein Teil Grundfarbe auf zwei Teile Terpentinersatz und Abtönpaste oder Künstlerölfarbe; hier wurde die Öllasur 1 mit Siena Gebrannt und gelbem Ocker gemischt, die Lasur 2 mit Kobaltblau und Umbra Natur.

Marmorierte Fußböden

Marmorierte Fußböden geben jedem Raum gleich ein palastartiges Flair. Sie zu malen ist gar nicht so schwierig, wie es zuerst den Anschein haben könnte, da man gerade auf großen Flächen eine lockere und impressionistische Marmorstruktur aufmalen kann, die immer noch sehr realistisch wirkt. Noch einfacher ist es, wenn man den ganzen Boden in Quadrate aufteilt, so daß er wie Marmorfliesen wirkt.

Aber auch kleine, enge Räume wie Flure, Eingangshallen und Korridore wirken mit einem blassen, kühlen marmorierten Boden heller und größer. Ein marmorierter Fußboden, der sorgfältig gefirnißt wird, bietet eine strapazierfähige Oberfläche.

Fossiler Marmor

Die nachfolgend beschriebene Marmoriertechnik ist besonders wirkungsvoll. Sie ist für jede horizontale Oberfläche – Tischplatten, Bilderrahmen usw. – geeignet; auf vertikalen Flächen läuft die Farbe davon. Der Eindruck von »fossilem« Marmor entsteht durch das Ineinanderspritzen von nasser Öllasur und Verdünner – einfach und überzeugend. Am schönsten wirken matte Kieselsteinfarben – Grüngrau, Mattblau oder Braungelb – und besonders hübsch auf Hartfaserplatten.

A

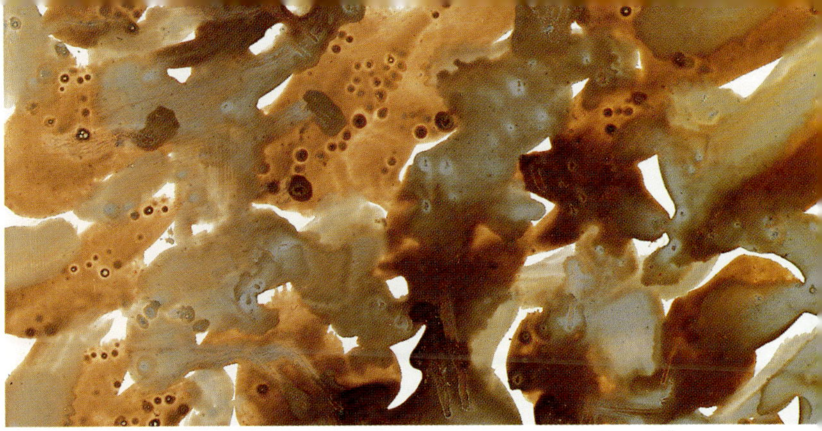
B

C

D

E

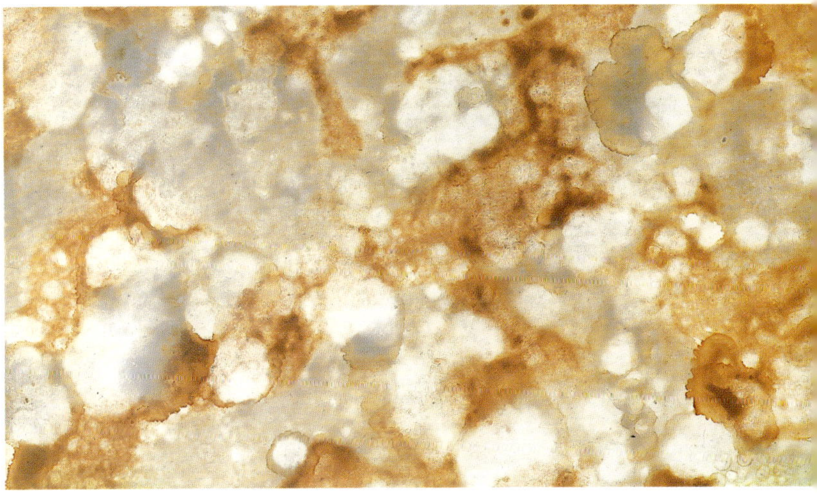
F

Stupfen Sie die erste Lasur mit einem steifen Pinsel ziemlich regelmäßig auf die Oberfläche (A).

2 Tragen Sie mit demselben Pinsel die Lasur 2 grob zwischen die ersten Muster auf (B). Reinigen Sie den Pinsel.

3 Gehen Sie vorsichtig mit einem Naturschwamm oder einem zusammengeknüllten Papiertaschentuch über die Fläche, um überschüssige Farbe abzunehmen und eine weicher gemusterte Oberfläche zu erhalten (C).

4 Nehmen Sie etwas Terpentinersatz auf den Pinsel, und spritzen Sie, indem Sie mit dem Daumen über die Borsten streichen, reichlich Terpentinersatz auf die Oberfläche. Dort, wo der Verdünner auftrifft, öffnen sich kleine Löcher (D).

5 Um das Muster zu variieren (E), spritzt man jetzt Spiritustropfen auf die Fläche.

6 Tupfen Sie nun die Oberfläche wieder vorsichtig mit einem Schwamm oder Papiertaschentuch ab (F). Ist die Farbe trocken, überstreicht man sie mit drei bis fünf Schichten Kunstharzfirnis, der auf drei Teile mit einem Teil Terpentinersatz verdünnt wird. Schleifen Sie jede Schicht leicht glatt, mit Ausnahme der ersten.

Vorbereitungen

Schneiden Sie die Hartfaserplatten in 120 cm große Quadrate. Grundieren Sie mit Acrylgrundierung, Vorstreichfarbe oder verdünnter Emulsions- oder Latexfarbe.

Bedecken Sie Ihre Arbeitsfläche mit Zeitungspapier oder Plastikfolie. Bemalen Sie die Platten mit einer weißen oder gebrochen weißen, halbmatten Ölfarbe. Ist die Oberfläche trocken, schleift man sie mit mittelfeinem Sandpapier. Die Oberfläche muß nicht nur glatt sein, sondern das Weiß muß auch decken; deshalb wird man drei Farbschichten auftragen müssen, die jeweils geschliffen werden. Ein glatter Untergrund ist für diese Marmoriertechnik wichtig, da Unebenheiten und Pinselspuren das Auseinanderlaufen der Lasur behindern. Zum Schluß trägt man eine ganz dünne Leinölschicht (rohes oder gereinigtes Leinöl) auf, die gerade dick genug ist, um einen matten Glanz zu zeigen und die sich bewegende Lasur daran zu hindern, sich unkontrolliert auszubreiten.

Spachteln der Holzmaserung: Wenn Sie eine Tischplatte aus rauhem und großporigem Holz marmorieren wollen, sollten Sie die Fläche vor dem Bemalen glattspachteln. Dazu verwendet man Holzkitt, Allzweck-Spachtelmasse oder Leimkreidegrund. Sind genügend Schichten aufgetragen, schleift man die Oberfläche mit Sandpapier und bemalt sie dann mit Vorstreichfarbe und einer halbmatten Ölfarbe. Tischplatten sollten, da man sie genauer betrachtet, eine harte, glatte Oberfläche haben.

Arbeitsmaterial

Zwei farbige Lasuren – ein Teil matte oder halbmatte Ölfarbe und zwei Teile Terpentinersatz, abgetönt mit Abtönpaste oder Künstlerölfarben. Die Lasuren sollten die Konsistenz von Milch haben und dunkel genug sein, um sich von dem weißen Untergrund abzuheben – probieren Sie sie an einer Ecke der Hartfaserplatte aus.

Außerdem brauchen Sie einen 75 mm breiten Pinsel; einen harten Stupfpinsel; Brennspiritus; einen Naturschwamm oder einige geknüllte Papiertaschentücher.

Arbeitsmethode

Legen Sie sich jeweils ein Hartfaserquadrat auf Ihre abgedeckte Arbeitsplatte, und stupfen Sie eine Öllasur mit dem Pinsel auf – wie die schwarzen Felder auf einem Schachbrett. Dann tauchen Sie den Pinsel in die zweite Öllasur und stupfen die Farbe in die leeren Zwischenfelder, wobei sich die Lasuren ruhig hier und dort überlagern dürfen. Dann stupft man mit dem Schwamm die ganze Oberfläche ab, um allzu dicke Lasurschichten abzutragen und um eine knittrige, leicht ineinandergezogene Oberfläche zu erhalten.

Spritzen Sie nun mit dem Stupfpinsel, indem Sie mit dem Daumen über die Borsten reiben, reichlich Terpentinersatz auf die nassen Öllasuren. Innerhalb von Sekunden gerät die Oberfläche in Bewegung – kleine Löcher öffnen und verbreitern sich. Man kann nun, um das Muster zu variieren, Brennspiritus aufspritzen, der ganz andere Muster bildet. Kleine Wassertropfen hinterlassen saubere, kleine Ringe. Allzu große Spritzer, die sich zu sehr ausdehnen, kann man mit einem Papiertaschentuch abtupfen. Die Abbildungen auf den Seiten 135 und 178 geben einen Eindruck vom Arbeitsablauf.

Diese Technik macht Spaß, und die einzige Schwierigkeit besteht darin zu wissen, wann man aufhören soll. Ist man mit dem Muster zufrieden, läßt man die Platte waagerecht gut durchtrocknen.

Firnis: Wenn die marmorierten Platten ganz trocken sind, trägt man bis zu fünf Schichten klaren, glänzenden Kunstharzfirnis auf – drei Teile Firnis zu einem Teil Verdünner.

Die fertigen Platten werden dann von hinten naß abgerieben, über Nacht getrocknet und dann verlegt.

Um eine perfekte, glatte Oberfläche zu erhalten, schmirgelt man die letzte Firnisschicht nicht ab, sondern bearbeitet sie mit pulverisiertem Bimsstein, Englischer Erde oder Haushaltsscheuerpulver und ein wenig Babyöl oder Salatöl. Tragen Sie diese klebrige Masse mit langen Bewegungen in Maserrichtung mit einem Stück Filz oder mit einem weichen Flanellstoff auf, wischen Sie mit einem feuchten Lappen nach, und polieren Sie die Oberfläche mit einem weichen sauberen Tuch.

Marmorierte Fußbodendielen

Man kann einen Fußboden direkt marmorieren, wenn er ausreichend glatt ist und keine sichtbaren Risse hat (siehe Seite 117–120 über das Vorbereiten von Holzfußböden). Neues muß grundiert werden; nach ein oder zwei Vorstrichen versieht man die Oberfläche mit einer halbmatten Ölfarbe im Grundton des Marmors. Die Marmoriertechnik ist auf den Seiten 108–112 beschrieben. Unterteilen sie die Bodenfläche in große Quadrate (siehe Seite 132–133). Markieren Sie die Quadrate sorgfältig mit Lineal und schwarzem Filzstift, da diese Linien Teil des Designs sind. Marmorieren Sie jeweils ein Quadrat; so unterteilt man die Arbeit sinnvoll, und das Ergebnis sieht hübscher aus, weil man die Marmoradern von Quadrat zu Quadrat in verschiedene Richtungen laufen lassen kann. Zum Schluß firnißt man den Boden mit drei bis fünf Schichten (drei Teile klaren, glänzenden Firnis zu einem Teil Verdünner).

Fußbodenbeläge

Fußbodenbeläge bedeuten in diesem Fall »gemalte Teppiche«, die aus grundierter, bemalter und gefirnißter Leinwand bestehen. Sie sind Vorläufer des Linoleums und waren besonders im 18. und 19. Jahrhundert populär. Man schätzte sie wegen ihrer hohen Strapazierfähigkeit und weil man sie leicht sauberhalten konnte. Oft hatten sie dunkle Farbmuster, waren marmoriert oder mit Kachelmustern bemalt, imitierten mit Schablonenmalerei Bastmatten oder sogar türkische Teppiche, und man verwendete sie in Fluren, Eßzimmern, Eingangshallen und den oberen Bedienstetenetagen der Landhäuser, Bereiche also, in denen sie ziemlich strapaziert wurden. Oft fertigte man einen nahtlosen Fußbodenbelag für eine spezielle Fläche an, und die Nachfrage nach extrabreiter Leinwand führte dazu, daß sich viele Fußbodenbelagsfabriken in der Nähe von Segeltuchmanufakturen an der See und in Dockgeländen ansiedelten.

Heute ist der Vorteil dieser Art von Fußbodenbelägen sicherlich hauptsächlich ästhetischer Natur. Muster und Farbwahl können passend zur Umgebung gestaltet werden. Aber auch einige praktische Vorteile sind nicht zu unterschätzen – wenn man einen solchen Fußbodenbelag von Zeit zu Zeit neu firnißt, wird er viele Jahre halten. (Die Haltbarkeit hängt mehr von der Firnisbeschaffenheit als von der verwendeten Farbe ab.) Mit den modernen, schnell trocknenden Grundierungen, Farben und Firnissen kann man einen Fußbodenbelag relativ schnell und im Vergleich zu käuflichen Produkten recht preiswert herstellen.

Rechts Der hell gehaltene, bemalte Marmorfußboden greift die warme Melonenfarbe der Wände dieses hübschen Flurs auf. Die Farbe ist zurückhaltend und geschickt eingesetzt: Zwei sanfte Farbtöne im Siena- und Carraramarmorstil stehen auf einem gebrochenen Weiß; die kleinen, dunklen Rauten setzen starke Akzente und passen gut zu dem polierten Handlauf und den dunklen Trittflächen der Treppe.

Gegenüberliegende Seite Der Fußbodenbelag mit einem interessanten »dreidimensionalen« Muster bildet einen hübschen Blickfang in diesem alten amerikanischen Haus.

Die Entscheidung über die Größe des Bodenbelags hängt von dem Platz ab, den Sie zur Arbeit zur Verfügung haben. Ein kleiner Bettvorleger kann auf dem Küchentisch entstehen, wenn es noch einen anderen Platz gibt, wo sie den Bodenbelag zum Trocknen auslegen können. Ein raumgroßer Bodenbelag wird am besten an Ort und Stelle gemalt, was den Raum für die Zeit der Arbeit natürlich blockiert. Dazwischenliegende Formate sind wahrscheinlich das größte Problem, da die Leinwand zum Grundieren und Trocknen gespannt sein muß. Eventuell kann man sie auf einem verhältnismäßig glatten Rasen bei schönem Wetter aufspannen.

Muster

Die Muster können so traditionell oder phantasievoll sein, wie Sie es sich wünschen. Am einfachsten sind sicher geometrische Muster herzustellen. Man kann auch einen breiten Rand und ein Rosettenmuster in der Mitte mit Schablonenmalerei auftragen und den restlichen Untergrund mit nur einer Farbe oder einer gespritzten Farboberfläche gestalten (Porphyr – siehe Seite 182 – sieht wunderbar aus). Blättern Sie in Zeitschriften und Büchern, und lassen Sie sich inspirieren: Rautenmuster und Marmoroberflächen, Holzintarsien, römische Mosaike, mittelalterliche Kacheln und viele weitere Motive lassen sich mit Schablonen und Farben umsetzen.

Arbeitsmaterial für Fußbodenbeläge

Man benötigt dichtgewebten Leinwandstoff in der gewünschten Größe plus 75 mm pro Meter, da der Stoff einläuft, und plus 40–80 mm, je nach Größe zum Umschlagen. Kleber auf Polyvinylacetat-Basis, da er nach dem Bemalen flexibel bleibt und nicht durchschlägt; Teppichmesser und Reserveklingen; je nach Größe des Bodenbelags 2 1/2 – 5 Liter Acrylgrundierung; Schneidepappe; harte Bleistifte; 1 Liter Emulsionsfarbe in der gewünschten Grundfarbe; verschiedene Acrylfarben und einen gerundeten Stupfpinsel (siehe Seite 232); mittleres bis feines Sandpapier; Metall- oder Kunststofflineal; 2,5 cm breiten Pinsel; Wasserfarbenpinsel Nr. 3 für feine Details; Firnis – siehe Seite 144 mit weiteren Informationen zur Wahl des richtigen Firnis für Fußbodenbeläge. (Die Arbeit geht sehr viel schneller und leichter voran, wenn man Grundierung und Vorstrich mit einer Malerrolle aufträgt; allerdings muß man dann zwischen den Schichten gut schmirgeln.)

Zusätzliches Arbeitsmaterial: Je nach Größe des Fußbodenbelags kann man ihn zur Grundierung auf einen Holzfußboden oder auf eine Tischplatte heften. Dazu sollte man einen Tacker mit 12 mm starker Munition oder Heftzwecken verwenden. Bestreicht man die Leinwand zu Beginn mit warmem Knochenleim, dringt die Grundierung tiefer ein, und die Leinwand wird flexibler. Man kann statt dessen aber auch eine Schicht aus verdünntem Kleber auf Polyvinylacetat-Basis auftragen.

Vorbereitungen

Man befestigt die straffgezogene Leinwand mit dem Tacker oder mit Heftzwecken am Einschlagrand auf dem Untergrund. Dabei sollte man an Tackermunition oder Heftzwecken nicht sparen, weil man sonst leicht wellige Ränder erhält. Man erhitzt den Leim im Wasserbad, damit er dünnflüssig wird, trägt ihn mit einem breiten Pinsel auf und läßt ihn über Nacht trocknen. Wenn man gleich mit der Grundierung beginnt, trägt man die Acrylgrundierung mit der Malerrolle auf; dabei sollte man die Farbe tief in das Gewebe einarbeiten und mindestens zwei Stunden trocknen lassen. Danach trägt man die zweite Grundierungsschicht auf. Zwei Schichten sind das Minimum. Perfektionisten drehen danach den Stoff um, wobei sie Tackernadeln mit einem Tackerzieher oder die Heftzwecken mit einem Schraubenzieher lösen, und tragen auf die Leinwandrückseite ebenfalls eine Schicht auf. So wird der Stoff stabiler und läuft gleichmäßig ein. Nachdem die Farbe ganz trocken ist, schmirgelt man sie mit einem mittelfeinen Sandpapier glatt.

Nun markiert man die äußeren Begrenzungen des Fußbodenbelages mit Bleistift und Lineal und achtet darauf, daß die Ecken rechtwinklig sind. Jetzt bestreicht man die Einschlagfläche mit Kleber, läßt ihn die erforderliche Zeit antrocknen und schlägt die gewünschte Stoffmenge mit festem Druck um. Bei einem großen Stoffstück sollte man sich bei dieser Arbeit nach Möglichkeit von jemand helfen lassen.

Die nächsten Schritte hängen vom geplanten Design des Fußbodenbelages und der Farbgestaltung ab. Bei Mustern auf hellem Grund trägt man ein oder zwei Schichten der Untergrundfarbe mit der Malerrolle auf. Nachdem die Farbe trocken ist, kann man die Muster positionieren und aufmalen.

Positionieren und Aufmalen der Muster

Man zeichnet sich die Muster mit farbiger Kreide oder winzigen Bleistiftpunkten auf. Regelmäßige, sich wiederholende Muster, wie zum Beispiel Kachelmotive, positioniert man, indem man die beiden Mittellinien markiert und von der Mitte nach außen arbeitet. Schablonenmuster sollte man positionieren, bevor man beginnt. Man kann sie entweder freihändig einzeichnen oder, wenn dies zu zeitaufwendig und das Muster geeignet ist, vom Hauptmotiv eine Acetatfolienschablone herstellen, diese auf die markierten Stellen legen und nachzeichnen.

Es ist sicher eine Temperamentsfrage, wie mathematisch genau man die Muster setzt. Manche mögen es pingelig genau, andere entscheiden von Mal zu Mal – eine schnellere, aber fehlerreichere Methode. Wenn man allerdings einen breiten Streifen für einen Rand einplant, kann man fast alle Musterfehler im nachhinein durch Verändern der Breite und des Stils der Umrandung ausgleichen.

Bei stark kontrastierenden Farbkombinationen mit dunkler Untergrundfarbe ist es sicher einfacher, die helle Farbe mit der dunklen zu überstreichen als umgekehrt. Deshalb zeichnet man die Muster auf die unbemalte Leinwand und beginnt mit den hellen Farbflächen; nach dem Trocknen malt man die dunklen Farben aus. Man kann ein helles oder lebhaftes Muster auf dunklem Grund auch »aufhellen«, bevor man mit der Malarbeit beginnt. Wenn man zum Beispiel eine rosafarbene Rose auf einen schwarzen Untergrund malen will, trägt man zuerst den schwarzen Untergrund auf, läßt ihn trocknen und malt mit der Schablone oder freihändig die Rosenmotive mit weißer Grundierung oder weißer Künstleracrylfarbe auf. Nach dem Trocknen kann man die Rosen, so zart oder kräftig wie man mag, aufmalen.

Bei gesprenkelten oder gespritzten Hintergründen sollte man zuerst den Untergrund gestalten (siehe Seite 177), ihn trocknen lassen und dann erst die Ränder oder ein Muster aufmalen, um ungewünschte Kleckse und Farbpunkte zu vermeiden.

Eine andere Gestaltungsmöglichkeit sind lockere Pinsellasuren. Bei dem Fußbodenbelag auf Seite 142 wurde über den weißen matten Acrylgrund eine Lasur in einem warmen Holzton gelegt. Ein Naturschwamm ist für diese Arbeit das beste Werkzeug. Man sollte ihn allerdings nicht zu naß machen, und man kann mit einem Pinsel oder Lappen die dünne Lasuroberfläche noch stärker vertreiben.

Schablonenmuster

Schablonenmalerei ist eine so große Arbeitserleichterung, daß es sich lohnt, Mühe und Sorgfalt in die Herstellung der Schablonen zu investieren. Wenn man klare und gleichmäßigen Farbe erzielen möchte, ist ein buschiger Stupfpinsel mit einem Minimum an Farbe das beste Werkzeug. Bei einer malerischen Oberfläche ist ein Schaumgummi- oder Naturschwamm das richtige Hilfsmit-

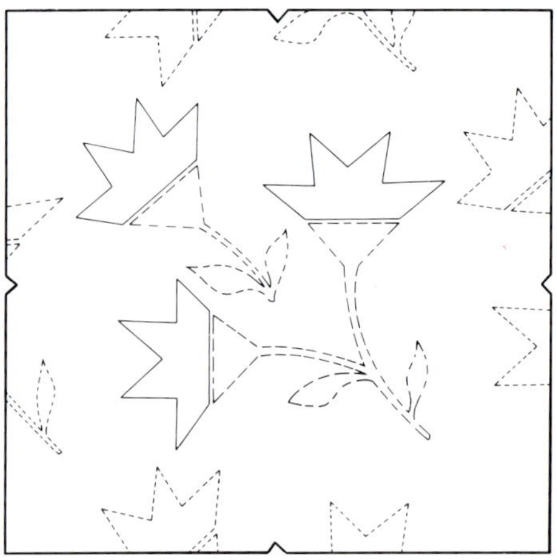

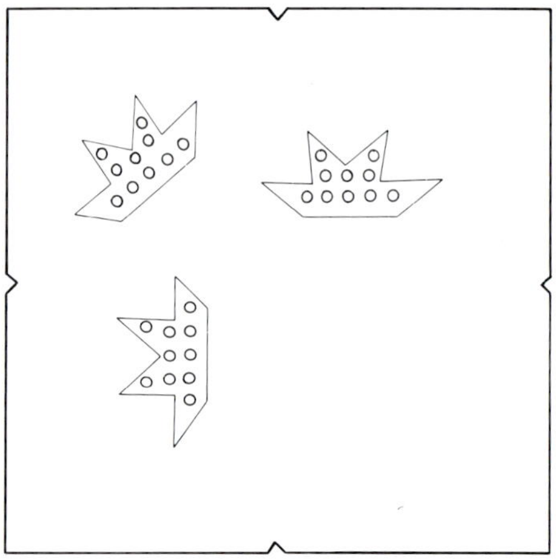

Oben Dieser Fußbodenbelag mit den formalisierten Motiven eines alten Patchworkmusters in warmen Rot- und Grüntönen ist ein gutes Beispiel für sich wiederholende Muster.

Links Für jedes andersfarbige Motiv schneidet man eine eigene Schablone: Markierungslinien auf der Acetatfolie ermöglichen, die einzelnen Schablonen exakt übereinanderzulegen.

Rechts oben Bei diesem bemalten und gefirnißten Fußbodenbelag eignet sich die gespritzte Porphyroberfläche besonders gut als Untergrund für neoklassische Ornamente in Terrakotta, Schwarz und Weiß.

Rechts unten Der gewebte Sisaluntergrund läßt die Schablonenmuster wie eine alte Stickarbeit wirken. Die Hauptmuster wurden mit Schablonen aufgebracht, die Schattierungen und Details sind freihändig eingemalt.

tel. Unerfahrene Dekorationsmaler verwenden zu Beginn fast immer zu viel Farbe, so daß diese unter die Schablone gerät und beim Abheben verschmiert. Wenn das einmal passiert, übermalt man die unsauberen Stellen mit der Untergrundfarbe. Aber ein paar Fehler sind kein Problem; ein handgemalter Fußbodenbelag sollte nicht wie ein maschinengefertigter Kunststoffboden aussehen.

Eine detaillierte Arbeitsanleitung über Schablonenmuster finden Sie auf den Seiten 69–76; hier möchte ich nur einige für Fußbodenbeläge wichtige Punkte erwähnen. Zum Vergrößern oder Verkleinern eines Motivs verwendet man am besten einen Fotokopierer – wenn man ein paar Kopien mehr macht, kann man sie zusammenlegen und den gewünschten Effekt begutachten. Manchmal muß man ein Motiv vereinfachen, damit es hübsch aussieht, oder die Farben korrigieren, damit sie auf dem Fußboden »liegen«. Darüber hinaus kann man leuchtende Farben mit ein wenig Umbra Natur abdämpfen oder Farben mit ähnlichem Tonwert mit helleren Farben aufhellen. Hat man als Vorbild einen alten Teppich oder einen alten Stoff gewählt, muß man bedenken, daß die Wirkung der Muster und der Farben auf einem glatten Untergrund völlig anders sein kann. Eine letzte Lasur mit verdünnter Umbra-Natur-Acrylfarbe läßt die Farben mehr miteinander verschmelzen.

Firnis Die Haltbarkeit eines handgemalten Fußbodenbelags hängt hauptsächlich vom richtigen Firnisauftrag ab. Meiner Erfahrung nach funktioniert der Oberflächenschutz durch sorgfältiges Firnissen sowohl auf Emulsions- als auch auf den an sich schon härteren Ölfarben. Deshalb kann man beruhigt mit den schneller trocknenden Acryl- und Emulsionsfarben arbeiten und sich auf die schützenden Firnisschichten verlassen. Es gibt eine Vielzahl von Firnissen, und man sollte sich danach richten, ob sie gilben, wie lange sie trocknen und wie leicht sie zu verarbeiten sind.

Acrylfirnis trocknet am schnellsten, und er gilbt nicht nach, eignet sich also gut auf hellen Farben. Er streicht sich nicht so flüssig wie andere Firnisse und bildet zwar eine recht stabile Oberfläche, die aber nicht übermäßig flexibel ist, so daß man den Fußbodenbelag nicht zusammenrollen oder -falten sollte. Außerdem ist er recht teuer.

Bei den Firnissen auf Ölbasis vergilbt ein matter Alkydfirnis am wenigsten und ist am stabilsten. Der matte Oberflächenglanz paßt oft gut zu den Mustern eines Fußbodenbelags.

Klaren Kunstharzfirnis gibt es matt und glänzend. Er bietet zwar einen guten Schutz, aber er dunkelt im Lauf der Zeit sichtbar nach. Wenn Ihre Farben dies erlauben, ist das kein weiteres Problem, aber wenn Möbel auf dem Belag stehen sollen, können sie helle Stellen hinterlassen, wenn man sie einmal anders anordnen will.

Transparenter Bootslack eignet sich für extreme Bedingungen und ist sicher der strapazierfähigste und härteste Firnis. Die Farben vergilben mit der Zeit ein wenig. Im allgemeinen wird die hochglänzende Oberfläche mit der Zeit und Benutzung matt.

Auf jeden Fall sollte man Firnis in mindestens drei Schichten auftragen. So lästig dies auch auf den ersten Blick erscheinen mag, um so schöner ist das Ergebnis; die Farben werden satter und tiefer und der Fußbodenbelag haltbar und strapazierfähig.

Beim Firnissen sollte man sich vergewissern, daß man keine Stelle zu streichen vergessen hat. Die Oberfläche wird glatt und schön, wenn man jede Firnisschicht nach dem Trocknen mit feinem Naßschleifpapier sanft glättet.

Möbel

Bemalte Möbel gibt es seit urdenklichen Zeiten. Man bemalte sie im allgemeinen, um eine farbenfrohere oder texturierte Oberfläche zu erhalten, manchmal, um schlechteres Holz zu schützen oder zu verbergen, oder einfach, um grobe handwerkliche Arbeit zu überdecken. Jede Zeit entwickelte eigene technische Verfeinerungen oder besondere dekorative Elemente.

Die allerschönsten gemalten Oberflächen haben chinesische und japanische Lackarbeiten, bei denen die Farben mit dem Saft des japanischen Lackbaums gebunden wurden. Die Japanlack-Techniken, die später von europäischen Künstlern angewandt wurden, um chinesische Lackarbeiten zu simulieren, wirken im Vergleich dürftig, obwohl man ihnen eine gewisse Raffinesse nicht absprechen kann.

Es gibt keine phantasievoller bemalten Möbel als die venezianischen, die seit der Renaissance entstanden. Aber der kunstvolle Umgang mit Kreidegründen und Temperamalereien diente mehr dem prosaischen Grund, schlechtes Holz und unsaubere Schreinerarbeit zu überdecken. Französische und englische Möbel des späten 18. Jahrhunderts sind unvergleichbar in ihrer Eleganz, Farben und Muster bezeugen Stil, vornehme Zurückhaltung und vollendete Technik. Die Künstler des Empire bereicherten die Möbelmalerei mit einem Schuß Witz, mit funkelnden Farben und üppig vergoldeten Formen, die wie heitere Parodien gotischer und chinesischer Elemente wirken.

Im späten 19. Jahrhundert entwickelte sich durch die Anregungen und den Einfluß des englischen Künstlers William Morris eine kurze, ganz neue Bewegung in der Möbelmalerei.

Diese Art bemalter Möbel gehörte in die Welt der feinen Leute, aber parallel dazu entwickelte sich eine rustikale Form – die man heute allgemein als Bauernmöbel bezeichnet. Die Verarbeitung dieser Möbel ist weniger kunstvoll als vielmehr solide, und die Formen sind oft plump; die Malerei aber ist meist kraftvoll und unerschrocken farbenfroh. Es ist eine lebendige Malerei, und wie die Motive auf Delfter Kacheln oder Staffordshire-Figuren ist sie, trotz aller malerischen Mängel, voller Kunstfertigkeit. Diese folkloristisch bemalten Möbel, deren knallige Farben durch Zeit und Gebrauch milder geworden sind, passen wunderbar in die zwanglosen Wohnungen unserer Zeit.

Es ist allerdings heute recht schwierig, ein attraktives altes Möbelstück preiswert zu erstehen. Und die Chancen werden immer geringer. Die einzig wirklich preiswerten Dinge scheinen heute nur noch 20–30 Jahre alte Wirtshaus- und Büromöbel zu sein, die im allgemeinen zwar solide verarbeitet, aber meist mit einer sirupartigen Lackoberfläche überzogen sind, die in jeder Umgebung schrecklich aussieht. Eine einfache, normale Lackierung läßt sie zwar unauffällig werden, aber eine dekorative Bemalung kann sie in wirklich attraktive, farbenfrohe Möbelstücke verwandeln.

Es ist verführerisch, Möbelmalerei einmal auszuprobieren, da man die Vorbereitungen und die restliche Arbeit auf kleinstem Raum ausführen kann, ohne die ganze Wohnung auf den Kopf zu stellen. In den meisten Fällen sind die Materialien preiswert und einfach zu erhalten: Spachtelmasse oder Kitt, Farbe, Ölfarben oder Künstlerölfarben, Firnis.

Für jedes Möbelstück gibt es eine dekorative Oberfläche, die seine attraktiven Elemente betont und gleichzeitig seine Schwachstellen verbirgt. Häßliche, rauhe Holzoberflächen überdeckt man mit einer modernen Variante des venezianischen Kreidegrundes, der einen harten, porenfreien Farbuntergrund lie-

Vorhergehende Doppelseite Hier dienten alte Delfter Kacheln als Vorbild für die attraktive Trompe-l'œil-Malerei. Die »Kacheln« schmücken einen Kaminsims, aber sie könnten auch auf einer Tischplatte oder auf Türpaneelen hübsch aussehen.

fert. Große häßliche Kleiderschränke, Geschirrschränke und Kommoden wirken optisch kleiner, wenn man sie mit einer einfachen, ruhigen, gebrochenen Farbe im Ton der Wandfarbe streicht und sie mit einer matten oder halbmatten Oberfläche versieht, da matte Oberflächen kleiner als glänzende, reflektierende erscheinen.

Während der letzten Jahre hat es zwei wichtige Veränderungen auf dem Gebiet der Möbelmalerei gegeben; das eine ist die Vorliebe für Farben und Firnisse auf Wasser- anstelle von Ölbasis, das andere ein Trend zu Farboberflächen, die kraqueliert, »angefressen«, abgerieben oder sonst auf irgendeine Art und Weise stark gebrochen sind.

Die meisten Farben auf Acryl- und Wasserbasis trocknen sehr schnell im Vergleich zu den ölgebundenen Produkten. Außerdem sind sie weniger gesundheitsschädlich, da sie frei von Lösungsmitteln wie Terpentinersatz sind. Zwar sind sie schnell und einfach zu verarbeiten, geruchlos und einfacher zu entfernen, aber oftmals wirken die Oberflächen von Emulsionsfarben auf Wasserbasis flach und fade. Es gibt jedoch Möglichkeiten in der Handhabung und der Firnisverwendung, der Oberfläche mehr Tiefe und Schönheit der Textur zu geben, und genau an diesem Punkt spielen stark gebrochene Oberflächen eine wichtige Rolle (siehe Seite 164).

Zunächst muß man allerdings intakte, stabile Möbelstücke aussuchen: Schubladen, die sich leicht bewegen lassen; Scharniere, die funktionieren; Türen, die richtig passen, und Stühle, die nicht wackeln. Wählen Sie einfache, solide wirkende Formen und sinnvolle Proportionen – mit anderen Worten, ein Möbelstück, das den klassischen Modellen verwandt ist. Überflüssigen Zierat oder alberne Schmuckkinkerlitzchen kann man einfach entfernen, stilvolle Ornamente dagegen mit der richtigen Oberfläche hervorheben. Möbel mit eingearbeitetem Zierat – wie Reliefschnitzereien auf Paneelen oder gedrechselten Knäufen – können ebenfalls bemalt werden. Ein phantastisches Objekt im gotischen Stil läßt sich gut mit starken, kontrastierenden Farben folkloristisch bemalen, wenn man einen matten Schlußfirnis aufträgt, durch den die Farben alt und pudrig erscheinen. Ungewöhnliche Farben wirken am besten. Dunkle Rottöne, Kastanie, Erbsengrün, dunstiges Gelb, verblichenes Indigo, Nußbraun – all diese Farbtöne erhält man, indem man der Grundfarbe ein wenig Umbra Natur beimischt.

Im Gegensatz dazu wirken flache Holzreliefs, die mehr gepreßt als geschnitzt aussehen und meist im Stil der 30er Jahre gehalten sind, überraschend urban und attraktiv, wenn man sie mit einer Oberfläche aus dieser Zeit versieht – hyperglatte cremefarbene lackierte Oberflächen, die man nur durch geduldiges Schleifen und Überstreichen erhält. Die passenden Farben sind Creme, Schwarz und Zinnoberrot.

Nicht zusammengehörenden Stühlen kann man durch eine gemeinsame Farbgestaltung optischen Zusammenhalt verleihen. Gesprenkelte und gespritzte Oberflächen (siehe Seite 177) eignen sich für solche Zwecke besonders gut, und sie sind kinderleicht herzustellen. Bemalen Sie Stühle mit Rohrgeflechtsitze in mattem Blau und Grün und das Rohrgeflecht selbst mit einem Gittermuster. Diese Farben und Muster sind auch besonders wirkungsvoll, wenn man einer Kücheneinrichtung, die aus allen möglichen einfachen und alten Möbeln zusammengestellt ist, den Charme einer zusammengehörigen provenzalischen Küche verleihen möchte.

Was auf den ersten Blick wie ein alter Schrank voller Porzellan wirkt, entpuppt sich als reine Täuschung. Der Schrank wurde erst vor kurzem aus MDF-Platten hergestellt, aber durch die gebrochene Oberflächengestaltung und die Goldleisten wirkt er stilvoll und alt. Die Porzellansammlung ist eine Trompe-l'œil-Malerei, die dann, um die Illusion perfekt zu machen, mit feinmaschigem Drahtgeflecht überlegt worden ist.

Aber Möbel müssen natürlich nicht in einem grauenhaften Zustand sein, um für eine Bemalung in Frage zu kommen. Niemand würde übereilt ein Möbelstück aus teurem oder seltenem oder schön gestaltetem Holz übermalen. Am besten eignen sich Möbel aus neuerer Zeit, deren Holz überdeckt besser aussieht. Manchmal muß ein altes Möbelstück übermalt werden, um eine häßlich ausgeführte Reparatur zu kaschieren oder um eine alte abgetragene Farboberfläche zu erneuern – aber seien Sie damit vorsichtig, da eine alte, noch halbwegs intakte Bemalung den Wert eines Gegenstandes steigert. Wenn Sie ein Objekt bemalen, sollten Sie darauf achten, daß Technik und Oberfläche zu ihm passen.

Es macht großen Spaß, kleinere Gegenstände aus Holz wie zum Beispiel Bilderrahmen, Schachteln, Tabletts oder Hängeregale zu bemalen, und man kann verschwenderisch viele Farbschichten auftragen, da man für jeden Farbauftrag nur wenige Minuten braucht.

Marmorierte Bilderrahmen und Holzschachteln mit heller Schildpattbemalung wirken umwerfend elegant, Tabletts und Tischplatten sehen zauberhaft aus, wenn sie mit klaren, formalen Schablonenmustern geschmückt werden, und moderne rechteckige Tische werden durch eine Porphyroberfläche zu wahren Kostbarkeiten (siehe Seite 134–137).

Der rustikale Look dieses Schranks entsteht auch durch die Verwendung alter Holzstücke voller Nägel. In das rohe Holz wurde dann graue Emulsionsfarbe gerieben, die mit einem feuchten Tuch abgewischt wurde. Danach wurde die Oberfläche mit einem braungelben Wachs behandelt und mit einem Tuch poliert. Die Türfüllungen bestehen aus Zinnblech.

Vorbereitungen für die Bemalung

Dekorative Oberflächen, wie sie in diesem Kapitel beschrieben werden, wirken nur dann gut, wenn der Untergrund bestens vorbereitet ist. Jeder Fehler – wie rauhe Oberflächen, ungefüllte Risse oder Schraubenlöcher – bleibt unter der neuen Farbe sichtbar und mindert den Gesamteindruck. Und obwohl es schon mühsam genug ist, ein altes Möbelstück mit einer erstklassigen Oberfläche zu versehen, sollte man doch Zeit und Mühe auf die Vorbereitungen verwenden, um einen Gegenstand zu erhalten, der aussieht, als käme er aus einer professionellen Werkstatt.

Abnehmen alter Farbe

Am wichtigsten ist es, die alte Farbe zu entfernen, um wieder sauberes, blankes Holz zu erhalten. Manchmal ist die alte Farbe noch gut genug, um übermalt zu werden. Farbe, die mit der Zeit dünn und kreidig geworden ist, bildet einen exzellenten Untergrund, und kleine Risse und Löcher füllt man mit einer Universal-Spachtelmasse aus. Aber meistens wurde die alte Farbe schlecht aufgetragen – manchmal einfach direkt über die Firnisschicht – und ist nun blättrig, blasig und faltig. Tragen Sie beim Abschleifen eine Papiermaske (die Sie in der Drogerie oder Apotheke kaufen können) oder einen Schal um Mund und Nase, da alte Farben meistens Blei enthalten, das man sonst mit dem Staub einatmet. Die Firnisschicht muß immer entfernt werden, da die neue Farbschicht nicht genügend auf ihr haften kann, es sei denn, Sie streichen ein Möbelstück mit einem Leimkreidegrund. Der Firnis läßt sich leicht mit einem üblichen Anlauger entfernen, und einen Schellackfirnis löst man mit Brennspiritus.

Oft ist es schwierig herauszufinden, um welche Firnisart es sich handelt – versuchen Sie es zuerst mit ein wenig Brennspiritus, und wenn dieser die Farbe nicht aufweicht, nehmen Sie Anlauger. Verwenden Sie in jedem Fall Anlauger bei kleineren Gegenständen, besonders bei solchen, die feine Details aufweisen wie Schnitzereien, Gitterwerk oder gedrechselte Ornamente, oder bei Möbelstücken, die möglicherweise aus besserem Holz gemacht sein könnten. Schrauben Sie die Türen ab, und entfernen Sie Schubladengriffe und andere Metallteile. Bedecken Sie den Boden mit Plastikplanen, tragen Sie Handschuhe, und streichen Sie den Anlauger nach Anweisung des Herstellers mit einem alten Pinsel auf. Wenn die oberste Farbschicht nach etwa zehn Minuten weich ist, heben Sie die klebrige Masse mit einer flachen Ziehklinge von den großen Flächen ab; achten Sie darauf, die Holzoberfläche nicht zu zerkratzen und zu verletzen. Säubern Sie kompliziertere Partien erst mit rauher, dann mit feinerer alter Stahlwolle. Manchmal müssen mehrere Schichten Anlauger verwendet

werden, um alle Farbreste zu entfernen. Kleine spitze Messer und Nagelfeilen sind hilfreich, um Farbe aus Rissen und Löchern zu kratzen.

Ablauger: Große, mit mehreren Farbschichten gestrichene Flächen reinigt man am besten mit einem starken Ablauger (Rezept siehe Seite 117). Diese Arbeit sollte man mit Gummihandschuhen im Freien machen und die Mixtur mit einem Spachtel auftragen. Lösen Sie die Farbschichten mit einer alten Schrubberbürste. Ein Wasserschlauch ist praktisch, um weiche, lockere Farbe abzuspülen. Manchmal muß man mehrere Ablaugerschichten auftragen, um alle Farbreste zu entfernen, und der Schmutz, der dabei entsteht, ist beachtlich. Aber bei großen Flächen ist es sehr viel billiger, selbstgemachten Ablauger als fertigen zu verwenden. Legen Sie, um sich die Arbeit zu erleichtern, möglichst viele Teile waagerecht, damit die Farbe nicht hinunterlaufen kann. Ätznatronablauger macht das Holz rauh und farblos, aber mit sanftem Schleifen mit immer feinerem Sandpapier erhält man wieder eine glatte Oberfläche. Einige Firmen bieten einen Ablaugerservice in einer speziellen Wanne an, was sehr hilfreich sein kann, wenn man in einem Apartmenthaus lebt.

Grundierung

Wie der Name schon sagt, ist die Grundierung die erste Schicht in einem Farbsystem. Experten tragen auf jedes neue Holz zuerst eine Grundierung auf, um die Holzoberfläche unporös zu machen, damit die folgenden Farbschichten nicht in das Holz einsickern können.

Es gibt alle möglichen Arten der Grundierung, wie zum Beispiel farblosen Einlaßgrund oder weiße Grundierfarbe. Auf sehr harziges oder gefirnißtes Holz kann man eine Aluminiumgrundierung auftragen. Eine Acrylgrundierung ist Grundierung und Vorstrich in einem.

Harzige Stellen werden mit Terpentin gereinigt und dann mit einer Schelllackschicht isoliert. Das ist wichtig, da Harz die Farbe verfärbt und zerstört.

Spachteln

Um einen glatten Maluntergrund zu erhalten, sollten Risse, Löcher und unebene Oberflächen gespachtelt werden. Verwenden Sie dazu einen Holzkitt oder eine Universal-Spachtelmasse. Mischen Sie diese zu einer cremigen Paste, und tragen Sie sie mit einem Pinsel auf. Die erste Schicht streicht man in Maserrichtung auf, läßt sie trocknen und trägt dann, wenn nötig, eine weitere Schicht in Gegenrichtung auf. Die trockene Schicht schmirgelt man kräftig mit einem mittelfeinen Sandpapier in Richtung der Maserung ab. Holz mit rauher Oberfläche wie Eiche benötigt möglicherweise zwei Schichten. Größere Löcher, Einkerbungen und Spalten werden mit einer steiferen Spachtelmasse mit einem Palettmesser gefüllt und glattgeschmirgelt, nachdem die Masse trocken ist.

Schleifen Sie die grundierte und gespachtelte Oberfläche glatt, bevor Sie Vorstreichfarbe auftragen. Besondere Objekte sollte man nun noch mit einer Schicht Schellack versehen – sie verbessert den nachfolgenden Farbauftrag und die Wirkung der Farboberfläche. Verdünnen Sie zwei Teile Schellack mit einem Teil Brennspiritus (siehe Seite 159–160, Auftragen von Schellack).

Vorstrich

Vorstreichfarbe enthält mehr Pigmente als fast alle anderen Farben, und sie bietet eine ideale glatte Oberfläche für nachfolgende Farbschichten. Vorstreichfarbe muß, um eine gleichmäßige Deckung zu gewährleisten, gut ausgestrichen und mit den Pinselspitzen sanft geglättet werden, um Pinselspuren zu verwischen. Tragen Sie eine oder zwei Schichten auf (wenn Sie zwei auftragen, verdünnen Sie die Farbe mit ein wenig Terpentinersatz, je nachdem wie der Untergrund ist). Weiße Vorstreichfarbe ist gut für helle, blasse Farben; bei dunkleren Farbtönen sollte man sie im Farbton anpassen.

Schleifen Sie die trockene Farbe mit einem mittelfeinen Sandpapier gründlich glatt. Größere Flächen schmirgelt man zuerst in kreisförmigen Bewegungen, dann in Maserrichtung; kleinere stets in Maserrichtung. Um eine superglatte Fläche zu erhalten, füllt man alle kleinen Unebenheiten mit einer schnelltrocknenden, feinen, fertig gemischten Spachtelmasse aus. Achten Sie darauf, daß der Deckel der Spachteldose geschlossen bleibt, weil die Masse in Verbindung mit Luft schnell eintrocknet.

Will man sich die Arbeit sparen, Grundierung, Kitt und Vorstrich aufzutragen, kann man einen Kreidegrund oder zwei Acrylgrundierungen auftragen; beide erfüllen diese drei Funktionen in einem und nehmen weniger Zeit in Anspruch.

Kreidegrund

Kreidegrund besteht aus Gips oder heute auch häufig aus Schlämmkreide, einem sehr feinen kreidigen Pulver, das man mit Wasser und Leim vermischt. Im Wasserbad bleibt diese Mischung lange genug verarbeitbar, um mehrere Schichten mit einem Pinsel aufzutragen. Viele immer wieder mit Sandpapier glattgeschliffene Kreidegrundschichten bilden eine Oberfläche, die so hart und porenlos wie Porzellan ist. Man benutzt diese Oberfläche als Maluntergrund auf Holz, als Vergoldegrund und zur Grundierung von Leinwänden. Sie bildet nicht nur eine ideale Maloberfläche, sondern eignet sich auch zum Glätten rauher Holzstrukturen und zum Kaschieren schlechter Handwerksarbeit. Während des »Japonismus«-Trends im 18. und 19. Jahrhundert verwendete man Kreidegrund dazu, Oberflächen so dick aufzubauen, daß man reliefartige Figuren und andere Elemente herausschnitzen konnte, die dann vergoldet hübsche Stilelemente bildeten.

Rahmenbauer, Vergolder und Restauratoren schwören noch heute auf diesen traditionellen Kreidegrund. Wenn es auch ein wenig Übung erfordert, Kreidegrund richtig anzumischen und zu verarbeiten, lohnt sich die Mühe doch, wenn man einen professionellen Standard erreichen will.

Gouachefarben in Gummiarabikum kann man direkt auf einen Kreidegrund auftragen. Eine Schicht verdünnter orangefarbener Schellack läßt den Kreidegrund wie altes Elfenbein wirken; ein besonders hübscher Untergrund für Bleistiftarbeiten. Rotgefärbter Kreidegrund ergibt den traditionellen Untergrund für Wasservergoldung. Man kann ihn aber auch als außerordentlich glatten Untergrund für Farben auf Ölbasis verwenden; dazu sollte man aber zuerst eine Sperrschicht aus Schellack auftragen.

Arbeitsmaterialien für Kreidegrund

Man benötigt Hasenleim und Schlämmkreide, beides erhält man in Künstlerbedarfsgeschäften; ein Gefäß zum Einweichen des Leimes; ein konisches Sieb; Holzlöffel und Gefäße für ein Wasserbad.

Arbeitsmethode

Man weicht eine halbe Tasse voll Leimkörnern über Nacht in kaltem Wasser ein; dabei sollte das Wasser die Körner gerade bedecken. Diese Mischung erwärmt man in einem Wasserbad und gibt 1/2–3/4 Liter Wasser hinzu. Danach erhitzt man das Leimwasser langsam und löst dabei die Leimkörner durch Umrühren auf. Ist die Flüssigkeit heiß, gibt man die durch ein konisch zulaufendes Sieb gesiebte Schlämmkreide hinzu und rührt gut um, um alle Klumpen aufzulösen. Die Schlämmkreidemenge sollte ein Drittel bis höchstens die Hälfte des Gesamtvolumens betragen, und die Mischung sollte eine dünncremige Konsistenz haben. Man testet die Konsistenz, indem man ein wenig zwischen Zeigefinger und Daumen nimmt; ist die Leimkreidemischung gerade ein wenig »klebrig«, so hat sie die richtige Konsistenz. Wenn nicht, so gibt man noch etwas mehr angelösten Leim hinzu. Ist die Mischung zu transparent, mischt man noch ein wenig Kreide unter. Man trägt den Kreidegrund warm mit einem weichen Pinsel auf. Pinselspuren kann man nach dem Trocknen – je nach Raumtemperatur und Feuchtigkeit nach etwa zwei Stunden – mit Schmirgelpapier glätten. Bevor man eine neue Schicht im rechten Winkel zur vorhergehenden aufträgt, muß der Untergrund völlig durchgetrocknet sein. Durch das Schmirgeln der einzelnen Schichten wird der Kreidegrund fester und glatter.

Acrylgrundierung

Wenn man keine so hohen Anforderungen an eine Grundierung stellt, ist eine fertige Acrylgrundierung, die viel schneller trocknet, eine gute Alternative. Allerdings wird der Untergrund nicht so hart und fein texturiert wie bei einem traditionellen Kreidegrund. Acrylgrundierung ist angenehm leicht zu verarbeiten. Man muß nicht einmal unbedingt die alte Farbe oder den alten Firnis von

Oben Diese erst kürzlich bemalte Truhe zeigt, wie effektiv man mit schnell trocknender Wasserfabe auf gebrochenem Untergrund den Eindruck einer alten Fresko-Malerei entstehen lassen kann.

Rechts Der sanfte Glanz alter Farben paßt gut zu zu diesem antiken Schrank. Die hellen und dunklen Grüntöne kommen durch die Kombination mit ihren komplementären Rottönen besonders schön zur Geltung.

Ein einfaches, aber stilvolles Schablonenmuster, das von Einlegearbeiten des 18. Jahrhunderts inspiriert ist, schmückt die Kanten einer modernen Schreinerarbeit. Das Regal aus Holz und MDF-Platten wurde mit heller Holzbeize behandelt und mit Schablonenmustern in gebrochenem Weiß verziert.

dem Möbelstück entfernen, obwohl auch eine Acrylgrundierung besser auf einem geschmirgelten Untergrund haftet. Je nach Zustand des alten Untergrundes verwendet man zuerst grobes, dann mittelfeines Sandpapier. Risse und Löcher füllt man mit Holzkitt oder Allzweck-Spachtelmasse, die man nach dem Trocknen eben schleift. Dann wischt man das ganze Objekt mit einem mit Terpentinersatz befeuchteten Lappen ab, um Fett und Staub zu entfernen.

Man trägt die Acrylgrundierung dünn mit einem Pinsel auf. Innenteile und Stellen, die man nicht sieht, kann man bei Möbelstücken getrost unbehandelt lassen. Alle vorbehandelten Flächen wie Tür- und Schubladenkanten werden mit Acrylgrundierung bestrichen.

Die erste Schicht benötigt etwa eine Stunde Trockenzeit, die weiteren etwas weniger. Man schleift die Acrylgrundierung mit gefaltetem mittelfeinem Sandpapier mit langen Bewegungen in Richtung der Holzmaserung. Mit einem Lappen wischt man den Staub ab und wiederholt den Streich- und Schmirgelvorgang, bis eine weiße, ebenmäßige und glatte Oberfläche entsteht. An den Schubladen und Türkanten muß man die Grundierung stärker abschleifen, damit die Teile nicht klemmen. Wenn man die Grundierung korrekt abschleift, scheint der ursprüngliche Untergrund an den Kanten durch. Anfänger neigen dazu, allzu vorsichtig zu schleifen – das ideale Ergebnis ist eine dünne, ebene und sehr glatte Oberfläche.

Die Anzahl der Schichten hängt von der Art und Kondition des Holzes und der vorhergehenden Oberfläche ab. So wird ein offenporiges Holz etwa vier bis fünf Schichten benötigen, bereits bemaltes Holz nur zwei bis drei. Objekte, die viel benutzt werden, sollten mit mehreren Schichten, die man zwischendurch hart abschleift, behandelt werden. Für eine transparente Wasserfarbenoberfläche benötigt man mindestens fünf Grundierschichten.

Universal-Spachtelmasse: Ein Kreidegrund, selbstangerührt oder fertig gekauft, lohnt sich bei allen besonderen Objekten. Bei weniger wichtigen Stücken kann man mit Wasser verdünnte Universal-Spachtelmasse mit dem Pinsel auftragen. Man verarbeitet und schmirgelt diese Oberfläche genau so wie eine Acrylgrundierung.

Schleifen

Das Schmirgeln der einzelnen Schichten glättet die Oberfläche und bereitet sie gleichzeitig für den nächsten Farbauftrag vor. Gewissenhaftes Schleifen verbessert das Aussehen einer Oberfläche ungemein, und der Aufwand steht in keinem Verhältnis zum Resultat. Professionell behandelte Möbelstücke werden in jedem Stadium geschliffen.

Sandpapier ist ein mit verschiedenen Substanzen – wie zum Beispiel Glas oder Silikonkarbid – beschichtetes Papier. Das Schleifpapier gibt es in verschiedenen Gradationen zwischen grob und fein. Man beginnt mit einem groben Schmirgelpapier und benutzt dann zunehmend feiner werdende Gradationen. Je glatter eine Oberfläche werden soll, um so feiner muß das Schmirgelpapier sein.

Beim Schleifen einer flachen Fläche wickelt man das Schleifpapier um einen Schleifklotz aus Holz oder Kork. Dieser verteilt den Druck gleichmäßig. Enge, gerundete Oberflächen wie Armlehnen oder Stuhlbeine schleift man, indem man sie mit einem kleinen Streifen Sandpapier umwickelt.

Besonders schöne Oberflächen erhält man mit wasserfestem Schleifpapier. Die zu schleifende Fläche wird mit einem seifenwassergetränkten Schwamm befeuchtet und dann unter mäßiger Feuchtigkeit in Strichrichtung des Anstrichs geschliffen. Am Schluß wird der Schleifschlamm mit Wasser und einem Schwamm entfernt.

Statt wasserfestem Schleifpapier kann man auch Stahlwolle nehmen, die es ebenfalls in unterschiedlichen Gradationen gibt. Nach Gebrauch wirft man sie weg, da sie schnell rostet.

Möbelmalerei

Farbe

Bei dieser Art der Oberflächenbehandlung geht es erst einmal darum, einen glatten und ebenen Maluntergrund zu schaffen, der dünn genug sein muß, um geschnitzte und gedrechselte Details nicht einzuebnen, und andererseits geschmeidig genug, um jeden weiteren Farbauftrag problemlos möglich zu machen. Je sorgfältiger die Grundbemalung ausgeführt wird, um so schöner wirkt der Endanstrich und als um so haltbarer wird sich die Oberfläche im Laufe der Zeit erweisen.

Mischen Sie sich Ihre Farben selbst, und tönen Sie sie, wie auf Seite 218–221 beschrieben, ein. Das hat nicht nur den Vorteil, daß man feinere Farbtöne mischen kann, sondern eine Dose Farbe und die Abtönfarben nehmen auch weniger Platz weg als eine entsprechende Anzahl verschiedenster Farbdosen.

Für eine qualitativ hochwertige Möbelmalerei verwendet man keine glänzenden Emaillelacke. Glänzende Farben bieten keinen gut haftenden Untergrund für weitere Farben, und sie passen nicht gut zu alten Möbelstücken. Eine gewünschte Glanzoberfläche wird später mit klaren oder getönten Firnisschichten aufgebracht, die dann noch speziell poliert werden können.

Die meisten professionellen Dekorateure und Restauratoren verwenden als Grundfarbe eine matte, weiße Ölfarbe. Da diese Farbe relativ weich ist, muß man sie mit mehreren Firnisschichten vor Abnutzung schützen. Eine matte, mit ebenfalls mattem Firnis überstrichene Farbe bildet die ideale Oberfläche für große, lebhaft gemusterte Bauernmöbel, die mit einer glänzenden Oberfläche zu grell wirken würden. Man kann auch eine halbmatte Ölfarbe verwenden; diese ist zwar stabiler, muß aber für einen schimmernden Glanz abgerieben werden.

Emulsions- und Latexfarben sind fast überall erhältlich, einfach aufzutragen, schnelltrocknend und ergeben eine hübsche kreidige Oberfläche, die der Wirkung alter Bleifarben, wie man sie auf vielen antiken Bauernmöbeln findet, sehr ähnlich ist.

Bemalen Sie Möbelstücke, die am besten mit einer einfachen und rustikalen Oberfläche aussehen, mit matter Emulsionsfarbe, und tragen Sie dekorative Muster mit Acrylfarbe auf diese Untergrundfarbe auf. Auf diese Weise erhält man eine schnelle und recht gute Imitation der alten Gouachemalerei auf Leimgipsgrund. Firnis macht einen Emulsionsanstrich so haltbar wie jeden anderen Anstrich. Tragen Sie zwei klare, matte Firnisschichten auf, um die Oberfläche zu schützen und gleichzeitig den matten, kreidigen Eindruck zu erhalten.

Pinsel

Große Möbelstücke bearbeitet man mit einem normalen Malerpinsel. Für kleine, feinteilige Möbelstück verwendet man Pinsel mit weichen, feinen Haaren; diese Pinsel lassen die Farbe gut fließen, so daß man sie hinterher kaum noch abreiben muß. Detailreiche dekorative Malereien führt man am besten mit spitzen Wasserfarbenpinseln (in den Größen Nr. 3, 4 oder 5) aus, und für Linienmalereien verwendet man einen Schwertschlepper oder einen Strichzieher.

Arbeitsmethode

Auftragen von Ölfarbe: Nachdem man die Farbe eingetönt hat, mischt man sie gut mit Terpentinersatz, bis sie eine dünne, cremige Konsistenz hat – etwa ein Teil Terpentinersatz zu vier Teilen Farbe.

Achten Sie darauf, daß jede Farbschicht lange genug durchtrocknen kann, am besten über Nacht, bevor Sie eine neue auftragen. Die meisten Komplikationen entstehen durch das Überstreichen eines noch nicht trockenen Untergrundes. Für eine schöne Oberfläche oder für einen guten Untergrund für weitere Dekorationen benötigt man zwei bis fünf Farbschichten. Viele dünne Schichten ergeben ein professionelles Aussehen, und gründliches Schleifen ist unabdingbar. Die erste Schicht schmirgelt man mit mittelfeinem Sandpapier, alle weiteren mit Naßschleifpapier und Wasser und Seife.

Kleine Blumenmotive auf einem sanften, Gustavianischen Blau schmücken diesen typisch skandinavischen Schrank. Die Profile wurden absichtlich abgeschmirgelt, damit die Oberfläche alt und benutzt aussieht.

Rechts Dieser kleine, von Vögeln umgebene Herr – ein Detail eines dänischen Schranks aus dem 19. Jahrhundert – verdeutlicht den naiven Stil der frühen Bauernmalerei. Versuchen Sie doch einfach, ein ähnliches Porträt von einem Familienmitglied zu malen. Mischen Sie Umbra Natur in Ihre Grundfarbe, um diese zauberhaften Farben zu imitieren.

Auftragen von Emulsionsfarbe: Man kann Emulsionsfarbe zwar direkt auf rohes Holz auftragen, aber sie sinkt ein und läßt das Holz aufquellen. Es ist besser, man streicht das Holz zuerst mit einer Grundierung und dann mit zwei oder drei Schichten Emulsionsfarbe. Ohne Grundierung benötigt man drei bis vier Schichten Emulsionsfarbe, die alle geschliffen werden müssen.

Um die trockene Textur dieser Farbe noch zu betonen, kann man weitere Muster und Verzierungen mit Acrylfarben direkt auftragen. Dabei darf man sich allerdings keine Fehler erlauben, denn – wie bei jeder Malerei mit Wasserfarben – ist eine aufgemalte Farbe nicht wieder abzuwaschen. Man kann eine Zwischenschicht aus klarem, mattem Firnis auftragen, aber damit verliert man auch ein wenig der eigentlichen Oberflächenstruktur. Hat man eine wirkliche Malkatastrophe angerichtet, bleibt als letzte Rettung nur, das Ganze mit einigen Schichten Emulsionsfarbe zu überstreichen und noch einmal ganz neu anzufangen.

Öl- und Wasserlasuren: Wie man Öl- und Wasserlasuren herstellt und verarbeitet, siehe Seite 223–228. Zwar werden getönte Öllasuren noch heute bei der Möbelmalerei verwendet, da sie aber so lange trocknen, benutzt man heute immer häufiger schneller trocknende getönte Firnisse.

Transparente Farbe

Um eine besonders reiche, unnachahmlich tiefe und von weißen Pigmenten nicht gedämpfte strahlende Oberfläche zu erhalten, kann man eine Art transparenter Farbe oder Firnis herstellen, indem man den Firnis abtönt. Mit diesem Firnis verleiht man der Oberfläche einer Wand oder eines Möbelstücks Tiefe oder die Patina alter, staubiger Farben. Es ist wichtig, daß Firnis und Farbmedium auf derselben Basis hergestellt sind. Man löst das Farbmedium in passendem Verdünner auf, gibt ein wenig Firnis dazu, verrührt das Ganze und macht auf einem Blatt Papier, bevor man anfängt, eine Farbprobe. Umbra Natur, Gebrannte Umbra und Gebrannte Siena sind Farben, die ein Möbelstück älter aussehen lassen. Tönt man den Firnis mit einem etwas anderen Farbton als die Untergrundfarbe – über einem klaren Rot zum Beispiel Orangerot, Braunrot oder Karminrot –, so erhält man eine raffinierte Tiefenwirkung.

Auftragen von transparenter Farbe

Reinigen Sie die Oberfläche mit einem mit Terpentinersatz oder Essig befeuchteten Lappen. Tragen Sie die transparente Farbe wie Firnis (siehe Seite 162) schnell und dünn auf.

Schellack

Schellack ist allein mit Brennspiritus auflösbarer Firnis, den es in verschiedenen Farbtönen von Braun bis zu klarem Weiß gibt. Er wird häufig bei der Möbelpolitur verwendet; da er aber auf die meisten anderen Lösungsmittel nicht anspricht und sehr schnell trocknet – eine Schicht benötigt etwa eine Stunde, zwei ein wenig länger –, wird er oft zur Möbelrestaurierung und in der Malerei als Sperrschicht zwischen zwei anderen Farbschichten aufgetragen. Bei erstklassigen Objekten versiegelt man mit ihm die Grundierung, bevor man den Vorstrich aufstreicht. In einem späteren Stadium kann man Schellack auf die

Grundfarbenschicht auftragen und dann erst die Lasuren. So kann man, wenn nötig, die Lasur wieder abwischen, ohne die darunterliegende Farbschicht zu beschädigen. Ist man sich über die Verträglichkeit von Farben nicht im klaren, ist eine Schellackschicht ein guter Schutz gegen das, was die Fachbücher düster als »Zusammenbruch« des Farbsystems beschreiben.

Kaufen Sie nicht zuviel Schellack auf einmal, da er sich nicht gut hält. Deshalb kaufen Sie ihn am besten in einem Geschäft, in dem die Ware nicht zu lange herumsteht.

Pinsel

Streichen Sie Schellack mit einem weichen Schellackpinsel. Waschen Sie ihn nach Gebrauch zuerst in Brennspiritus, dann in ein wenig mit Salmiak vermischtem, warmem Wasser aus – auf keinen Fall mit Reinigungsmitteln. Wenn die Borsten hart werden, taucht man sie wieder in Brennspiritus.

Auftragen von Schellack

Die Hersteller empfehlen oft, Schellack durchzuschütteln, bevor man ihn verwendet; aber dabei entstehen Blasen, die auf der Anstrichoberfläche zu sehen sind. Es ist besser, man schüttet einen Teil Brennspiritus mit zwei Teilen Schelllack zusammen auf eine Untertasse und rührt diese Mischung vorsichtig um. Schellack verarbeitet sich am besten in warmer, trockener Umgebung – wenn man ihn unter feuchten und zugigen Bedingungen verwendet, bilden sich auf der Oberfläche weiße Ausblühungen, die im allgemeinen verschwinden, wenn der Schellack trocknet. Wenn das Wetter feucht ist, sollte man bei geschlossenem Fenster und in einem leicht geheizten Raum arbeiten.

Es kann ein wenig schwierig sein, Schellack aufzutragen, da er so schnell trocknet, daß ein Pinselstrich schon halb trocken ist, bevor der nächste ihn überschneidet. So entsteht eine etwas fleckige Oberfläche. Nehmen Sie mit dem Pinsel viel Schellack auf, und entfernen Sie überschüssige Farbe, indem Sie den Pinsel gegen die Innenseite des Farbgefäßes drücken. Beginnen Sie in der Mitte der Fläche, und streichen Sie zügig zu den Außenrändern hin, wenn möglich, ohne Farbe überlappen zu lassen. Glätten Sie den Schellack mit leichten und schnellen Pinselstrichen von Rand zu Rand.

Ist das Endergebnis ein wenig fleckig, korrigiert man die auffallendsten Fehler mit feiner Stahlwolle und ein wenig Seifenwasser.

Firnis als Sperrschicht

Anstatt Schellack kann man auch eine Schicht klaren Acryl- oder Kusntharzfirnis auftragen. Obwohl diese viel härter sind als Schellack – Schellack ist nicht wasser- und alkoholbeständig – trocknen sie viel langsamer.

Firnis

In letzter Zeit sind so viele neue Firnistypen auf den Markt gekommen, daß sogar professionelle Dekorationsmaler verwirrt sind, ganz zu schweigen von Laien, welche den richtigen Schutz für ihre selbstbemalten Objekte – vom Garderobenständer bis hin zu einer kleinen Bleistiftschachtel – finden wollen. Ich gebe hier eine knappe Zusammenfassung der Eigenschaften der heute angebotenen Firnisse, wobei es sein kann, daß das eine oder andere Problem nicht erwähnt wird; in diesem Fall rate ich, sich von einem Fachhändler beraten zu lassen, der nicht nur die neuesten Herstellerinformationen, sondern auch die Reaktionen und Meinungen der Kunden kennt.

Die meisten bemalten Oberflächen sehen schöner aus und sind bedeutend haltbarer, wenn sie zum Schluß mit ein bis drei Schichten Firnis bearbeitet werden. Man kann Firnis grob in vier Haupttypen einteilen: Firnis auf Ölbasis, Firnis auf Harzbasis, Kunstharzfirnis und Acrylfirnis. Ölfirnisse sind die traditionellsten, und ihre Trockenzeit beträgt 12–24 Stunden. Die von Dekorateuren am meisten benutzten Firnisse sind auf Kunstharzbasis hergestellt, die es mit matten, halbmatten und glänzenden Oberflächen gibt. Firnisse auf Polyurethanbasis sind sehr strapazierfähig, trocknen relativ langsam (in 4–5 Stunden) und gilben durch ihren Harzanteil mit der Zeit nach. Sie eignen sich für vielbenutzte Oberflächen wie bemalte Fußböden, Spielzeug und Kindermöbel, Tischplatten und Gartenmöbel. Firnisse auf Alkydbasis ergeben elegantere Oberflächen und sind fast farblos. (Nähere Einzelheiten siehe Seite 214.)

Der jüngste Firnistyp sind Acrylfirnisse: Sie sind auf Wasserbasis hergestellt, riechen nicht, sind farblos, besonders schnell trocknend (1 – 1 1/2 Stunden) und gilben nicht. Sie haben jedoch einige Nachteile. Es gibt sie bis heute nur mit halbmatter und glänzender Oberfläche; sie lassen sich nicht so gut mit dem Pinsel aufstreichen, obwohl es spezielle Kunststoffpinsel gibt, die dazu verwendet werden sollten, und sie sind noch immer recht teuer. Man kann sie nicht so gut glätten und polieren wie Kunstharzfirnisse, aber sie sind praktisch, wenn man eine Holzoberfläche schnell schützen will.

Vorbereitungen

Für alle Firnisarten gelten, um ein befriedigendes Ergebnis zu erzielen, die gleichen Arbeitsschritte. Die Oberfläche sollte trocken, staubfrei, sauber und frei von Fingerabdrücken sein. Dazu verwendet man einen mit Terpentinersatz befeuchteten Lappen. Schmirgelpapier hinterläßt feine Partikel, die man mit einem Pinsel wegwischt. Beim Verarbeiten von Firnis sollte der Raum so warm, luftig und staubfrei wie möglich sein. Zwar kann man feine Staub- und Schmutzpartikel auch noch später mit Sandpapier fortschmirgeln, aber Vorsorge ist besser. Will man große Flächen, wie zum Beispiel Holzwerk, firnissen, rollt man den Teppich auf, nimmt die Gardinen und Rollos ab und bedeckt die Möbel mit Stofftüchern oder Plastikplanen. Große Einzelstücke bearbeitet man am besten auf einer Plastikfolie stehend in der Garage oder in einem Gartenhaus. Kleine Objekte, bei denen eine perfekte Oberfläche wichtig ist, sollte man in einem provisorischen Zelt aus Folie bearbeiten.

Pinsel

Es ist sinnvoll, sich einen speziellen Firnispinsel zu kaufen, wenn man vorhat, viel mit Firnis zu arbeiten (siehe Seite 231). Die Haare eines Firnispinsels können mehr Flüssigkeit aufnehmen als ein normaler Pinsel und lassen sie gleichmäßig fließen. Aber ansonsten kann man auch einen normalen 50 oder 75 mm breiten Malerpinsel verwenden, den man allerdings nur für diese Aufgabe reservieren sollte. Für kleinere Objekte und Flächen ist ein 25 mm breiter Rinderborsten- oder Kunstfaser-Firnispinsel ausgezeichnet. Firnispinsel kann man über Nacht in einer Dose mit Terpentinersatz aufbewahren; dabei bedeckt man die Dose mit einem Stück Pappe, das in der Mitte ein Loch für den Pinselgriff hat.

Arbeitsmethode

Auftragen von Firnis: Firnis trägt man im allgemeinen anders auf als Farbe. Der Pinsel wird bis zur Hälfte in den Firnis getaucht und dann sofort auf die Malfläche geführt. Dabei beginnt man in der Mitte der Fläche und streicht den Firnis zu den Rändern hin aus. Man sollte Firnis konzentriert und sorgfältig bei hellem Licht auftragen, um Blasen zu vermeiden und keine Stellen ungestrichen zu lassen. Bei komplizierten Stücken sollte man die Arbeit vorher planen. Stühle streicht man zum Beispiel am besten, indem man sie herumdreht und mit den Beinen beginnt.

Die Trockenzeit ist in der Gebrauchsanleitung angegeben. Mehrere dünne Firnisschichten sind besser als eine oder zwei dicke. Im allgemeinen reichen drei Schichten aus, bei einer Japanlackoberfläche müssen mehr aufgetragen werden. Im allgemeinen verdünnt man die erste Schicht mit dem passenden Verdünner (etwa 20%), damit sich der Firnis besonders gut streichen läßt.

Man beginnt mit dem Abschmirgeln nach dem Trocknen der zweiten Schicht. Durch das sanfte Abschmirgeln erhält man eine glatte und seidige Oberfläche. Besonders gut eignet sich feines Naßschleifpapier und Aluminiumoxydpapier. Feine Stahlwolle hinterläßt viele kleine Partikel, die man vor der nächsten Beschichtung sorgfältig entfernen muß. Alle Firnisoberflächen werden durch geduldiges Schmirgeln schöner. Wenn dies vielleicht ein wenig ermüdend und perfektionistisch klingt, dann sei hier daran erinnert, daß die Objekte im japanischen Stil des 18. Jahrhunderts mit etwa dreißig Firnis- oder Schellackschichten und die orientalischen Lackobjekte mit wenigsten 40 Firnisschichten versehen wurden.

Mehrschichtige Firnisoberflächen

Bei komplizierten dekorativen Malereien, wie Maserungen und marmorierten Oberflächen, verwendete man im allgemeinen eine spezielle Firnisabfolge; zuerst verarbeitete man, um Tiefe und Härte zu erzielen, einen glänzenden Firnis; dann einen halbmatten oder matten, wenn man eine seidenmatte oder matte Oberfläche erzielen wollte. Manchmal wurde diese Oberfläche zum Schluß gewachst und mit einem Stofflappen poliert.

Polieren

Im allgemeinen poliert man die letzte Firnisschicht mit einer Paste aus Englischer Erde – einem feinen, grauen Pulver –, Bimssteinpulver oder Talkum. Man nimmt ein festes, aber weiches Material, wie Filz oder Flanell, taucht es zuerst in Salat- oder Babyöl, dann in das Pulver und reibt diese Paste mit kreisenden Bewegungen ein. Dann wischt man die Fläche mit einem feuchten Schwamm oder Stofftuch ab und poliert die Oberfläche nach dem Trocknen mit einem weichen Stofflappen.

Schnelle Farbe

Es kann Gelegenheiten geben, bei denen Abkürzungen nicht nur eine Hilfe, sondern sogar eine Notwendigkeit sind. So zum Beispiel, wenn man eine Schachtel, ein Tablett oder einen Rahmen als schnelles Geschenk bemalen möchte. Hier sind die modernen, schnell trocknenden Farben eine große Hilfe. Acrylfarben trocknen so schnell, daß man eine Bemalung in wenigen Stunden fertigstellen kann.

Hier die Anleitung für schnelle Farbmalerei. Nach der Vorbereitung, dem Füllen von Rissen und Löchern und dem Abschmirgeln – diesen Prozeß kann man nicht abkürzen –, grundiert man das Objekt mit zwei bis drei Acrylgrundierschichten. Das dauert einige Stunden. Dann trägt man eine Grundierschicht mit einer Farbe auf Wasserbasis, matter Emulsionsfarbe, Künstleracrylfarbe verdünnt mit Wasser oder einer der exzellenten Kaseinfarben (siehe Seite 210), die große Deckkraft haben, auf. Man kann die gewünschten Muster mit Künstleracrylfarben direkt auf diese Untergrundfarbe auftragen. Wenn die Farbe trocken ist, kann man die Oberfläche mit einer Antiktechnik behandeln, indem man das ganze Objekt mit einem Schwamm, der mit einer dünnen Acryllasur befeuchtet ist, abreibt. Danach trägt man zwei verdünnte Alkyd- oder Kunststoffirnisschichten auf – je nach Bedarf glänzend, halbmatt oder matt. Ist man sehr in Eile, sollte man einen schnell trocknenden Acrylfirnis verwenden. Die erste Schicht reibt man vorsichtig mit Bimssteinpulver ab (siehe Seite 162). Zum Schluß poliert man das Objekt mit einem weichen Stofflappen.

Ist nicht genügend Zeit für eine zweite Firnisschicht vorhanden, kann man versuchen, die erste mit Bohner- oder Möbelwachs zu polieren.

Rechts Französische Bildhauer stellen Möbel her, die so geformt und bemalt sind, daß sie wie Tiere aussehen. Hier wurde eine Nilpferd-Spielzeugkiste an den Seiten mit Lotusblumen dekoriert.

Links Gebrochene Oberflächen auf Brettertüren sind nichts Besonderes, aber ein Eisschrank mit einer derartigen Oberfläche ist doch ungewöhnlich. Hier wurden dicke Kreidegrundschichten aufgebracht, die dann mit Kammzugtechnik so bearbeitet wurden, daß eine Holzstruktur entstand. Die verwitterte Farboberfläche besteht aus einer Mischung von französischblauer und himmelblauer Emulsionsfarbe, die nach dem Auftrag wieder abgerieben wurde.

Farboberflächen und dekorative Verzierungen

Gebrochene Oberflächen

Die Vorliebe für gebrochene Oberflächen bei Möbelstücken scheint aus den USA zu stammen; dort haben viele Sammler sich auf alte, vielbenutzte Möbelstücke, die im Bauernlook bemalt sind, spezialisiert und diese Objekte sowohl in alten Häusern wie in moderner Umgebung mit anderen Möbeln kombiniert. Die McAlpine Collection in Australien verdeutlicht den Einfallsreichtum in der Gestaltung von Möbeln, Kinderspielzeug und Gebrauchsgegenständen der frühen australischen Buschsiedler. Auch Möbelhersteller haben sich diesem Trend bereitwillig und schnell angeschlossen und geben ihren Küchenmöbeln und -gegenständen durch gebrochene Oberflächen einen romantisch altmodischen Touch; ein Grund dafür ist sicher, daß sich so besser verbergen läßt, daß die Möbel nicht aus Massivholz, sondern aus mitteldichter Faserplatte (MDF) gearbeitet sind.

Das Verführerische gebrochener Oberflächen besteht für den Amateur darin, daß sie so einfach zu erhalten sind und daß sie auf den ersten Blick so unauffällig wirken und somit zu dem heute bevorzugten Wohnstil passen. Gebrochene Oberflächen wirken ganz für sich alleine, aber sie bilden auch einen dekorativen Untergrund für aufgemalte Motive, Linienmuster oder Schablonenmalerei. Sie wirken noch »älter«, wenn man sie mit farbigen Lasuren, getönten Firnissen oder einfach mit dunkler Schuhcreme bearbeitet. Die einfachste gebrochene Oberfläche erhält man, indem man die Farbe abschmirgelt, so daß das Objekt benutzt wirkt.

Abschmirgeln

Die Abschmirgeltechnik konzentriert sich auf die Flächen, die am meisten strapaziert werden, wie vornliegende Kanten, die Flächen um Schubladen- und Türgriffe. Bei einem Holzobjekt trägt man die gewünschte Grundfarbe direkt auf das saubere, blanke Holz auf (zuerst muß aller Firnis, Wachs oder Lack gut entfernt worden sein). Im allgemeinen genügen zwei Farbschichten. Wenn die Farbe trocken ist, schmirgelt man sie mit einem feinen Naßschleifpapier mit Seifenwasser vorsichtig ab, bis das Holz wieder hier und dort durchschimmert. Man darf nicht zu stark und nicht zu schnell schmirgeln, da man sonst möglicherweise die Holzoberfläche angreift. Wenn Ihnen die Oberfläche gefällt, muß das Objekt nach dem Trocknen mit einer Schicht mattem Alkydfirnis geschützt werden. Ist der Kontrast zwischen Farbe und freigelegtem Holz zu stark, sollte man eine verdünnte Acryllasur in Umbra Natur oder Gebrannter Umbra über das gesamte Objekt auftragen. Dies kann vor oder nach dem Firnissen geschehen. Mit einem Lappen kann man die Lasur gleichmäßig verteilen oder auch an manchen Stellen aufhellen. Sieht die Farbe zu matt und kreidig aus, kann man mit Schuhcreme mehr Tiefe, Wärme und einen zarten Glanz erhalten, wenn man die Oberfläche zum Schluß mit einem weichen Tuch poliert. Auf Oberflächen aus verschiedenen Materialien, wie zum Beispiel MDF-Platten mit Kiefernrand, trägt man am besten auf beide Oberflächen zwei unterschiedlich farbige matte Emulsionsschichten auf. Danach schmirgelt man die oberste Schicht, wenn sie noch ein wenig feucht ist, vorsichtig ab, so daß die erste Farbschicht wieder sichtbar wird. Im allgemeinen sieht eine dunkle Grundfarbe unter einer hellen Oberflächenschicht am besten aus.

Abschmirgeln und Wachstechnik

Man kann Wachs als Sperrschicht benutzen, um zu verhindern, daß eine zweite Farbschicht die erste ganz bedeckt. Der Vorgang verläuft ähnlich wie der oben beschriebene, ist aber leichter zu kontrollieren. Man benötigt eine Farbe auf Wasserbasis, eine einfache Haushaltskerze und mittelfeine sowie feine Stahlwolle.

Man trägt zuerst die Grundfarbe dicht auf das blanke Holz auf. Mit der Kerze reibt man über die Flächen, die durch die nächste Farbschicht hindurch sichtbar bleiben sollen. Bei starken Farbkontrasten reibt man den Wachs dick ein, für kleinere Farbflecken reibt man die Kerze sanfter in Längsrichtung über das Holz. Nun trägt man die zweite Emulsionsschicht auf und läßt sie trocknen. Mit der mittelfeinen Stahlwolle reibt man als nächstes über die gewachsten Stellen, und die Untergrundfarbe sticht klar und sauber hervor. Diese Oberfläche wirkt rustikal und paßt zu einfachen Formen und starken folkloristischen Farben – Rotbraun, Dunkelblau oder Grün, Ockergelb. Weitere dekorative Verzierungen malt man mit Künstleracrylfarben. Sie sollten, ebenso wie die Gesamtfläche, zum Schluß sanft geschmirgelt werden, damit sie sich harmonisch in das Gesamtbild einpassen.

Antikeffekte

Antikeffekte, die durch Farbe entstehen – im Gegensatz zu den rauhen Methoden, den Anschein von durch die Zeit gealterten Antiquitäten mit Schlüsselbünden, Ketten und fallengelassenen Ziegelsteinen herzustellen –, sind für all diejenigen interessant, die Möbel bemalen, da diese Techniken Möbel nicht nur im Handumdrehen alt aussehen, sondern sie gleichzeitig auch überzeugender wirken lassen. Die Imitation einer Patina, die sich über viele Jahre des täglichen Gebrauchs hinweg entwickelt hat, eignet sich gut dazu, ein altes, neu bemaltes Objekt authentischer erscheinen zu lassen oder ein neues zu verschönern. Man sollte diese Techniken mit einigem Wissen darum, wie Gegenstände altern, verwenden – sie an natürlich abgeriebenen Flächen auch abschmirgeln (wie zum Beispiel an scharfen Kanten) und solche Stellen, an denen sich Schmutz und Fett ansammeln, abdunkeln. Das bedeutet aber nicht, daß Antikeffekte die Objekte schmutzig wirken lassen sollten. Wenn die Oberfläche schmierig und ungepflegt wirkt, sind diese Techniken falsch verstanden worden. Richtig eingesetzt, geht es darum, subtile Halbtonschattierungen zu erhalten, Struktur und Modellierung zu betonen sowie Farb- und Oberflächenstruktur weicher erscheinen zu lassen.

Rechts Alt oder neu? Heutzutage ist es oft schwer, dies auf den ersten Blick zu entscheiden. Aber darauf kommt es ja auch gar nicht an, wenn das Resultat so gelungen ist wie dieser rustikale Schrank, dessen originale Kiefernoberfläche hier und dort durch die abgeschmirgelte grüne Farbe durchschimmert. Einen besonders hübschen Gegensatz zu diesem bäuerlichen Schrank bilden die streng angeordneten Porzellan- und Silberobjekte.

Unten Dieser geometrische Stil war in Teilen Massachusetts' Anfang des 18. Jahrhunderts sehr beliebt. Die Muster sind einfach zu kopieren, die eigentliche Wirkung aber beruht auf der besonderen Textur des cremefarbenen Untergrundes. Bemalen Sie ein stark gemasertes Holz, wie zum Beispiel Eiche, reiben Sie die Farbe dann so ab, daß der Untergrund hier und dort durchschimmert, überstreichen Sie die Fläche dann mit einer umbrafarbenen Antiklasur, und versiegeln Sie die Oberfläche mit einem matten Firnis.

Eine wohlüberlegte und sparsame Kombination dieser Techniken ergibt oft eine viel überzeugendere Wirkung von Alter und Patina als nur eine, aber dafür übertrieben angewandte Methode. Eine Möglichkeit sind gebrochene Oberflächen aus erdfarbenen Lasuren; eine andere liegt darin, in Spritztechnik feine schwarze oder braune Sprenkel aufzutragen, oder aber die letzte Firnisschicht wird mit Bimsmehl abgerieben und ein wenig von dem Schleifstaub in Ecken und Vertiefungen zurückgelassen.

Neue, strahlende Goldmuster wirken gedämpft besser, und scharf gemalte Linien oder Schablonenmuster sehen schöner aus, wenn man sie unauffällig hier und dort ein wenig abschmirgelt. Eine Isolierschicht aus Schellack oder Firnis über dem letzten Farbanstrich ermöglicht ein Experimentieren mit den unterschiedlichen Antikeffekten; wenn sie nicht gefallen, können sie abgewischt werden, ohne daß der Untergrund beschädigt wird.

Antikeffekte mit Lasuren

Antikeffekte erhält man mit Lasuren in gedämpften Erdfarben, doch auch Grau und stark verdünntes Schwarz werden verwendet. Diesen Lasuren kann man, um den Kontrast zu mildern, noch ein wenig der Grundfarbe beimischen. Man verdünnt die Lasuren, bis sie transparent sind, trägt sie über das gesamte Objekt auf und beginnt dann, sie zurückhaltend zu überarbeiten, um eine leicht schattierte Wirkung zu erzielen.

Arbeitsmaterial

Ölfarbenlasuren: Mit Ölfarbenlasuren erhält man kaum wahrnehmbare Farbabstufungen. Eine Öllasur, die eine matte weiße Ölfarbe enthält, ist leicht opak (siehe Seiten 157, 224); um eine völlig transparente Lasur zu erhalten, mischt man Künstlerölfarbe mit ein wenig Leinöl (siehe Seite 185) und viel Terpentinersatz. Sorgfältig aufgeriebene und dann wieder abgeriebene Künstlerölfarbe direkt aus der Tube kann man nach dreißig Minuten mit Schellack versiegeln.

Wasserlasuren: Für schnelle Antikeffekte auf einer matten oder gut abgeschliffenen Oberfläche verwendet man mit Wasser verdünnte Acryl- oder Gouachefarben (siehe Seite 226). Wasserlasuren lassen weniger Zeit für Korrekturen oder Überlegungen bei der Arbeit. Deshalb sollte man vorsichtig mit einer verdünnten Farbmischung, die man mit einem Schwamm oder Lappen aufträgt, beginnen und zuviel Lasur sofort abwischen. Obwohl Wasserlasuren schwerer zu kontrollieren sind, ist die kurze Trockenzeit ein großer Pluspunkt. Man fixiert die Farbe mit Schellack oder Sprühfirnis.

Farben: Tönen Sie die Lasuren mit Erdfarben – Gebrannte Siena oder Siena Natur, Gebrannte Umbra oder Umbra Natur mit etwas Schwarz. Umbra Natur ist die Standardfarbe für Antikeffekte, da sie fast alle Farbtöne mildert und älter wirken läßt, ohne sie einzutrüben. Siena Natur gibt kalten Farben einen wärmeren Ton. Ein wenig Schwarz intensiviert die Wirkung dieser beiden Farben. Mischt man etwas Bimsmehl in die Lasurfarbe oder den Kunstharzfirnis, ergibt sich ein überzeugender, staubfarbener Antikeffekt. Die Lasuren sollten einige Nuancen dunkler sein als die Untergrundfarbe.

Weiteres Arbeitsmaterial: weichen Pinsel; Stofflappen oder Naturschwamm; feine Stahlwolle. Nicht unbedingt notwendig: Schellack; Pinsel, um den Schellack aufzustreichen.

Arbeitsmethode

Auftragen der Öllasur: Man trägt die Öllasur mit einem weichen Pinsel möglichst dünn und gleichmäßig auf die gesamte Oberfläche auf. Je länger die Lasur trocknet (am besten über Nacht), um so stärker fällt der Antikeffekt aus, der vor allem gut zu rustikalen Möbeln paßt. Leichte, städtische Möbel sehen dagegen mit sanfteren Farbtönen hübscher aus – diese Farbtöne erhält man, indem man die Lasur so lange trocknen läßt, bis sie noch ein wenig klebrig ist, und sie dann abreibt.

Schleifen Sie die Lasur an den Stellen, die am meisten strapaziert werden, mit feiner Stahlwolle ab. Noch stärker schleift man Arm- und Rückenlehnen. Die Mittelteile von flachen Flächen, Seitenteilen und Schubladenfronten sollten ebenfalls abgeschliffen werden, ebenso wie die erhöhten Stellen von Profilleisten und Schnitzereien, so daß alle Vertiefungen dunkel zurücktreten. Die Lasur sollte sanft von Hell zu Dunkel übergehen, ohne daß Streifen oder plötzliche Übergänge sichtbar sind. Auch an stark abgeschliffenen Stellen bleibt ein feiner Farbfilm zurück. Treten Sie während der Arbeit hin und wieder zurück, und begutachten Sie das Ergebnis. Reiben Sie gemalte Muster nur vorsichtig ab, es sei denn, daß sie etwas verwittert und abgetragen wirken sollen. Wenn man das nicht möchte, kann man eine Sperrschicht aus klarem Firnis oder Schellack auftragen.

Gebrochene Antiklasuren: Man kann die Oberfläche auch mit einer fein gezogenen Pinsellasur versehen, sie mit dem Schwamm wolken oder in Stupftechnik bearbeiten, um eine stärkere Textur zu erhalten (siehe Seite 45–49, 57–61 und 49–52). Schleifen Sie eine gebrochene Oberfläche wie gewohnt, um sie weicher erscheinen zu lassen.

Auftragen einer Wasserlasur: Eine Wasserlasur trägt man am besten mit einem Schwamm oder einem Stofflappen auf, läßt sie kurz antrocknen und reibt sie dann erst mit fusselfreien Stoffbäuschen, danach mit feiner Stahlwolle ab. Wasserlasuren lassen sich am sinnvollsten auf eine matte und leicht absorbierende Untergrundfarbe aufstreichen.

Firnis

Man sollte Antikeffektoberflächen mit Firnis schützen (siehe Seite 162). Antikeffekte werden im allgemeinen vor dem Firnissen aufgetragen. Am besten eignet sich für diese Zwecke ein matter oder halbmatter Alkyd- oder Kunstharzfirnis. Einen glänzenden Firnis sollte man mit Stahlwolle etwas mattieren. Will man den Antikeffekt verstärken, kann man den klaren Firnis noch etwas abtönen.

Besondere Objekte bearbeitet man zum Schluß mit ein wenig Bimssteinpulver und poliert sie mit einem weichen Tuch (siehe Seite 162); ein wenig Pulver sollte ruhig in den Rissen und Vertiefungen zurückbleiben.

Schnell-Antikeffekt

Soll ein Objekt schnell mit einem Antikeffekt verschönert werden, ist nichts so wirkungsvoll wie die gute alte Schuhwichse. Sie wirkt am besten auf gut durchgetrockneter matter Emulsionsfarbe oder anderen Farben auf Wasserbasis. Man reibt die helle, mittlere oder auch schwarze Schuhwichse mit einem Lappen auf und ein und poliert die Oberfläche zum Schluß mit einem weichen Tuch. Der einzige Nachteil besteht darin, daß man die Schuhcreme vor einem Neuanstrich sorgfältig mit Terpentinersatz entfernen muß.

Oben Feine Krakelüren geben dieser Malerei eine geheimnisvolle Dimension, besonders, wenn eine dunkle Farbe in den Rissen durchschimmert. Die Kombination von Reißlacktechnik auf geschmirgeltem Kreidegrund verleiht dieser Vignette einen pompejanischen Look.

Rechts Ein einfacher Lebensmittelschrank, bei dem durch die mit Nägeln gestanzten Löcher die Luft zirkulieren kann, wird durch die neuerliche Vorliebe für einfache Bauernmöbel wieder modern. Die authentische graue Farbe wird belebt durch abgeschmirgelte Stellen und ein wenig natürliche Krakelürbildung.

Reißlack

Die Schönheit der Oberflächen alter bemalter Objekte entsteht nicht nur durch die Tiefe der Farben, die sich im Lauf der Zeit entwickelt, sondern oft durch das dichte Netz feiner Risse, das sich nach und nach bilden kann. Diese Risse, Krakelüren genannt, entstehen durch die Verwendung unterschiedlicher, sich gegenseitig beeinflussender Farbschichten. So kann die untere Farbschicht elastisch, fett oder langsam trocknend, die obere spröde, mager oder schnell trocknend sein, so daß sich beim Trocknen Spannungsunterschiede bilden und Schrumpfrisse entstehen. Da durch diese mehr oder weniger feinen Risse die Untergrundfarbe hindurchschimmern kann, lassen sich raffinierte Farbeffekte kreieren.

Krakelüroberflächen lassen sich auf die verschiedensten Arten herstellen. Im folgenden werden drei Möglichkeiten beschrieben: Die erste arbeitet mit einem im Handel erhältlichen Reißlack-Set, das sich zum Bearbeiten kleinerer Flächen eignet, da es sich um recht geringe Lackmengen handelt. Die zweite Methode eignet sich für größere Flächen: Sie verwendet eine Kombination von Emulsionsfarben und Hasenhautleim. Bei der dritten wird das die Risse verursachende Material zum Schluß aufgetragen und muß nach dem Trocknen mit Wasser abgewaschen werden.

Reißlacktechnik

Bei der Reißlacktechnik sind die einzelnen Komponenten in einem fertigen »Antik-Set« im Handel erhältlich.

Vorbereitungen

Bei Arbeiten auf Holz muß der Untergrund gut geglättet und isoliert werden. Das kann man mit einem gut bearbeiteten, versiegelten Kreidegrund, einer Grundierfarbe oder einem farblosen Sperrgrund erreichen. Bereits vorhandene Farbflächen sollten mit Brennspiritus oder Spülmittel gründlich gereinigt werden. Soll das Objekt vor der Reißlackierung farbig bemalt werden, eignen sich dazu Farben wie Tempera und Gouache.

Auf jeden Fall sollte man zu Beginn unbedingt eine Probe machen, um herauszufinden, welche Wirkung durch die Bearbeitung mit der Reißlacktechnik entsteht: Die Effekte können je nach Material, Oberflächenbeschaffenheit und klimatischen Bedingungen sehr unterschiedlich sein.

Arbeitsmaterial

Zum Reißlack-Set gehören: Grundlack, gereinigte Ochsengalle, Reißlack, Terpentinersatz, Ölfarben: Siena Gebrannt und Schwarz. Außerdem benötigt man: 15–20 mm breiten Flachpinsel; drei Glas- oder Porzellanschälchen; Stofflappen.

Oben Bei diesem hübschen Spiegelrahmen wurde ein schnell trocknender Firnis über einen langsamer trocknenden gelegt und der cremefarbene Untergrund mit Wasserfarbenmalerei verziert.

Links Bei dieser Krakelüroberfläche sind die Risse besonders auffallend. Diese attraktive Oberfläche kann für sich wirken oder in Verbindung mit anderen Dekorationen und Oberflächenbehandlungen verwendet werden.

Arbeitsmethode

Man gießt etwas Grundlack in ein Schälchen, bestreicht den Gegenstand mit einem Flachpinsel gleichmäßig und legt ihn zum Trocknen an einen möglichst staubfreien Platz. Dabei sollte man die Lackschicht auf keinen Fall mit den Fingern berühren. Bei nicht saugenden, glatten Untergründen reicht diese eine Grundlackschicht. Bei porösen Oberflächen wiederholt man die Prozedur nach etwa 6–8 Stunden. Pinsel und Schälchen sollte man direkt nach jedem Streichen mit Terpentinersatz gründlich reinigen. Wenn die letzte Grundlackschicht nach etwa 3 1/2–5 Stunden angetrocknet ist, schüttet man ein wenig Ochsengalle in ein zweites Schälchen und in ein weiteres etwas Reißlack. Man überstreicht den Grundlack dünn mit Ochsengalle und sofort danach die noch nasse Oberfläche mit dem gleichen Pinsel dünn mit Reißlack. Nun entstehen innerhalb der nächsten Stunde beim Trocknen die Krakelüren. Dabei spielt die Raumtemperatur eine entscheidende Rolle: Bei etwa 20 Grad bilden sich feine Risse; trocknet das Objekt in der Nähe der Heizung (30 – 35 Grad), ergeben sich stärkere Risse.

Will man die Risse betonen, kann man die Oberfläche mit der mitgelieferten Ölfarbe, die mit etwas Terpentinersatz verdünnt wird, einreiben. Nach zwei bis drei Stunden nimmt man die überschüssige Farbe vorsichtig mit einem mit Terpentinersatz befeuchteten Lappen ab und läßt die Oberfläche dann über Nacht trocknen.

Zum Schluß wäscht man die Reißlackschicht unter der Wasserleitung oder mit einem nassen Schwamm ab. Nun sind die Krakelüren klar zu sehen. Man läßt die Oberfläche zwei Tage trocknen und trägt zur Versiegelung nochmals eine Schicht Grundlack auf, der jetzt als Schlußfirnis dient.

Krakelüroberflächen

Eine amerikanische Kollegin arbeitet mit einer anderen Methode, um feine Krakelüroberflächen zu erhalten; sie benutzt matte Latexschichten, die sehr feine Krakelüren ergeben. Damit die Objekte ein wenig antik wirken, beginnt sie im allgemeinen mit einer Emulsionsfarbe in einem Umbra-Natur-Ton. Ist diese Schicht trocken, bestreicht sie die gesamte Fläche mit einer Leimschicht (am besten Hasenleim); den Leim löst man vorher gut in Wasser auf und hält ihn im Wasserbad warm. Nachdem diese Schicht trocken ist, überstreicht sie sie mit Latexfarbe im gewünschten Farbton, die beim Trocknen feine Krakelüren bildet.

Mit Farben auf Ölbasis

Bei dieser Krakelürtechnik kombiniert man Öllacke und Dextrin, eine hauptsächlich aus Kartoffeln gewonnene Stärke. Man bearbeitet den Untergrund wie üblich: Grundierung, Zwischenschliff, erste Lack- oder Öllasurschicht (siehe Seite 221–225). Dextrin erhält man als Pulver, das in heißem Wasser (70–80 Grad) leicht löslich ist.

Kurz nach dem Trocknen der Schlußlackierung überstreicht man die Oberfläche mit einer dünnen Dextrinlösung (20 g Dextrin auf 100 ccm Wasser). Nach etwa einer Stunde entstehen durch Spannungsunterschiede Risse. Das getrocknete Dextrin wird mit Wasser abgewaschen. Die Risse kann man nun einfärben, indem man die Oberfläche mit kontrastreicher und mit Terpentin verdünnter Ölfarbe einreibt. Die überschüssige Ölfarbe nimmt man mit einem öl- oder terpentingetränkten Lappen wieder ab.

Auch bei diesen beiden hier beschriebenen Krakelürtechniken empfiehlt es sich unbedingt, vorher eine Probe zu machen, um zu erkunden, wie die Materialien aufeinander wirken und welcher Effekt sich ergibt.

Gespritzte Antikeffekte

Mit der Spritztechnik bietet sich eine elegante Möglichkeit, ein schlankes, schön geformtes, helles oder mittelhelles Objekt kunstvoll antik wirken zu lassen. Und man hat schnell heraus, einen gleichmäßigen, farbigen Sprenkelfilm auf eine Oberfläche aufzuspritzen, ohne gleichzeitig den ganzen Raum mit einzuklecksen.

Ein weiterer Trick ist die Kombination stark abgeschmirgelter oder gezogener Lasuroberflächen mit Farbsprenkeln in kontrastierenden Farben wie Braun oder Schwarz. Die Oberfläche wirkt dann wie die eines alten, besprenkelten Möbels.

Arbeitsmethode

Zuerst mischt man eine wie auf Seite 168 beschriebene Antikeffektlasur an. Dann sprenkelt man sie mit einem harten Pinsel, wie auf Seite 180 beschrieben, auf. Zuerst sollte man aber auf einem Papier ein wenig üben. Die Sprenkel sollten nicht zu gleichmäßig sein. Nach dem Trocknen kann man eine weitere Sprenkelschicht aufspritzen. Wenn die Oberfläche ziemlich trocken ist, kann man die Sprenkelschichten ein wenig miteinander vermengen, indem man sie vorsichtig mit feiner Stahlwolle bearbeitet.

Größere Sprenkel: Größere und unregelmäßigere Sprenkel spritzt man mit ein wenig schwarzer oder sepiafarbener Zeichentusche auf. Haltbare Tusche trägt man entweder auf eine Firnis- oder Schellacksperrschicht auf, so daß man Irrtümer mit einem Lappen gleich fortwischen kann. Bei verdünnter Zeichentusche bildet sich um die Kleckse ein blasser, grauer Rand, der am schönsten auf pastellfarbenen Untergründen wirkt. Man nimmt ein wenig Farbe auf die Pinselborsten und klopft den Pinsel mit einer schnellen, ruckartigen Bewegung auf einen kleinen Stock, um die Sprenkel in die gewünschte Richtung zu dirigieren.

Grünspanmalerei

Einer der heute besonders beliebten Trends in der dekorativen Malerei sind gemalte Grünspanimitationen mit der typischen blaugrünen Patina, die entsteht, wenn Kupfer und Bronze der Witterung ausgesetzt sind. Grünspanimitationen eignen sich für viele Materialien, von Schmiedeeisen über Flechtwerk bis hin zu Holz und so unterschiedlichen Objekten wie Blumentöpfen und Kaminumrandungen. Diese Oberflächengestaltung ist einfach und schnell aufzutragen und wird am besten mit Farben auf Wasserbasis ausgeführt. Bei der unten beschriebenen Methode wird Emulsionsfarbe verwendet, man kann aber auch Acrylfarben benutzen.

Arbeitsmaterial

Die Menge der weißen Emulsionsfarbe mit einer khakifarbenen Tönung als Grundierfarbe richtet sich nach der Größe des Objekts; kleinere Mengen von blauer und grüner Farbe zum Aufstupfen – besonders geeignet sind Türkis- und helle Limettengelbtöne; ein einfacher Malerpinsel zum Auftragen der Grund-

Oben Ein einfacher Pflanzkasten aus Ton sieht mit einer Grünspanoberfläche sogar im Zimmer hübsch aus. Die Grundierung ist direkt auf den Ton aufgebracht worden. Soll der Kasten draußen stehen, sollte man ihn mit wenigstens einer verdünnten matten Alkydschicht schützen.

Grünspan

1 Man stupft über einen Untergrund aus braungrüner, an alte Bronze erinnernder matter Emulsionsfarbe eine türkisblaue Emulsionsschicht auf. Dazu verwendet man einen runden Borstenpinsel und sehr wenig Farbe. Ein wenig Grundfarbe sollte hier und da durch die neue Farbschicht hindurchschimmern.

2 Eine zweite, zitronengelbe Emulsionsschicht wird ein wenig sparsamer als die erste auf die vorige aufgestupft, so daß helle Stellen entstehen. Das sieht besonders wirkungsvoll auf hervorstehenden Formen aus.

farbe und ein gerundeter Pinsel zum Stupfen; matter Alkydfirnis, wenn die Oberfläche geschützt werden soll.

Arbeitsmethode

Für einen soliden Untergrund trägt man zwei Schichten der Grundfarbe auf. Von der türkis getönten Stupffarbe gibt man ein wenig auf eine Untertasse. Mit dem gerundeten Pinsel nimmt man Farbe auf, die man durch Aufklopfen des Pinsels auf ein Blatt Papier in die Borsten hineinarbeitet. Wenn die gestupfte Farbe nicht mehr naß, sondern klar und deutlich ist, kann man mit dem Stupfen beginnen. Nun stupft man mit einer leichten Klopfbewegung eine feine Farbschicht auf den gesamten Untergrund, so daß noch ein klein wenig von der Untergrundfarbe durchschimmert. Die Türkisfarbe sollte intensiver auf Reliefformen und in Vertiefungen sein.

Danach wiederholt man denselben Prozeß mit der limettengelben Farbe, wobei man nicht das ganze Türkis überdeckt. Das Grün dient als eine Art Glanzlicht, das den Effekt verstärkt. Das Geheimnis dieser Oberfläche besteht darin, mit einem viel trockeneren Pinsel, als man es für möglich hält, zu arbeiten.

Damit die Oberfläche kreidiger wirkt, kann man das gesamte Objekt zum Schluß mit einer verdünnten Lasur aus weißer Emulsionsfarbe bestreichen und mit einem Lappen wieder abreiben, so daß weiße Rückstände in den Vertiefungen bleiben. Wirkt die Grünspanoberfläche zu fleckig, kann man sie noch einmal vorsichtig mit der Grundfarbe abstupfen. Grünspan wirkt besonders gut in einer Kombination mit Gold; Goldpaste (siehe Seite 209) ist einfach aufzutragen und sieht gut aus. Zu Grünspanimitationen passen keine glänzenden Oberflächen, deshalb sollte man, wenn nötig, einen matten Alkydfirnis wählen.

Marmorieren

Traditionell marmorierte man Flächen, die wirklich aus Marmor hätten sein können – die Deckplatte einer Kommode, eine Tischplatte oder die Füllungen einer Schranktür. Dazu verwendete man unterschiedliche Farben in vielen Strukturen, und ein Marmorierer kombinierte oft verschiedene »Marmorarten«, um den Gesamteindruck eines bestimmten Objekts oder des ganzen Raumes zu bereichern.

Während des 17. und 18. Jahrhunderts entwickelten sich neue und freiere Marmorierstile, die man lose unter dem Begriff »Bauernmöbelmalerei« zusammenfassen könnte. Die besten Beispiele dieser groberen, aber auch kraftvolleren Verwendung dekorativer Marmorierungen stammen aus Nordeuropa – Deutschland, den Niederlanden und besonders Skandinavien. Diese Bauernmaler waren keiner Tradition verhaftet, hatten keinerlei Ehrgeiz, »richtig« zu malen. Da sie keine erstklassigen Vorbilder hatten, die sie aus der Nähe hätten studieren können, malten sie oft nach der Kopie einer Kopie; eine solche Malerei entfernt sich natürlich mehr und mehr vom Original, führt aber auch oft zu einer individuellen, manchmal lebendigeren und pittoreskeren Darstellung.

In der letzten Zeit ist die Marmorierung als Verzierung bestimmter Möbel wieder in Mode gekommen. Bei der Entscheidung, zu welchen Möbelstücken eine Marmorierung paßt, sollte man ihren Zweck, ihre Entstehungszeit und ihren Stil berücksichtigen. Bemalte Oberflächen verdecken gnädig häßliches Sperrholz, doch wäre es eine Schande, edles Holz wie etwa Mahagoni zu überstreichen. Üppige Marmorierung, dekorative Girlanden und Blumenmotive sehen auf einem Küchenschrank aus dem 19. Jahrhundert hübsch aus, aber auf einem Nachttischchen der 50er Jahre wären sie wenig überzeugend.

Vorbereitungen

Das Objekt sollte mit den üblichen Farbanstrichen versehen sein – Grundierung, eine oder zwei Schichten Vorstrich und ein oder zwei Anstriche mit der Untergrundfarbe. Die Grundfarbe bestimmt den Farbton des fertig gemalten Möbelstücks und sollte deshalb zur allgemeinen Dekorationspalette passen. Der beste und glatteste Untergrund ist eine halbmatte Farbe. Alle Anstriche sollten geschliffen werden, wenn sie trocken sind.

Arbeitsmaterial

Transparente Öllasur; Künstlerölfarben; Terpentinersatz; wenn man mag, Schlämmkreide (siehe Seite 37); gereinigtes Leinöl (siehe Bemerkung Seite 185); Papier, Stofflappen oder Plastiktüte; Malerstaubpinsel oder Vertreiber; Künstler-Marderhaarpinsel oder kleinen Strichzieher, um die Adern einzumalen.

Arbeitsmethode

Überstreichen Sie die Fläche, die marmoriert werden soll, mit einer transparenten Öllasur – ein Teil Öllasur zu vier Teilen Terpentinersatz –, damit die Oberfläche dünnflüssig genug ist, um die Muster realistisch zu verwischen. Trocknet diese Lasur zu schnell, gibt man noch einen Teelöffel (oder weniger) gereinigtes Leinöl hinzu. Einige Dekorateure mischen ein wenig Schlämmkreide in die Lasur, damit die Farbe etwas mehr Festigkeit bekommt.

Phantasiemarmor: Lösen Sie die Künstlerölfarbe in einer Untertasse mit Terpentinersatz auf. Zerknüllen Sie das Papier, den Stofflappen oder die Plastiktüte, tupfen Sie damit in die Farbe, und stupfen Sie bewußt unregelmäßig in die nasse Lasur. Überstreichen Sie diese Muster ganz leicht mit dem Vertreiber oder Staubpinsel, so daß die Linien weicher und unschärfer werden. Dieses sanfte Glätten und Ineinanderstreichen der Farben ist das Geheimnis einer schönen Marmorierung, und daher sollte man es vorher auf einem Probebrettchen ausprobieren. Das Ziel ist, die unregelmäßigen Drucke leicht wolkig wirken zu lassen, so, wie »sedimentäre Adern« in echtem Marmor. Beim Glätten sollte man immer wieder die Pinselrichtung ändern, um einen allzu einheitlichen Effekt zu vermeiden.

Marmorimitation: Um »echten Marmor« nachzuahmen, stupft man noch weitere, unterschiedlich farbige Musterschichten auf (sehen Sie sich ein Stück echten Marmor genau an), um Vielfalt und Tiefe zu erhalten. Zum Schluß malt man mit einem feinen, spitzen Marderhaarpinsel, einem Linienzieher oder einer Gänsefeder klarere und eindeutigere Adern ein, die sich wie bei echtem Marmor verzweigen und weder im Nichts beginnen noch dort enden sollten. Malt man sie in die noch feuchte Lasur, müssen sie möglicherweise nicht geglättet werden. Auf einer trockenen Oberfläche wirken sie geglättet überzeugender.

Firnis: Lassen Sie die Oberfläche 24–48 Stunden trocknen, bevor Sie sie mit zwei oder drei halbmatten Firnisschichten versiegeln. Für eine ultraglatte Oberfläche schleift man die letzte Firnisschicht sanft mit feinem Naßschleifpapier, Wasser und Seife ab. Man kann sie auch mit feiner Stahlwolle abreiben. Eine

Schlußbehandlung mit Wachs gibt der Oberfläche einen echt wirkenden, matten Marmorglanz.

Dekorative Spritztechnik

Eine der einfachsten und schönsten Arten, eine gebrochene Oberfläche zu erzeugen, ist, sie mit unzählig vielen kleinen Farbflecken zu übersprenkeln. Da die Farbe dabei in winzig kleine Partikel aufgebrochen ist, wirkt eine solche Oberfläche niemals schwer oder aufdringlich, wie es bei anderen aufgestrichenen Lasuren durchaus möglich ist.

Sprenkeln Sie eine strahlende Farbe auf einen glatten, einfarbigen Untergrund. Viele leuchtend grüne Sprenkel ergeben zum Beispiel auf Türkis ein lebhaftes Blaugrün, das viel mehr Tiefe und Lebendigkeit hat, als wenn man die beiden Farben in einem Topf vermischt oder sogar eine grüne Lasur über den türkisfarbenen Untergrund gestrichen hätte. Eine feine, schwarze Spritzschicht über einer roten Lackoberfläche ergibt eine hauchzarte Textur, die den glänzenden Untergrund nicht auflöst. Man kann bei dieser Spritztechnik natürlich auch mit neutralisierenden Farben wie Umbra oder Schwarz arbeiten, um einen etwas dunkleren Gesamtton zu erhalten oder um einer Fläche eine Textur zu geben.

Farben: Man sollte daran denken, daß komplementäre Farben mit der gleichen Farbintensität sich neutralisieren, wenn man sie aus einigem Abstand betrachtet. So erscheinen gesprenkelte Oberflächen aus Farben annähernd ähnlicher Intensität, zum Beispiel Rot und Grün (wie auch Orange und Blau oder Violett und Gelb), unbestimmt neutral.

Vorbereitungen

Leider machen Spritztechniken in einem recht großen Radius ziemlich viel Schmutz – besonders, wenn man sie zum ersten Mal ausprobiert. Am besten ist es, wenn man das Objekt an einem schönen Tag im Garten bearbeitet. Arbeitet man in einem Zimmer, muß man den Boden mit Zeitungspapier abdecken und noch einige Zeitungen zu einer Schutzwand aufeinanderlegen.

Der Untergrund sollte aus einer matten, mit Künstlerölfarben abgetönten Ölfarbe bestehen.

Arbeitsmaterial

Farbe: Man kann jede Farbe oder Lasur aufspritzen, nur muß sie vorher zu einer wässrigen Konsistenz verdünnt worden sein, die sich gut verspritzen läßt. Es empfiehlt sich, mit wasserlöslichen Farben wie Gouache- oder Acrylfarben zu experimentieren, da man sie mit einem feuchten Schwamm wieder abwaschen kann.

Gouachefarben sind besonders günstig, wenn man mehrere Farbschichten aufspritzen möchte, da man sie immer wieder abwaschen kann. Allerdings muß man sie zum Schluß mit einer besonders stabilen Firnisoberfläche versehen.

Pinsel: Am besten eignet sich ein Schablonenstupfpinsel mit einem Griff. Man kann auch einen runden Schweineborstenpinsel oder einen alten Künstlerpinsel benutzen, dessen Borsten man bis zur Hälfte abschneidet, so daß er eine gerade Kante bildet und steife Borsten hat. Schwedische Maler verwendeten ein Bündel Birkenreisig.

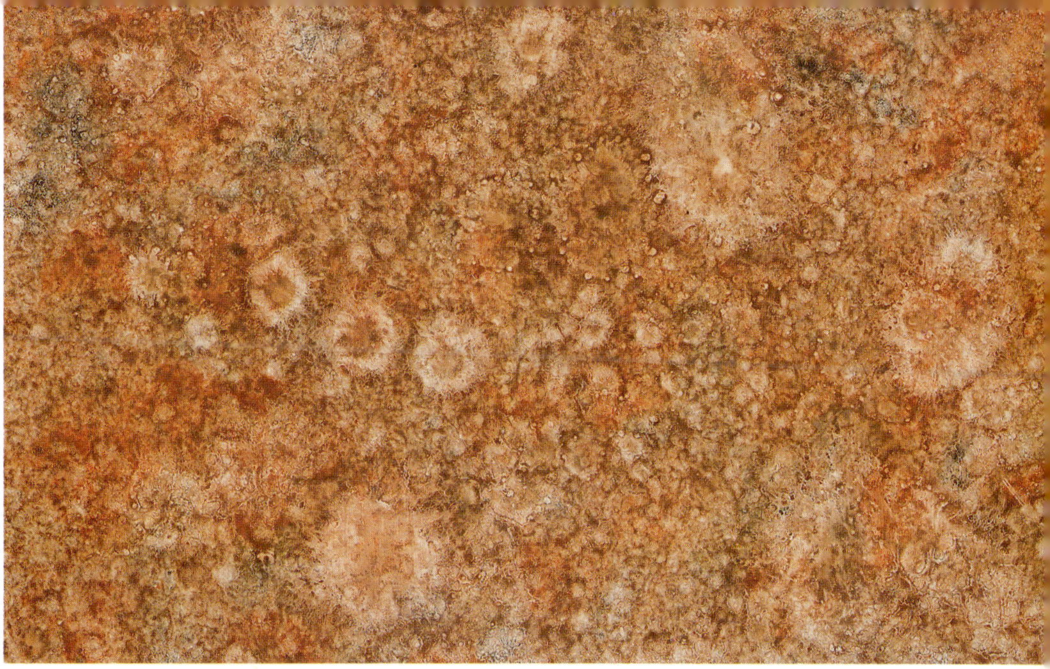

Rechts Alle hier abgebildeten Fossil-Marmormalereien bestehen aus zwei verdünnten Öllasuren in verschiedenen Farben. Danach wurde die noch nasse Oberfläche mit verschiedenen Verdünnern beträufelt, um unregelmäßige Muster zu erzielen, die hübsch als Tischplatte, auf Badezimmerschränken und anderen Badezimmerflächen wirken.

Öllasur 1: Siena Gebrannt, ein wenig Umbra Gebrannt, ein wenig gelber Ocker. Öllasur 2: Gelber Ocker, Umbra Natur.

Öllasur 1: Grau. Öllasur 2: Indigo mit oxydroten Sprenkeln.

Öllasur 1: Umbra Natur. Öllasur 2: Viel Kobaltblau, ein wenig Umbra Natur.

Links Diese Truhe, die wahrscheinlich einmal das Unterteil eines großen Schrankes war und deshalb mit einem neuen Deckel ausgestattet ist, wurde durch die unterschiedlichen Bemalungen, unter anderem Fossil-Marmormalerei, ein beeindruckendes und praktisches Möbelstück.

Man spritzt die Farbe, indem man mit dem Finger oder einer Metallkante (ein Messer, ein Lineal oder ein Kamm) über die mit Farbe versehenen Borsten streicht. Man kann eine sehr ebenmäßig gesprenkelte Oberfläche erreichen, wenn man den mit Farbe getränkten Pinsel an einem mittelfeinen, runden Maschensieb reibt. Will man einen hauchfeinen Spritzfilm erhalten, verwendet man eine Fixativspritze, die man in Geschäften für Künstlerbedarf kaufen kann (siehe Seite 233). Sollen die Spritzer größer sein, kann man einen Stupfpinsel über einen weitzinkigen Kamm streifen.

Weiteres Arbeitsmaterial: Geeignete Verdünnung für die Farbe; Papier zum Ausprobieren; Stofflappen; Papiertücher; Untertassen zum Anmischen der Farben.

Arbeitsmethode

Man nimmt ein wenig zu Wasserkonsistenz verdünnte Farbe auf die Pinselborsten und streift dann, nicht zu schnell, aber gleichmäßig, mit Finger oder Kante über die Borsten.

Probieren Sie die Methode auf einem Blatt Papier aus – mit ein bißchen Übung findet man schnell heraus, wie man die Farbe gleichmäßig und genau aus geringer Distanz aufspritzen kann. Nehmen Sie nicht zuviel Farbe auf den Pinsel, da sie sich dann nicht gleichmäßig verteilt und einige Farbkleckse auslaufen können. Passiert dies doch einmal, saugt man sie am besten schnell mit der Ecke eines Papiertaschentuchs auf.

Ganz feine Spritzschichten trocknen fast sofort, dickere Schichten sollte man gut trocknen lassen, bevor man eine neue Farbe aufträgt. Zum Schluß schützt man die Oberfläche mit Firnis.

Gespritzte Muster

In der Blütezeit der Hobbys, Mitte des 19. Jahrhunderts, war die Technik, Muster so zu spritzen, daß man einen Negativdruck erhielt, besonders beliebt; die begehrteste Spritzform war die geschätzte Topfpflanze, der Farn. Gepreßte Farnwedel sind noch heute ideale Schablonen, die man zu Mustern zusammenfügt und mit Blätterformen einrahmt. Man kann sich aber auch aus Papier Schablonen schneiden oder alle möglichen fertigen Formen verwenden. Bei dieser Technik arbeitet man am besten mit einer Fixativspritze.

Frühe Beispiele imitierten Holzintarsien, indem sie dunkle Sprenkel über Farben wie Rotbraun oder Goldbraun spritzten. In diesen Farben sehen Farnmuster sehr hübsch aus, da sie dann wie ein leichtes Relief auf einem dunklen Untergrund wirken. Eine weitere gute Kombination ist Olivgrün über einem hellen oder goldbraunen Untergrund. Will man eine spektakuläre Oberfläche, die wie Marmorintarsien wirkt, kann man Farbtöne wie für die Porphyroberfläche (siehe Seite 182) »wolken« und die Schablonen auf einem schwarzen oder grauen Untergrund befestigen.

Arbeitsmaterial

Zum Spritzen kann man zwar Ölfarben wie für eine Porphyroberfläche verwenden, aber mit Wasser verdünnte Gouachefarben ergeben einen sanfteren, dichteren Sprühfilm. Es eignen sich auch Acrylfarben und farbige Zeichentuschen. Außerdem benötigt man eine Fixativspritze; Blätter oder andere Objekte als Negativschablonen und ein Marmeladenglas oder ein ähnliches Behältnis.

Arbeitsmethode

Gleichgültig welche Farbe man verwendet, man muß sie zuerst in einem Gefäß gut durchrühren. Legen Sie die Blätter oder andere Objekte an die gewünschte Stelle, tauchen Sie dann ein Ende der Fixativspritze in die Farbe, und blasen Sie kraftvoll durch das Mundstück am anderen Ende. Dieses Blasen erzeugt ein Vakuum, das die Farbe in dem Röhrchen hochsteigen läßt. Halten Sie den von den zwei Röhrchen gebildeten Winkel in die Richtung der Fläche, die bespritzt werden soll. Durch das Blasen entwickelt sich ein feiner Farbnebel. Probieren Sie dies zuerst auf einem flachliegenden, dann auf einem vertikal gestellten Papier aus, um herauszufinden, wie man die Sprührichtung kontrolliert.

Eine so zerstäubte Farbe ist zu fein, um zu verlaufen; deshalb kann man auch auf vertikalen Flächen arbeiten. Behandeln Sie jede Fläche für sich; beginnen Sie an einem Ende, und arbeiten Sie sich bis zum anderen Ende vor. Lassen Sie die Farbe trocknen, heben Sie die Schablone ab, und retuschieren Sie leere Stellen mit derselben Farbe mit einem spitzen Pinsel. Weitere Details wie Blattadern oder Weinranken malt man mit einem feinen Marderhaar-Künstlerpinsel ein.

Die besten Spritzdruck-Resultate erzielt man mit einer Fixativspritze. Man stellt das eine Ende des Geräts vertikal in das Farbgefäß, richtet den rechten Winkel auf die Schablone und bläst durch das Mundstück.

Porphyr
1 Für eine schwedische Porphyroberfläche bildet eine dunkle, schokoladenbraune Emulsionsschicht den Untergrund. Nach dem Trocknen übersprüht man sie leicht mit einer korallenroten Emulsionsschicht oder mit mit Wasser verdünnter Acrylfarbe. Diese Farbe spritzt man auf, indem man mit dem Finger hart über die mit wenig Farbe beladenen Pinselborsten fährt. Es sollte noch viel Untergrundfarbe sichtbar bleiben.

2 Eine zweite Spritzschicht aus blassem Rosa hellt die Oberfläche auf. Die Sprenkel müssen nicht gleichmäßig sein, sondern sehen unregelmäßig echter aus.

3 Die letzte Schicht bildet ein blasses Grau, das ebenfalls nicht zu gleichmäßig aufgespritzt wird. Diese Porphyroberfläche eignet sich besonders als Untergrund für Vergoldungen, und sie sieht noch schöner aus, wenn man einen geeigneten Schlußfirnis aufträgt – siehe Anleitung zum Firnissen von Marmormalerei-Oberflächen auf Seite 176.

Lapislazuli
1 Eine Grundschicht aus ultramarinblauer Emulsionsfarbe wird mit einer verdünnten, blaßblauen Emulsions- oder Acryllasur besprüht.

2 Die zweite Spritzschicht ist Schwarzblau und bedeckt einen weiteren Teil der Grundfarbe.

3 Durch eine weitere, zitronengelbe Spritzschicht wirkt die Oberfläche lebendig. Man kann diese Oberfläche auch noch mit Goldsprenkeln, wie sie in Lapislazulı häufig vorkommen, verschönern. Wie bei Porphyr, sieht auch diese Oberfläche mit sorgfältig aufgetragenem Firnis noch schöner aus.

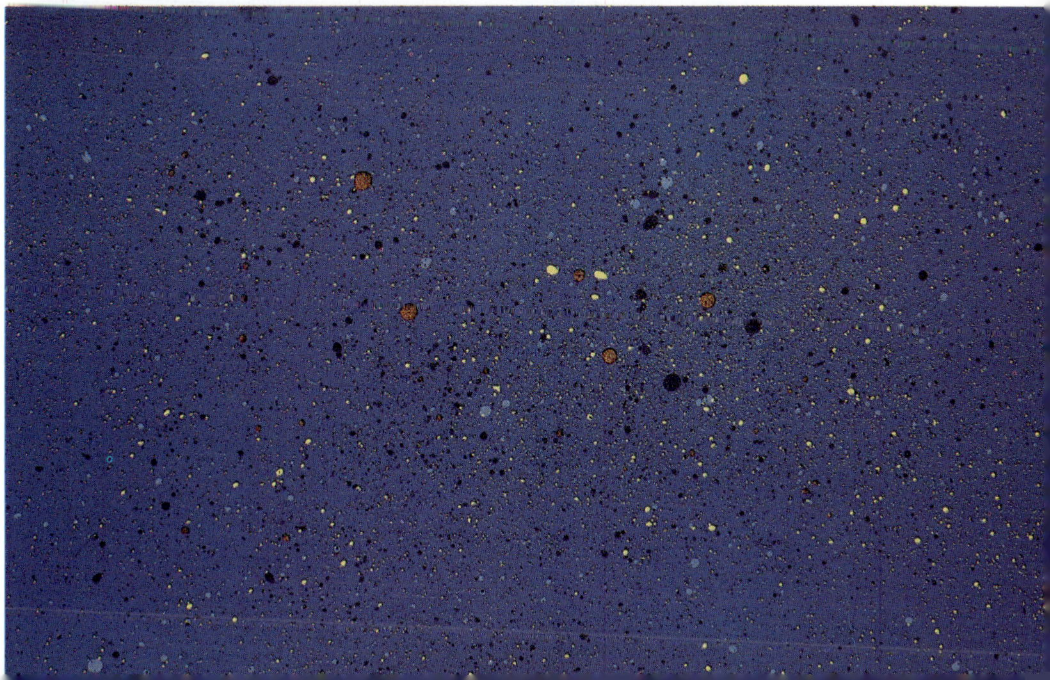

Graphitoberflächen

Graphitoberflächen kombinieren die weiche Textur eines 4B-Bleistifts mit der diskreten Eleganz antiker japanischer Lackarbeiten; sie entwickeln einen zurückhaltenden metallenen Glanz, der auf Wänden, Holzwerk und Möbeln sehr vornehm wirkt. Man erhält diese Oberfläche, indem man ein wenig Graphitpulver, das man in Geschäften für Künstlerbedarf kaufen kann, mit Firnislack vermischt. So ergibt sich eine leicht zinnfarben schimmernde Oberfläche, die noch zu verstärken ist, wenn man den trockenen Firnis mit einem weichen Tuch poliert, und die dennoch einfach aufzutragen ist und vor allem fast nichts kostet.

Durch unterschiedliche Untergrundfarben und Firnistöne lassen sich viele verschiedene Farbeffekte erzielen, ohne den charakteristischen Graphitlook zu verlieren. Mischt man Graphit in einen klaren halbmatten Firnis und streicht ihn dann über eine blaßgraue Untergrundfarbe, so erhält man ein schimmerndes Zinngrau. Vermischt mit einem tiefblau getönten Firnis, entsteht auf einer mittelgrauen Untergrundfarbe ein weiches, metallisches Dunkelblau. Wieviel Graphit man verwendet, hängt davon ab, wie glänzend die Oberfläche sein soll – je mehr Graphit, um so mehr Glanz.

Graphit enthält kein Blei und ist deshalb nicht gesundheitsschädlich, wenn man vernünftig damit umgeht; man sollte allerdings darauf achten, das Pulver nicht einzuatmen. Am besten trägt man eine Maske.

Es ist sinnvoll, über die Graphitfarbschicht noch eine Schutzschicht aus klarem, halbmattem Firnis zu legen.

Vorbereitungen

Den Untergrund bildet eine gute matte oder halbmatte Ölfarbe. Jede gefirnißte Oberfläche hebt Oberflächenunregelmäßigkeiten hervor; deshalb sollte man sich die Zeit nehmen, Holz gut vorzubereiten. Wie stets müssen Spachtelstellen glattgeschliffen und besonders sorgfältig grundiert werden, damit sie beim Schlußanstrich nicht mehr zu sehen sind.

Arbeitsmaterial

170–225 g Graphitpulver sollten für eine mittelgroße Dose klaren, glänzenden Kunstharzfirnis ausreichen; Abtönpaste oder Künstlerölfarbe zum Eintönen des Firnis; einen langstieligen Pinsel zum Umrühren; einen 50–100 mm breiten Firnispinsel; Stofflappen; einen Löffel für das Pulver; ein kleines Gefäß oder einen Farbtopf.

Arbeitsmethode

Schütten Sie ein wenig Firnis in ein Gefäß. Soll der Firnis getönt werden, mischt man ein wenig von der gewünschten Farbe unter und probiert diesen Farbton an einer kleinen Stelle aus. Ist man mit dem Farbton zufrieden, gibt man einen Löffel Graphit hinzu, rührt sorgfältig um und probiert die Farbe erneut aus. Diese Probeflecken kann man ohne weiteres mit einem Lappen und Verdünner wegwischen. Gefällt der Farbton, mischt man nun auf die gleiche Art eine größere Menge Farbe an. Um die Wände eines mittelgroßen Raumes zu streichen, benötigt man etwa eine große Dose Farbe.

Wie bei jedem Firnisanstrich ist es auch hier sinnvoll, den Raum vorher sehr gründlich zu reinigen, damit sich möglichst wenig Staub und Schmutz auf der Lackfläche absetzen können. Die Raumtemperatur sollte um 21 Grad betragen, damit der Firnis nicht zu schnell fest und trocken wird (er wird sonst nämlich leicht spröde).

Man trägt die Graphitfarbe wie normalen Firnis mit leichten, aber gleichmäßigen Pinselstrichen auf und streicht sie so aus, daß sie nicht laufen kann. Ob man Stellen ausgelassen hat, ist zu kontrollieren, indem man sich die Fläche im Schräglicht ansieht. Nun läßt man die Oberfläche über Nacht trocknen; der Raum sollte nicht mit Gas- oder Paraffinöfen beheizt sein, da diese Öfen Feuchtigkeit abgeben, was Schwierigkeiten beim Trocknen des Firnis bereiten könnte.

Wenn die Oberfläche trocken ist, kann man sie mit einem Tuch polieren. Danach kann man, muß aber nicht, eine zweite Firnisschicht auftragen, um die Oberfläche zu versiegeln.

Rosenholzmaserung

Die schnellste und einfachste Version einer Rosenholzmaserung besteht darin, eine gezogene, verdünnte, bräunlichschwarze Lasur über einen intensiv bräunlichroten Untergrund aufzutragen. Wenn man diese Oberfläche anschließend firnißt, wirkt sie auch auf solchen Flächen, die zu groß sind, um sie in mühsamer Arbeit kunstvoll zu masern; sie eignet sich sehr gut als Untergrund für Schablonenmalerei. Die andere, kompliziertere Version eignet sich mehr für besondere Objekte. Sie erfordert größere Vorbereitungen und mehrere Schlußschichten aus transparenter Farbe. Aus diesem Grund dauert die Arbeit länger. Der Lohn ist eine leuchtende Farbe, die ein wenig von der Tiefe natürlichen Holzes hat. Diese aufwendigere und länger dauernde Methode finden Sie unten beschrieben.

Vorbereitungen

Je makelloser der Untergrund, um so leuchtender wird die Oberfläche. Damit sich die dichte und feingemaserte Rosenholztextur ergibt, muß man billiges oder furniertes Holz zuerst ausspachteln. Verwenden Sie dazu Holzspachtel oder eine Allzweck-Spachtelmasse, die mit Wasser verdünnt wird, bis man sie wie Farbe aufstreichen kann, oder Leimkreidegrund (siehe Seite 154–156). Je nach Beschaffenheit der Oberfläche oder nach Art der Spachtelmasse muß man zwei oder drei Schichten auftragen. Beenden Sie die Vorbereitungen mit einer Schicht Vorstreichfarbe, die, wenn sie trocken ist, glattgeschmirgelt wird.

Arbeitsmaterial

Matte rote Farbe: Matte weiße Ölfarbe vermischt mit vier Teilen Krapprot, zwei Teilen Gebrannter Siena und einem Teil Zinnoberrot (alles Künstlerölfarben), die man in Terpentinersatz zusammenmischt und, wenn gewünscht, mit einem Teelöffel flüssigem Trockenmittel verrührt.

Transparente rote Farbe: Die oben aufgezählten Künstlerölfarben in der gleichen Mischung rührt man in mit Lösungsmittel verdünnten transparenten Glanzfirnis ein – drei Teile Firnis zu einem Teil Lösungsmittel.

Dunkle Öllasur: Man vermengt zu gleichen Teilen glänzenden Kunstharzfirnis mit Terpentinöl und tönt diese Mischung mit Künstlerölfarben ein: vier Teile Umbra Natur, ein Teil Gebrannte Umbra und ein Teil Schwarz. Geben Sie nun ein wenig gekochtes Leinöl hinzu, etwa ein Achtel der Terpentinmenge (zum Abmessen dieser Mengen verwendet man am besten einen Eßlöffel), und einen halben Teelöffel flüssiges Trockenmittel. (Bemerkung: Leinöl gibt es roh oder gekocht. Man sollte nie versuchen, es zu Hause zu kochen).

Oben Ein Detail einer einfachen Werkzeugkiste, die zuerst mit Rosenholzmaserung bemalt, dann mit Schablonen und Metallpulvern vergoldet wurde. Das Muster stammt von einem osmanischen Stoff.

Gegenüberliegende Seite Der Maler dieser amerikanischen Truhe aus dem frühen 19. Jahrhundert ist mit den Mustern nicht gerade ängstlich umgegangen: Er kombinierte einfache Malerei mit wilden Schwammstupfeffekten, gekämmten Rändern und Rosettenmustern, die dadurch entstanden, daß er fächerartig gefaltetes Zeichenpapier in die nasse Farbe drückte. Die Technik der Essigmalerei ist ideal für diese Effekte, und man sollte sich diesen begabten Handwerker zum Vorbild nehmen und mutig mit Mustern umgehen.

Weiteres Arbeitsmaterial: Braunen Schellack; Brennspiritus; einen Pinsel für den Schellack; einen 50 mm breiten Malerpinsel für die rote Farbe; einen Flächenstreicher oder einen Staubpinsel (siehe Seite 232) bzw. einen anderen Malpinsel, um die Lasur aufzustreichen; Naßschleifpapier; sehr feine Stahlwolle; ein weiches, in Verdünner oder Essig getauchtes Tuch, um Fett abzuwischen.

Arbeitsmethode

Roter Untergrund: Tragen Sie zwei Schichten der matten, roten Farbe auf. Rühren Sie diese wie beschrieben an, so daß Sie eine kräftige rotbraune Farbe erhalten, die ein wenig dünner als gewöhnliche Farbe ist. Ein Teelöffel Trockenmittel beschleunigt das Trocknen der Farbe. Mischen Sie mehr Farbe an, als Sie für einen Farbauftrag brauchen, und heben Sie die restliche Farbe in einem mit transparenter Haushaltsfolie verschlossenen Marmeladenglas auf. Streichen Sie danach zwei oder drei Schichten der transparenten roten Farbe auf. Wie üblich schleift man alle trockenen Anstriche – bis auf die ersten zwei – mit Naßschleifpapier und Seifenlauge, um eine möglichst glatte Oberfläche zu erhalten. Anschließend folgen zwei braune Schellackschichten, die halb und halb mit Brennspiritus verdünnt werden. Diese Anstriche versiegeln die rote Grundfarbe und machen es möglich, mehr mit der dunklen Lasur herumzuexperimentieren.

Öllasur: Bevor man mit der Lasur beginnt, reinigt man die Oberfläche mit einem in Essig oder Terpentinersatz getauchten Stoffbausch von Fett und Fingerabdrücken. Tauchen Sie die Pinselhaare in die Lasur, und testen Sie Farbton und Konsistenz auf einem Stück Papier. Mehr Gebrannte Umbra ergibt einen wärmeren Farbton, doch sollte man daran denken, daß die rote Grundfarbe durch die Streifen hindurchschimmert. Streichen Sie nun mit dem Pinsel fest über den roten Untergrund, um ziemlich gleichmäßig parallel verlaufende, dunkle Streifen zu erhalten. Streichen Sie auf diese Art die gesamte Oberfläche. Versuchen Sie nicht, völlig regelmäßig zu arbeiten – ein wenig mehr Farbe in den Ecken oder übereinanderlappende Farbschichten lassen die Fläche naturalistischer wirken. Lassen Sie die Öllasur wenigstens 24 Stunden trocknen. Wenn sie hart und trocken ist, bearbeitet man sie mit einem Bausch feiner Stahlwolle und Seifenwasser in Richtung der Maserung. So erhält man eine zwar etwas gedämpft glänzende, aber makellos glatte Oberfläche.

Firnis

Tragen Sie zwei Glanzfirnisschichten auf. Reiben Sie die zweite mit Stahlwolle und Seifenwasser ab, und polieren Sie die trockene Fläche mit einem weichen Tuch.

Schnelle Methode

Für eine schnelle Rosenholzmaserung bei weniger kostbaren Objekten trägt man zuerst drei Schichten der matten roten Farbe auf. Darüber zieht man die dunkle Lasur, und zum Schluß streicht man zwei Firnisschichten auf. Man läßt also die transparente rote Farbe und den Schellack ganz fort.

Essigmalerei oder Kittstempel-oberflächen

Diese Technik ermöglicht es, große, flache Oberflächen schnell zu verzieren; sie wirkt am hübschesten in rein dekorativen Farbkombinationen: dunkle Farbtöne über hellem Rot, hellem Blau oder hellem Grün, oder jede dieser Farben über einem gebrochenen Weiß. Diese Technik wird Ihnen viel Freude machen, da sich in der Essigfarbe fast alles, was man gerade zur Hand hat, klar und deutlich abdrückt – ein Korken, Knetgummi oder der traditionell verwendete Kitt, geknülltes Papier oder Fingerabdrücke. Kleine Gegenstände wie beispielsweise Tabletts, Schachteln oder Tischlampenständer kann man unkompliziert mit eleganten, dichten Mustern aus Korkendrucken, Knetgummi oder Modellierton verschönern.

In den zehn bis fünfzehn Minuten, bis die Farbe trocknet, bleibt genügend Zeit, um herumzuexperimentieren; und findet man die Muster nicht schön, sind sie schnell wieder abzuwischen. Essigmalereioberflächen müssen wie alle Wasserfarbenanstriche zum Schutz gefirnißt werden.

Vorbereitung

Den Untergrund bildet eine eingetönte matte Ölfarbe, die, sobald sie trocken ist, mit Naßschleifpapier und Seifenwasser abgeschliffen wird. Man kann auch halbmatte Ölfarbe verwenden, die man dann allerdings, um sie matter zu machen, gut abschleifen muß.

Arbeitsmaterial

Essig und Zucker; ein wenig Reinigungsmittel; trockene Farbpigmente; zwei Marmeladengläser; einen normalen Malerpinsel; Dinge, mit denen man Muster machen kann: zum Beispiel Korken, Knetgummi, Kitt oder Modellierton, Musterkämme aus Pappe, Stofflappen oder zerknülltes Papier.

Arbeitsmethode

Mischen Sie eine Tasse Essig mit einem Spritzer Reinigungsmittel in einem Marmeladenglas. Schütten Sie nun ein wenig Pigmentpulver in das zweite Marmeladenglas. Geben Sie etwas von der Essigflüssigkeit hinzu, und verrühren Sie beides zu einer Paste. Gießen Sie dann die restliche Essigmischung über die Farbpaste, und vermischen Sie das Ganze gut miteinander. Probieren Sie die Farbe auf einem Stück Papier aus. Halten Sie das Blatt ein oder zwei Minuten lang senkrecht – wenn die Mixtur läuft, ist sie zu dick. Verdünnen Sie die Farbe mit mehr Essig, und probieren Sie sie wieder aus.

Bevor Sie nun ernsthaft an die Arbeit gehen, sollten Sie einige Minuten lang mit verschiedenen Mustern experimentieren: Streichen Sie ein wenig Essigfarbe auf Pappe, und probieren Sie darin Stempeleffekte aus, verschiedene Kammuster (zum Beispiel einfache und gekreuzte, um auf diese Weise einen Webeffekt zu erzielen), Papierabdrücke oder kleine, delikate Strukturen mit einer Knetgummirolle.

Wenn Sie eine Musterkombination gefunden haben, die Ihnen gefällt, wird die Oberfläche mit einem in puren Essig getauchten Lappen gereinigt und angefeuchtet. Streichen Sie dann die Essigfarbe großflächig auf, und beginnen Sie mit den Mustern. Da die Farbe langsam trocknet, kann man auch große Flächen wie Schranktüren oder Seitenteile einer Kommode bearbeiten. Beginnt die Farbe zu trocknen, überstreicht man sie mit einer neuen Essigfarbenschicht und mustert die Fläche neu. Essigfarbe ist, wenn man sie dünn ausstreicht, eine halbtransparente Lasur, die man auch dazu benutzen kann, ruhige Flächen innerhalb der wilden Muster zu schaffen.

Firnis

Nach ungefähr einer Stunde ist die Essigfarbe fast trocken, und das ganze Möbelstück wird mit einem klaren halbmatten oder mit einem glänzenden Kunstharzfirnis gestrichen – nehmen Sie zwei oder drei Schichten für ein Objekt, das nicht allzuoft benutzt wird, und vier oder fünf Schichten für ein viel benutztes Möbel. Schleifen Sie die letzte Firnisschicht mit Naßschleifpapier und Seifenwasser sowie, wenn Sie möchten, mit einem feinen Bimssteinpulver und Öl (siehe Seite 162). Zum Schluß poliert man das Möbelstück mit einem weichen Tuch.

Malachitoberflächen

Diese farbenfrohe Oberfläche eignet sich besonders für Tischplatten und läßt kleine Objekte wie Lampen und Obelisken wertvoller erscheinen.

Vorbereitungen

Die Untergrundfarbe bildet ein blaßgrünliches Blau. Man verwendet am besten zwei Schichten einer halbmatten Latexfarbe.

Arbeitsmaterial

Transparente Öllasur; Terpentinersatz; Künstlerölfarben in den Farbtönen Chromgrün, Chromoxydgelb, gelber Ocker und Weiß; einen Fächerpinsel für die typischen gestreiften Rundungen; einen feinen Marderhaarpinsel (Nr. 2 oder 3) für Details; weichen Pinsel zum Glätten.

Arbeitsmethode

Zuerst mischt man aus den beiden Grüntönen eine helle, leuchtend blaugrüne Lasur; dazu verwendet man die transparente Öllasur und den Terpentinersatz, die man mit den Farben zu einer cremigen Masse verrührt. Danach gibt man Kleckse von allen Farben auf einen Teller. Nun tupft man den Fächerpinsel in die Lasur und malt Rundungen, die an »Chinoiserie-Wolken« erinnern. (Siehe Illustrationen auf Seite 190.) Die Rundungen sollten einander unregelmäßig überlappen und die ganze Fläche bedecken. Mit dem feinen Pinsel mischt man ein wenig der Ölfarben in die Grundlasur und malt in das Muster einige hellere oder dunklere Streifen und Flächen. Mit dem Fächerpinsel kann man diese Farben in das Muster integrieren oder sie mit einem weichen Malerpinsel in alle Richtungen vorsichtig vertreiben – aber nicht zu sehr, da Malachit ein klar gemusterter Stein ist. Mit dem feinen Pinsel malt man kleine Auszackungen ein. Danach läßt man die Farbe 24 Stunden trocknen und firnißt sie mit ein oder zwei Schichten aus seidenmattem Alkydfirnis.

Schildpattmalerei

Die auf den Seiten 112–113 beschriebenen Schildpattoberflächen eignen sich mit ihren stark richtungsbetonten und leicht übertriebenen Mustern für große Flächen. Bei Möbeln und als Untergrund für weitere Dekorationen muß dieses Muster etwas verkleinert und vereinfacht werden. Es gibt eine Reihe traditioneller Methoden, um die reichen Farbtone und unterschiedlichen Muster des natürlichen Schildpatts zu imitieren.

Malachit

Malachit ist einer der beeindruckendsten dekorativen Steine. Mit seinen lebhaften Farben und kräftigen Mustern war er besonders bei den Zaren als Deckplatte vergoldeter Konsolen beliebt. Da der Stein selten und teuer ist, haben Maler Imitationstechniken entwickelt. Überraschenderweise ist eine Malachitoberfläche leicht herzustellen; wichtig ist, daß man einige Vorbilder zur Hand hat, wie zum Beispiel Fotografien des Steins, auf denen man die Maserung betrachten kann. Die streifigen Rundungen sollte man schwungvoll und mutig ausführen – im Malachit gibt es keine ausgefransten oder ungenauen Stellen.

1 Malachit gibt es in vielen Grün- und Grünblautönen. Hier ist der Öllasur Chromgrün beigemischt. Die Lasur ist dickflüssiger als gewöhnlich – 60 bis 70% transparente Öllasur auf 30 bis 40% Terpentinersatz. Der Untergrund ist hier eine bereits fertige türkisfarbene Latexemulsion.

2 Auf die Grundfarbe wird mit einem Malerpinsel die grünblaue Lasur aufgetragen. Mit einem speziellen Fächerpinsel malt man die charakteristischen Kurven in die nasse Lasur. Einige Maler verwenden lieber die gerissene Kante einer Pappe, die sie durch die nasse Lasur ziehen, um so die unregelmäßigen Streifen zu erhalten.

3 Das Endresultat sieht noch überzeugender aus, wenn die Malachitfarben hier und dort variieren. Man mischt dazu der Basislasur ein wenig Gelb oder Weiß bei. Mit einem feinen Pinsel malt man mit diesen Farbtönen in einige der breiteren Streifen Linien ein. Indem man der Basislasur mehr Chromgrün beimischt, erhält man einen viel dunkleren Farbton, mit dem man einige Streifen dunkler malt. Diese Streifen werden ganz leicht vertrieben. Zum Schluß firnißt man mit mattem Alkyd.

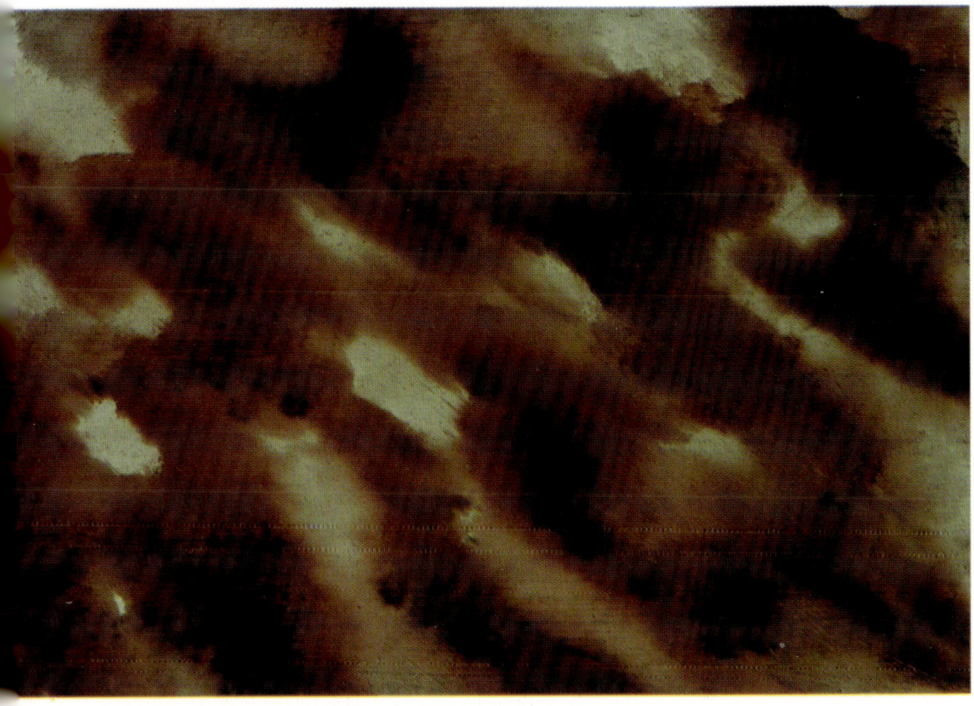

Oben und oben links Dieser Gipsobelisk ist mit einer kraftvoll schwarzweiß gemusterten Schildpattoberfläche bemalt.

Mitte links Über einen erbsengrünen Grund sind bernsteinfarbene und braune Farbflecken gelegt, die einen ungewöhnlichen Schildpatteffekt erzeugen.

Unten links Helle Schildpattmalerei auf Schlagmetall.

Streifiges schwarz-rotes Schildpatt

Diese Technik ist der zuvor beschriebenen ähnlich. Man sollte, wenn möglich, auf horizontalen Flächen arbeiten. Legen Sie also Kommoden etc. auf den Rükken oder auf die Seite, um sie zu bemalen. Man kann auch vertikale Flächen streichen, aber diese Methode erschwert die Kontrolle über die Farbe. Malen Sie immer eine Fläche aus, und betrachten Sie sie als Teil eines Ganzen, so daß sich die schwarzen und roten Streifen über alle Schubladen und Türen fortsetzen. Für goldene Muster verwendet man dunkles Bronzepulver und überstreicht mit einer Antiklasur in Erdfarben (siehe Seite 168). Diese Oberfläche ist so atemberaubend schön, daß es sich wirklich lohnt, einige Mühe darauf zu verwenden, doch würde ich sie nur für Objekte reservieren, die ein leicht aristokratisches Flair ausstrahlen.

Vorbereitungen Den Untergrund bildet ein glatt gestrichenes, opakes, leuchtendes Orangerot. Man mischt es aus einer matten oder halbmatten Ölfarbe mit Siena Natur und scharlachroter Abtönpaste oder Künstlerölfarben.

Arbeitsmaterial Glänzende Lackbeize im Farbton Dunkle Eiche; schwarze Künstlerölfarbe; spitze Künstlerpinsel; einen 50 mm breiten Malerpinsel; einen breiteren, sauberen und trockenen Malerpinsel; Terpentinersatz; Papiertaschentücher.

Arbeitsmethode Verdünnen Sie die Lackbeize mit einem Teil Terpentinersatz auf zwei Teile Lackbeize. Streichen Sie diese Farbe auf den Untergrund auf. Dabei entstehen viele Blasen. Fahren Sie nun mit »nervösen« Bewegungen mit dem Pinsel diagonal durch den nassen Lack, oder betupfen Sie ihn mit einem zusammengeknüllten Papiertaschentuch, um die Farboberfläche aufzubrechen und überschüssige Farbe zu entfernen. Damit die schwarze Ölfarbe sich streichen läßt, vermischt man sie mit ein wenig Lackbeize und malt sie dann mit dem spitzen Künstlerpinsel in die nasse Oberfläche, indem man den Pinsel seitlich in unregelmäßigen Streifen abrollt. All diese schwarzen Streifen sollten parallel zur Richtung der vorherigen Lack-in-Lack-Muster verlaufen und etwa fünf Zentimeter voneinander entfernt sein. Lassen Sie die Oberfläche zwei oder drei Minuten anhärten, und streichen Sie dann mit den Borstenspitzen des sauberen, trockenen Pinsels vorsichtig und leicht in Richtung der Diagonale über den noch feuchten Untergrund. Hier und dort wird die nasse schwarze Farbe über die rote fließen – das ist auch richtig so. Streichen Sie nun mit dem Pinsel in der entgegengesetzten diagonalen Richtung. Dabei öffnen sich die schwarzen Muster etwas, manche verschmelzen miteinander, so daß die stark parallele Struktur etwas gebrochen wird. Man kann ausgelassene Flächen weiter so bearbeiten, um das Gesamtbild zu vervollkommnen, doch sollte man unbedingt darauf achten, daß das Ergebnis eine Oberfläche wird, die zu etwa drei Fünfteln schwarz und zu zwei Fünfteln rot ist. Lassen Sie die Farbe gut durchtrocknen, bevor Sie weitere Dekorationen auftragen.

Firnis Da Eichenbeize ein harter Glanzlack ist, muß die Oberfläche zum Schluß nicht unbedingt gefirnißt werden. Soll sich die Oberfläche aber schön anfühlen und lange halten, firnißt man die ganze Fläche und schleift und poliert sie danach wie gewohnt (siehe Seite 168–169). Auf keinen Fall die direkte Oberfläche der Schildpattmalerei schleifen, da man sie beschädigen könnte!

Schildpatt mit Öllasuren

Diese Technik imitiert die Möbel des französischen Kunsttischlers Boulle, bei denen ein transparentes Schildpattfurnier über einen roten oder grünen Untergrund gelegt wurde; meistens entstand dies in Verbindung mit poliertem Holz und Goldverzierungen. Die gleiche Methode verwendet man für grüne und rote Schildpattoberflächen, obwohl andere Grund- und Lasurfarben verarbeitet werden.
Die hier beschriebene Technik unterscheidet sich von der üblichen Schildpattmalerei, da die Farben in dünnen, transparenten Öllasurschichten, die langsamer als Lackbeize trocknen, aufgetragen werden und deshalb mehr Zeit für Korrekturen oder Verbesserungen bleibt.

Rotes Schildpatt

Den Untergrund bilden zwei Schichten einer scharlachroten Latexfarbe. Die weiteren Arbeitsschritte sind die gleichen wie die unten beschriebenen bei grünem Schildpatt. Die benötigten Farben sind in Klammern angegeben.

Arbeitsmaterial

Wie bei grünem Schildpatt, nur Ölfarben in den Tönen Umbra Gebrannt, Siena Gebrannt und Schwarz.

Grünes Schildpatt

Den Untergrund bilden zwei Schichten mittelgrüner Latexfarbe. Am besten ist ein nicht zu helles Erbsengrün; geben Sie ein wenig Weiß oder Tiefblau zu Erbsengrün mischt. Der gelbe Schellack ergibt den warmen Ton.

Arbeitsmaterial

Transparente Öllasur; Terpentinersatz; Künstlerölfarben in den Tönen Umbra Gebrannt, Siena Gebrannt, Siena Natur und Schwarz; einen Malerpinsel und einen weichen Borstenpinsel; feine Wasserfarbenpinsel der Größe Nr. 5 oder Nr. 6 für kleinere Details; einen Vertreiber; einen weißen Teller zum Anmischen der Farben.

Arbeitsmethode

Zunächst verdünnt man ein wenig transparente Öllasur mit ein wenig Terpentinersatz, getönt mit ein bißchen Umbra Gebrannt, und bestreicht mit dieser Mischung gleichmäßig die Oberfläche. Ein wenig dieser Lasur gibt man in die Mitte eines Tellers und verteilt Kleckse der anderen Farben darum herum und mischt sie bei der Arbeit in die Lasur.

Man beginnt mit den hellsten Stellen, indem man der Grundlasur ein wenig Siena Natur und weniger Umbra Gebrannt beimischt (für rotes Schildpatt Umbra Gebrannt). Diese Farbe setzt man nun unregelmäßig, aber diagonal auf den Untergrund und verstreicht sie vorsichtig mit dem Vertreiber. Nun dunkelt man die Lasur mit mehr Gebrannter Umbra (für rotes Schildpatt mischt man Siena Gebrannt bei) und setzt mit dieser Lasur Farbflecken zwischen oder auf die vorige Farbschicht. Wiederum verstreicht man die Farbe vorsichtig. Danach mischt man eine dunkelbraune Lasur, indem man Umbra Gebrannt und Schwarz beimengt und mit dem Wasserfarbenpinsel ein paar dunkle Linien, Schlenker und Flecken in das Muster setzt. Wieder verstreichen.

Nach dem Trocknen bearbeitet man die Oberfläche mit durch Brennspiritus verdünntem gelbem Schellack oder mit einem seidenmatten Alkydfirnis, den man mit Künstlerölfarbe Siena Natur (Umbra Gebrannt) sanft abtönt. Der Schellack muß noch mit einer seidenmatten Alkydfirnisschicht geschützt werden.

Schildpattmalerei auf Schlag-aluminiumgrund

Bei kleinen Objekten wie Schachteln, Rahmen und Tabletts, die auch mit einer verschwenderischen Oberfläche nicht überladen wirken, sieht Schildpattmalerei über goldenem Untergrund sehr schön aus. Schlagaluminium ist dabei ein preiswerter und befriedigender Ersatz für das traditionell verwendete Blattsilber. Die Oberfläche des Objektes sollte so glatt wie möglich sein.

Arbeitsmaterial

Schlagaluminium – genügend Blätter, um das ganze Objekt zu bedecken, und ein wenig als Reserve; Anlegeöl, als Haftuntergrund für das Schlagaluminium; Lackbeize in der Farbe Dunkle Eiche; Gebrannte Umbra und schwarze Ölfarben; 50 mm breiten Malerpinsel; einen breiteren, trockenen, sauberen Malerpinsel und einen spitzen Künstlerpinsel; Baumwollwatte.

Arbeitsmethode

Wie man Schlagaluminium aufträgt, ist auf den Seiten 208–209 beschrieben. Nachdem die Aluminiumoberfläche trocken, geglättet und poliert ist, trägt man eine schnelltrocknende, weiße Schellackschicht auf. Sobald dieser Anstrich fast trocken ist, beginnt man mit der Schildpattmalerei (siehe Seite 112). Ärgern Sie sich nicht, wenn die übereinanderlappenden Teile des Schlagaluminiums auch in der endgültigen Oberfläche zu erkennen sind – das hat seinen eigenen Charme. Glätten Sie aber alle Unregelmäßigkeiten in der Aluminiumoberfläche, da man auch sie zum Schluß sehen kann – was auf einer großen Fläche nicht weiter schlimm ist. Soll das Objekt dunkel schimmern, bemalt man die Oberfläche zweimal – gerade dicht genug, um eine kühle, silbrige Tiefe zu erhalten, wie etwa das Licht eines von Wolken verdeckten Mondes.

Helles Schildpatt auf Schlagaluminiumgrund: Die hellere Version dieser Technik ergibt eine weichere, von der vorigen ziemlich verschiedene Oberfläche. Der einzige Unterschied ist hierbei, daß man einen Glanzfirnis im Farbton Helle Eiche verwendet. Malen Sie weniger und dünnere Muster aus Gebrannter Umbra und Schwarz ein, die auch nicht so stark geglättet werden sollten.

Firnis

Die Oberfläche wird härter und stabiler, wenn man sie mit einigen klaren Firnisschichten schützt, die abgerieben und poliert werden sollten.

Lackoberflächen oder Japanlacktechnik

Eine billige Holzkiste ist durch Reliefarbeit aus Modelliermasse, Goldfarben, Bronzepulver, Schlagmetall und Chinoiserie-Design zu einer Schatzkiste geworden.

Als die handwerklichen Meisterstücke der Lackarbeiten aus China und Japan in den Westen kamen, war es nicht überraschend, daß europäische Handwerker bald versuchten, ihre perfekten glänzenden Oberflächen zu imitieren. Die Verwirrung wuchs, als ein Harz, das den Namen *Coccus lacca* trug, aber in Wirklichkeit aus den Sekreten von Insekten gewonnen wurde, in den Westen kam. Nach einigen Versuchen entstand »Samenlack«, den wir heute Schellack nennen, ein sehr schnell trocknender harziger Firnis, der im Gegensatz zu allen anderen Firnissen nur in Alkohol löslich ist. Die europäischen Handwerker mischten Schellack mit Farben, womit es ihnen gelang, eine Reihe technisch zwar nicht korrekter, aber ästhetisch sehr ansprechender Pseudo-Lackarbeiten herzustellen.

Es ist möglich, die warme Ausstrahlung der Farben und die Patina alter Lackarbeiten nachzuahmen, indem man ein Objekt mit den richtigen Farben bemalt, es mit fernöstlich inspirierten Mustern schmückt und dann so viele Firnis- oder weiße Schellackschichten aufträgt, wie die Geduld es zuläßt. Das Ergebnis ist vielleicht nur die Kopie einer Kopie, aber eine extravagant schöne Kopie.

Je mehr Mühe man sich gibt – Muster in Gold oder Bronze, Schildpattuntergrund, Schablonenmuster oder handgemalte Szenen, getönte Firnisse –, um so kostbarer wirkt das fertige Objekt. Ganz im Gegensatz dazu kann man einen moderneren, streng einfachen Lackeffekt anstreben, bei dem man viele klare, glänzende und abgeriebene Firnisschichten über strahlende Farben legt.

Möbel mit klaren, starken Formen eignen sich besonders gut für diese wunderbaren Oberflächen. Der moderne Lackstil paßt ausgezeichnet zu Eßzimmerstühlen und Kaffeetischen. Das Holz spielt dabei keine Rolle; selbst das schlechteste Sperrholz, solange es nicht völlig brüchig und verwittert ist, sieht schön aus, nachdem man es mit Kreidegrundschichten geglättet, dann gestrichen, bemalt und mit vielen Schichten Firnis verdeckt hat.

Die Platte dieses Tisches aus dem 18. Jahrhundert ist mit einer witzigen, modernen Trompe-l'œil-Malerei verziert; zum Schluß wurde die Oberfläche mit Schellack versiegelt, um den Glanz zu verstärken.

Vorbereitungen

Ein Kreidegrund verbessert die Oberflächen von offenporigem, schlechtem Holz. Außer bei glattem und feinporigem Holz, für das eine Schicht Vorstrich reicht, sollte man die Fläche mit vier oder fünf Leimkreidegrund-Schichten oder einer zu Farbkonsistenz verdünnten Allzweck-Spachtelmasse grundieren (siehe Seite 154–156). Jede Schicht reibt man, wenn sie trocken ist, mit einer mittelfeinen Stahlwolle oder Schleifpapier ab. Wenn die letzte Leimkreidegrund-Schicht trocken ist, überstreicht man sie mit Schellack – ein Teil Brennspiritus zu zwei Teilen Schellack, um die Kreidegrundschicht zu versiegeln und einen glatten Untergrund für weitere Farbaufträge zu erhalten.

Arbeitsmaterial für schwarze Lackoberflächen

Schwarze, matte Ölfarbe; Gebrannte Umbra in Form von Künstlerölfarbe; glänzenden, klaren Kunstharzfirnis; Pinsel; Naßschleifpapier.

Arbeitsmethode für schwarze Lackoberflächen

Die ersten zwei oder drei Schichten bestehen aus schwarzer, matter Ölfarbe. Die letzte dieser Farbschichten wird mit Naßschleifpapier und Seifenwasser geschliffen. Die nächsten zwei Schichten mischt man aus fünf Teilen matter, schwarzer Ölfarbe, einem Teil Gebrannter Umbra und einem halben Teil Glanzfirnis. Diese zwei Anstriche schleift man wie die vorhergehenden.

Danach kann man Vergoldungen oder andere Verzierungen auftragen.

Firnis: Möchte man ein warmes Schwarz erzielen, mischt man ein wenig Gebrannte Umbra oder Lackbeize in der Farbe Dunkle Eiche unter die letzten zwei oder drei glänzenden Kunstharzfirnisschichten. Jeder Anstrich wird geschliffen und der letzte mit Englischer Erde oder feinem Bimssteinpulver poliert. Soll die Oberfläche stärker glänzen, wachst und poliert man sie.

Arbeitsmaterial für rote Lackoberflächen

Matte, weiße Ölfarbe; zinnoberrote Künstlerölfarbe oder Ölfarbe zum Eintönen; Terpentinersatz; glänzenden Kunstharzfirnis; Künstlerölfarben oder Abtönpaste in Karminrot und Gebrannter Siena zum Tönen der Schlußanstriche.

Arbeitsmethode für rote Lackoberflächen

Mischen Sie die rote Ölfarbe mit der weißen, matten Farbe so, daß die Farbe gut fließt und nicht zu kreidig wirkt. Tragen Sie zwei, drei Farbschichten auf, und schleifen Sie sie mit Naßschleifpapier glatt. Die nächsten zwei Anstriche bestehen aus Glanzfirnis mit ein wenig Karminrot und Gebrannter Siena. Letztere transparente Farbe verändert das opake Grundrot beträchtlich.

Firnis: Wenn das Rot zu strahlend oder grell wirkt, kann man es dämpfen, indem man entweder eine dünne Lasur in Gebrannter Umbra aufträgt oder sepiafarbene bzw. schwarze Farbsprenkel aufspritzt. Man kann aber auch die zwei oder drei Firnisschichten, die mit drei Teilen Firnis auf einen Teil Terpentinersatz verdünnt werden, mit ein wenig Gebrannter Umbra oder mit der Lackbeize Dunkle Eiche vermischen, die einzelnen Schichten vorsichtig schleifen und die letzte wie oben beschrieben polieren.

Weitere Lackoberflächen

Zusätzlich zu den klassischen Farben Schwarz und Zinnoberrot gibt es Japanlackoberflächen auch noch in vielen anderen Farbtönen – Weiß, Gelb, Oliv, Kastanienbraun, Blau und Purpur. Beim Imitieren dieser Flächen entstehen der Glanz und die Tiefe durch das Auftragen des getönten Firnis'; oder durch eine Öllasur, die einen von der Grundfarbe leicht verschiedenen Farbton aufweist. Man kann diese transparenten Schichten über die ganze Fläche auftragen oder sie mit einer gezogenen Pinsellasur als schmale Streifen aufstreichen, so daß die zwei Farben stärker miteinander wirken. So kann man ein mattes Gelb, das aus Indischgelb und weißer Ölfarbe gemischt ist, mit einer chromgelben Öllasur intensivieren; streicht man eine preußischblaue oder ultramarinblaue Öllasur über einen Untergrund, der aus Kobaltblau und einer weißen Ölfarbe gemischt wurde, erhält man auf diese Weise ein strahlendes Blau.

Linienmuster

Linienmuster in kontrastierenden Farben verwendet man häufig, um farbige oder bemalte Möbel zu verzieren, ihre Formen und Konturen zu betonen oder zu verstärken und um die Aufmerksamkeit auf dekorative Details zu lenken. Traditionell richteten sich die Linienmuster nach dem Stil der Möbel. Auf geschwungenen französischen und italienischen Objekten verliefen breite, wasserdünne Farbstreifen oft an den Außenkanten von Tischplatten und Stühlen.

Jedermann kann eine recht breite, dekorative Kantenlinie ziehen; um aber eine makellose feine Linie freihändig ziehen zu können, bedarf es eines gesunden Selbstvertrauens, vieler Übung und einer ruhigen Hand. Doch gibt es einige Tricks, mit denen man einen ähnlichen Effekt erzielen kann. So erlaubt eine Zwischenschicht aus weißem Schellack oder klarem Firnis, krumme Linien einfach abzuwaschen und es noch einmal zu versuchen. Auf einem flachen Untergrund kann man mit einem Lineal und einem feinen Marderhaarpinsel recht gute gerade Linien ziehen. Ich kenne sogar einige Dekorateure, die dafür einfach einen Filzstift verwenden.

Vorbereitungen

Im allgemeinen werden Linien- und Streifenmuster nach den Lasuren, aber vor einer möglichen Antiklasur aufgetragen (siehe Seite 165–170). So erhält man eine klarere Form und Oberfläche. Auch hier gilt: Je glatter der Untergrund ist, um so einfacher läßt sich die Farbe auftragen. Wenn Sie Ihrer Malkünste ein wenig unsicher sind, tragen Sie am besten, bevor Sie mit dem Malen beginnen, eine Sperrschicht auf (siehe Seite 159, 160).

Arbeitsmaterial für Linienmuster

Farbe: Für transparente, wässrig wirkende Kanteneinfassungen verwendet man mit Wasser verdünnte Künstlergouache- oder Acrylfarben. Damit die Wasserfarbe nicht davonläuft, mischt man einen Tropfen Reinigungsmittel unter. Diese Farben passen am besten zu Möbelstücken mit einer matten Oberfläche.

Professionelle Dekorateure ziehen feine Linien im allgemeinen mit einer mit Terpentinersatz verdünnten Künstlerölfarbe, der man, damit sie etwas mehr Substanz hat, klaren Firnislack beigemischt hat.

Pinsel: Für breite Linien verwendet man einen Marderhaar-Künstlerpinsel Nr. 6, für feine Linien einen Marderhaarpinsel Nr. 3. Professionelle Dekorateure verwenden oft einen Schwertschlepper (siehe Seite 232), da man mit den langen, dünnen Haaren gut freihändig Linien ziehen kann.

Weiteres Arbeitsmaterial: Verdünner für die Farben; Stofflappen oder Wattebäusche; eine Untertasse zum Farbenmischen; zusätzlich, wenn man möchte: einen eingekerbten kleinen Karton, um die Linie in gleichem Abstand vorzuzeichnen; einen Strichzieher; Filzstifte; Lineal.

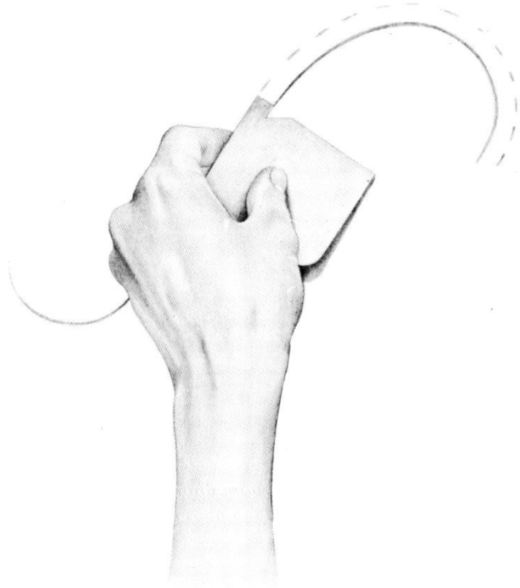

Arbeitsmethode

Stellen Sie das zu bemalende Objekt in eine für Sie angenehme Höhe. Ein niedriger Tisch mit soliden Beinen ist eine ideale Plattform. Probieren Sie Farbe und Pinsel auf einem Testbrettchen aus, um ein Gefühl für den Pinsel zu bekommen und zu sehen, ob die Farbe gut fließt und genügend deckt. Nehmen Sie nicht allzuviel Farbe auf den Pinsel, da sonst ihre saubere Linie bei einem härteren Pinseldruck fleckig werden könnte. Die Dicke der Linie hängt vom Druck Ihrer Hand und der Breite des Pinsels ab. Professionelle Dekorateure ziehen eine freihändige Linie, indem sie ein wenig zurücktreten, den Pinsel ziemlich weit oben am Griff und nicht unten in der Nähe der Borsten halten und die Linie mit einer gleichmäßigen, entspannten Bewegung ziehen. »Das Auge führt, die Hand folgt«, wie die Experten sagen. Sonst kann es geschehen, daß man zögert, wodurch leicht Kurven und Unterbrechungen der Linien entstehen.

Korrigieren Sie alle Fehler, wenn Sie eine logische Unterbrechung erreicht haben – wie zum Beispiel eine Ecke –, und auf jeden Fall, bevor die Farbe hart wird. Ist die Farbe bereits angetrocknet, läßt man sie ganz trocknen und reibt die Fehler mit feiner Stahlwolle vorsichtig ab. Retuschieren Sie die Linien, wenn die Farben trocken sind, aber vorsichtig, da leicht sichtbare Farbunterschiede auftreten können. Nach der Streifenbemalung kann man die Oberfläche mit klarem mattem oder halbmattem Kunstharzfirnis versiegeln.

Kantenlinien: Grobe Bauernmöbel wirken mit einer wirklich breiten Kantenverzierung, die zwischen 12 und 25 mm breit sein kann, oft weniger klobig. Diese Streifen sind sehr einfach zu ziehen, da man den Pinsel mit dem kleinen Finger leiten kann. Man markiert sich vorher die Breite der Streifen mit einem eingekerbten Karton und kleinen Farbpunkten auf der Fläche. Leichte Unregelmäßigkeiten fallen zum Schluß gar nicht mehr auf. Wasserverdünnte Farben ergeben verblichen wirkende Linien, die gut zu antiken Möbeln passen; beim Retuschieren dieser Farben muß man vorsichtig sein, da dünne Farben übereinandergestrichen schnell zu kräftig werden.

Kräftige dunkelgrüne Linien betonen das ungewöhnliche Fußteil dieses alten Bettes. Linienmuster sollten sich nach der Größe des zu bemalenden Objektes richten, breit auf rustikalen, zart auf eleganteren Möbelstücken.

An geraden Kanten kann man sich mit einem in der richtigen Distanz zur Kante befestigten Klebeband behelfen. Bevor man zu malen beginnt, fährt man mit einem Messerrücken entlang der Klebebandkante, damit sie wirklich fest ist, und löst das Klebeband, sobald man die Linie gezogen hat, wieder ab, um saubere Ecken und Kanten zu erhalten. Soll die Oberfläche alt und verblichen wirken, sollte man eine matte Farbe verwenden, die aber nicht so dick aufgetragen werden darf, daß sie eine kleine Relieferhebung bildet. Zum Schluß überstreicht man die gesamte Fläche mit mattem Firnis.

Feine Linienmuster: Feine, dünne Linien liegen im allgemeinen ein wenig von den Kanten nach innen versetzt; sie folgen den Rundungen einer Rückenlehne oder den sich verjüngenden Kanten eines rechteckigen Stuhlbeins. Man bemalt eine Stuhlrückenlehne am besten, indem man den Stuhl in Tischhöhe auf den Rücken legt, so daß man ihn von drei Seiten gut bearbeiten kann. Bemalen Sie zuerst die Innenflächen, damit man diese Linien nicht dadurch verschmiert, daß man sich über sie beugen muß, um weitere Linien zu ziehen.

Es hätte keinen Sinn zu behaupten, daß es einfach ist, eine feine, gerade Linie freihändig zu ziehen. Aber Übung macht den Meister. Überstreichen Sie den Malgrund zuerst mit einer Schellack- oder Firnisschicht, und gehen Sie mutig ans Werk, in dem Wissen, daß man Fehler mit einem mit Lösungsmittel befeuchteten Wattebausch am Ende eines Malabschnitts wieder abwischen kann. Retuschieren Sie die Farben, wenn sie trocken sind.

Ein Trödeltisch aus der Zeit der Jahrhundertwende, der mit Bambusstreifen aus getöntem und verdünntem Firnis bemalt wurde. Die geflochtenen Oberflächen wurden freihändig in den gleichen drei Blauschattierungen verziert.

Bambusmalerei

Mit der Vorliebe für Chinoiserien im 18. Jahrhundert kam auch Bambus in Mode, der in Form von Möbeln und Nippessachen nach Europa importiert wurde. So billig und üblich er im Orient war, so selten und teuer war er im Westen. Und schon bald imitierten europäische Handwerker Bambus mit gedrechseltem und geschnitztem Holz.

Die Handwerker bevorzugten unterschiedliche Effekte, doch die meisten Bambusimitationen hielten sich an bestimmte Konventionen. Die auffallenden Verbreiterungen am Ende und Anfang der einzelnen Bambusabschnitte betonte man mit ein-, zwei- oder dreifarbigen Linien, und mit denselben Farben malte man kleine Augen und sich verjüngende Wirbel, charakteristisch für weiblichen Bambus. Diese handgemalten Details gestaltete man entweder in zurückhaltend komplementären Farben, wie zum Beispiel Graugrün auf gelbbraunem Untergrund, oder in leuchtend kontrastierenden Farben, wie zum Beispiel Rosa auf Weiß oder Schwarz und Gold auf Zinnoberrot. Die Bambusmalerei stellt eine einfache Möglichkeit dar, ein simpel bemaltes Objekt mit Farbe und Phantasie zu verschönern und einfarbige Oberflächen dekorativ zu verzieren.

Am besten eigenen sich natürlich Objekte mit gedrechselten Bambusimitationen. Für elegeante Formen kann man kraftvolle Farben wählen – Schwarz, Rot, Kakadu-Rosa und Grün – und die Bambusmalerei in helleren, kontrastierenden Farben ausführen. Bei Objekten, die nur wenig gedrechselte Bambusdekorationen haben – wie zum Beispiel an Stuhllehnen und -beinen, runden Tischplatten und Schubladen –, sollte man sich an neutrale Farben halten und die Details mit diskreten Farbtönen aufmalen: Sepia über Braungelb, Grün über Gelb, Dunkelgrün oder Braun über Grün und jede andere mittelstarke Farbe über einem Cremeton oder einem Grauweiß.

Jede simple runde Holzform kann mit einer stilisierten Bambusbemalung reizvoller aussehen. Es ist gar nicht so schwer, Dinge ausfindig zu machen, die durch diese Art der Bemalung schöner werden könnten – wie zum Beispiel Bilder- oder Paraventrahmen, einfache Bettgestelle und kleine Tische mit geraden, runden Beinen –, und abzuschätzen, wie weit man gehen kann, ohne daß das Ergebnis lächerlich wirkt. Will man Stühle mit geflochtenen Sitzflächen im Bambusstil bemalen, wählt man für die Sitzfläche eine zum Bambus passende Farbe und malt auf die geflochtene Struktur ein Gittermuster in der Farbe der Bambusdetails auf; ein Binsengeflecht schmückt man mit Streifen. Mit Bambusmalerei lassen sich auch die gefleckten, aus echtem Bambus gefertigten Objekte der Jahrhundertwende verschönern, die durch Hitze und Firnis braun gesprenkelt aussehen und die es in Trödelläden zu kaufen gibt. Es wäre zu schade, schöne Exemplare zu übermalen, aber es gibt viele Stücke, die mit einer neuen, gereinigten, geschliffenen und bemalten Oberfläche besser aussehen.

Es gibt zwei gemeinhin verwandte Techniken der Bambusmalerei. Die eine kann man nur bei echtem oder gedrechseltem Bambus anwenden. Hierbei betont man die Bambusknoten durch feine Linien und kann, wenn man möchte, noch kleine Augen und Wirbel aufmalen. Die zweite besteht im Aufmalen von Ringen. Diese Technik hat den Vorteil, daß man sie auch bei einfachen runden Holzformen anwenden kann. Die Streifen bestehen aus sich nach außen verbreiternden Ringen, die aneinanderstoßen, in einer Variante des Farbtons. An glatten, runden Formen wirken sepiafarbene Muster auf einem dem Bambus ähnlichen, strohfarbenen Untergrund besonders hübsch. Über dunkle Farben malt man Bambusringe in hellen Erdfarben, wie sie ein mit Umbra Natur, Siena Natur oder gelbem Ocker gemischtes Weiß ergibt; so erhält man ausreichende Kontraste, ohne daß die Bemalung grell wirkt.

Vorbereitungen

Für Bambusmalerei benötigt man eine glatte, sorgfältig gestrichene und geschliffene Untergrundfarbe, die auf einen ziemlich ebenen Untergrund aufgetragen wurde (siehe Seite 151–156). Geflämmter Bambus muß mit Stahlwolle und Brennspiritus abgerieben werden, um alte Möbelpolituren zu beseitigen.

Tragen Sie wenigstens drei dünne, in der Grundfarbe eingetönte Vorstreich- oder matte Ölfarbenschichten auf. Jede Farbschicht muß mit feinem Naßschleifpapier und Seifenwasser geschliffen werden.

Arbeitsmaterial

Farbe: Auf originalem oder gedrechseltem Bambus malt man am besten mit schnell trocknenden, gut deckenden Farben. Mit Wasser verdünnte Acrylfarben bringen intensive Farbigkeit; verdünnt man sie stärker, werden sie transparent. Man kann auch matte, mit Abtönpaste oder Künstlerölfarben getönte Farben verwenden, doch brauchen sie eine längere Trocknungszeit.

Linien auf geradem, rundem Holz malen die meisten Dekorateure mit transparenten Farben auf. Dazu verwenden Sie klaren, matten Firnis, der mit in Terpentinersatz verdünnten Künstlerölfarben abgetönt ist. Das Verhältnis von Verdünner zu Firnis beträgt bei der transparentesten Farbe etwa 1 : 1; für den dunkelsten Farbton vermischt man etwa einen Teelöffel Verdünner mit einem Eßlöffel Firnis. Die blasseste Farbe muß durchsichtig dünn sein, und, damit man sie auf einem dunklen Untergrund wahrnimmt, sollte sie einige Weißpigmente enthalten. Diese transparente Farbe trocknet schnell, weil sie soviel Verdünner erhält; man kann so alle drei Ringe innerhalb weniger Minuten malen.

Pinsel: Feine, spitze Künstler-Marderhaarpinsel Nr. 3 und 6 für die Details; einen flachen Künstlerpinsel, um transparente Farben aufzutragen; für die Bambusstreifen benötigt man einen 17 mm breiten Malerpinsel oder einen dicken, weichen Künstlerpinsel sowie einen ähnlichen, 12 mm breiten Pinsel.

Weiteres Arbeitsmaterial: Klebeband; Stofflappen; Untertassen zum Anmischen der Farben.

Bambusmalerei auf echtem oder gedrechseltem Bambus

Mischen Sie ein wenig Farbe auf einer Untertasse an – wenige Eßlöffel reichen für einen Stuhl. Die Farbe sollte opak genug sein, um den Untergrund abzudekken, und flüssig genug, um gut streichbar zu sein. Nun malt man mit dem dickeren Pinsel (Nr. 6) einen sauberen Farbstreifen um jeden Bambusknoten; dabei drückt man den Pinsel so stark auf, daß die Farbe noch auf beiden Wülsten zu

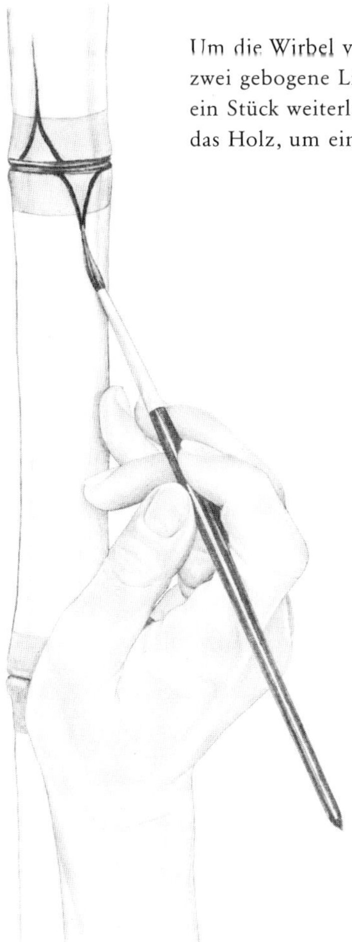

Um die Wirbel von weiblichem Bambus zu imitieren, zeichnet man zwei gebogene Linien, die sich treffen und in einer gemeinsamen Linie ein Stück weiterlaufen. Drücken Sie Ihren kleinen Finger leicht gegen das Holz, um einen sicheren Strich ziehen zu können.

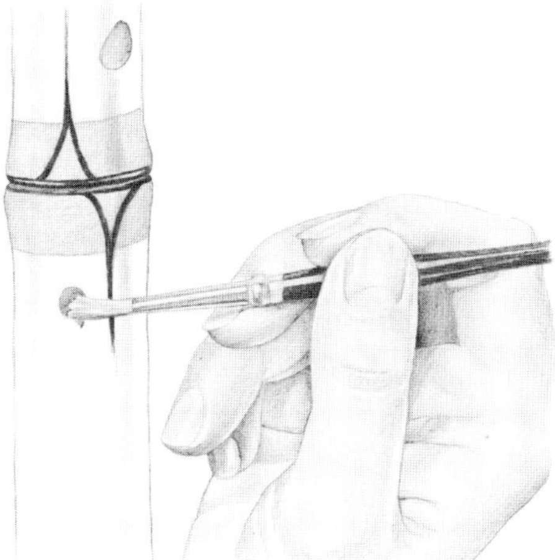

Malen Sie die Augen mit einem breiteren Pinselstrich – ovale Flecken auf beiden Seiten der Wirbel.

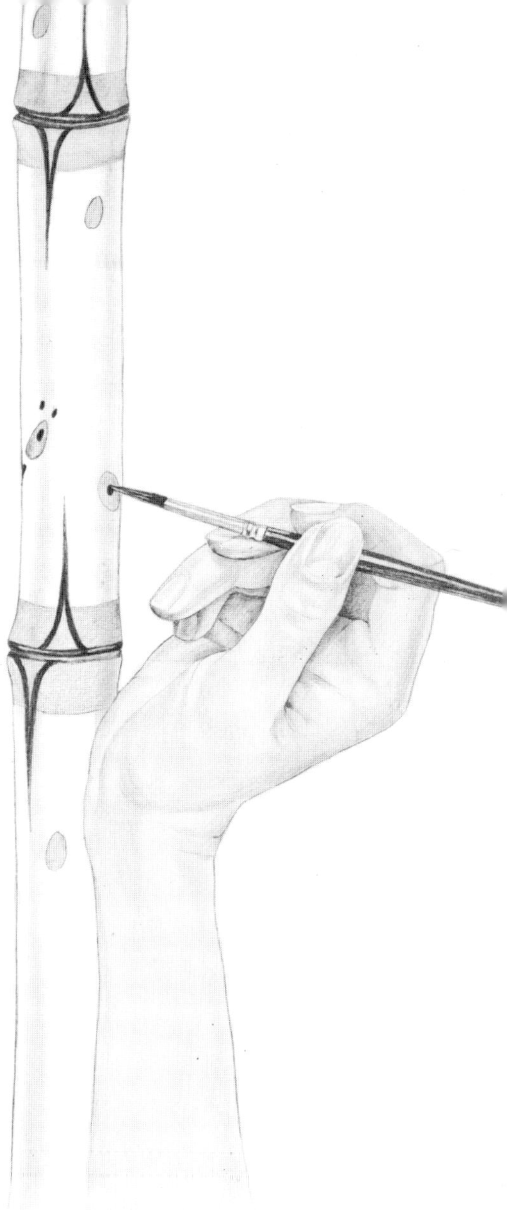

Verzieren Sie die Augen mit einigen winzigen Flecken in einer dunkleren Farbe.

sehen ist. Danach setzt man die feinen Wirbel und Augen mit dem kleineren Pinsel (Nr. 3) ein. Die Wirbel zeichnet man als zwei gebogene, sich treffende Linien, die nicht mehr als ein Drittel des Bambusabschnittes lang sein sollten.

Bei echtem Bambus befinden sich die Augen auf beiden Seiten der Wirbel. Sie sind leicht oval und von winzigen Farbflecken umgeben. Malen Sie ein paar mehr auf die sichtbaren Seiten, und plazieren Sie sie asymmetrisch – also nicht in jeder Sektion zwei Wirbel und vier Augen. Wenn die Farbe trocken ist, kann man die Bambusmodellierung mit einem getönten Firnis noch betonen. Man trägt die transparente Farbe mit dem Flachpinsel in feinen Streifen auf die unbemalten Flächen zwischen den Knoten auf.

Bambusmalerei auf geradem, rundem Holz

Man malt den breitesten Streifen mit dem hellsten Farbton der transparenten Farbe; er ist im allgemeinen etwa 25 mm breit und wird mit dem breitesten Pinsel aufgesetzt. Malen Sie ihn dort auf, wo ein Knoten sein müßte. Malen Sie alle breiten Ringstreifen auf einmal, und warten Sie, bis sie trocken sind.

Tönen Sie die Farbe nun dunkler, und malen Sie in die Mitte der breiten Streifen einen schmaleren, etwa 12 mm breiten Ring. Danach tönt man die verbliebene Farbe noch dunkler und zeichnet mit dem feinen Marderhaarpinsel in die Mitte der Ringe einen weiteren etwa 6 mm breiten Ring. Mit diesem ganz dunklen Farbton sind dann auch die Augen einzusetzen sowie eventuelle farbige Linien, um die Form eines Objekts zu betonen – wie zum Beispiel auf Stuhllehnen und Tischplatten.

Firnis

Nachdem die Oberfläche völlig getrocknet ist (hat man einen getönten Firnis aufgetragen, kann das drei oder vier Tage dauern), überzieht man das ganze Objekt mit zwei Schutzschichten aus klarem, mattem Firnis. Dunkle Bambusobjekte mit orientalischen Farben sehen oft mit glänzendem Firnis besser aus.

Dekorative Wasserfarbenmalerei

Ein weiterer Trend der modernen Innendekoration ist das Wiederaufleben der Möbelmalerei mit Wasserfarben, wie sie im 18. Jahrhundert mit Vorliebe von jungen Damen ausgeführt wurde. Erfahrene Möbelmaler verwenden oft Wasserfarben in ihrer einfachsten, getrockneten Form, in kleinen Blöcken oder Näpfen, die man mit Kindermalunterricht in Verbindung bringt. Andere arbeiten lieber mit in Gummiarabikum aufgelösten Gouachefarben. Diese klare, leicht klebrige Farbflüssigkeit läßt sich gut auftragen, und man kann sie übermalen, ohne sie wieder anzulösen. Zwei Gesichtspunkte muß man bei dieser Art der Wasserfarbenmalerei besonders hervorheben. Zum einen ist eine helle Grundfarbe – ein Creme- oder Elfenbeinton, oder eine sanfte Pastellschattierung – am besten geeignet, da sie die transparenten Malfarben nicht sonderlich verändert. Auf dunklem Untergrund muß man die Farben mit weißer Acrylfarbe »aufhellen«. Zum anderen sind die Wasserfarben so empfindlich, daß man sie gleich nach dem Malen, bevor man mit Antiktechniken oder Firnißschichten arbeitet, schützen muß. Das geschieht am besten mit klarem Sprühlack, den man nur auf die Wasserfarbenmalerei sprüht.

Wasserfarbenmalereien auf Kreidegrund wirken alt und ein wenig abgebröckelt, wie diese hübsche Malerei hier beweist.

Arbeitsmaterial

Gouachefarben sind sehr konzentrierte Farben, deshalb reicht oft eine kleine Tube aus. Gummiarabikum, das ebenfalls in Künstlerbedarfsgeschäften in kleinen Flaschen erhältlich ist; weißes Papier oder einen weißen Teller zum Anmischen der Farben; Pinsel – weiche, spitze Wasserfarbenpinsel in unterschiedlicher Stärke und einen weichen Pinsel mit geradem Borstenende zum Malen der Blütenblätter; eine Dose klaren Sprühlack; Kreide; nach dem Gebrauch muß man die Pinsel gut reinigen und sollte sie nie mit der Spitze nach unten im Wasser stehen lassen; damit sie in Form bleiben, reibt man die Pinselhaare über ein Stück Seife und dreht die Haare dann spitz zusammen. Vor der nächsten Benutzung wäscht man die Seife wieder aus.

Motive und Muster

Wasserfarbenmalerei eignet sich besonders gut für florale Muster, und es gibt unzählige Inspirationsquellen, angefangen bei botanischen Drucken, Postkarten, bemaltem Porzellan, Stoffen, Tapeten und Bordüren. Manchmal ist es einfacher, ein Motiv von einer Vorlage als direkt nach der Natur zu kopieren. Andere Motive sind Muscheln, Federn, Vögel und Schmetterlinge. Auch einfache Linien sehen mit Wasserfarben hübsch aus, vielleicht nur als eine Umrandung oder ein Gittermuster. Rokokogirlanden und blau-weiße Chinoiserie-Motive sind ebenfalls attraktive Möglichkeiten. Ein Blick in das Postkartenangebot eines guten Museums sollte viele Anregungen bieten. Aber man sollte zu Beginn nicht zu ehrgeizig sein und es erst einmal mit einem einfachen Motiv versuchen.

Arbeitsmethode

Zuerst zeichnet man die Umrißlinien mit Kreide auf. Dann beginnt man die Malarbeit mit den mittleren Farbtönen: Rosa für Blüten, Mittelgrün für Blätter. Als nächstes fügt man die dunkleren Akzente hinzu, ein wenig Scharlachrot (immer mit vom Teller oder Papier genommenem Gummiarabikum verdünnt) oder für die Blätter ein mit Umbra Natur oder gebrannter Umbra »verschmutztes« Grün. Geben Sie einen Klecks Gummiarabikum in die Mitte des Tellers und die Gouachefarben rundherum auf den Rand, und probieren Sie die verschiedenen Intensitäten und Farbkombinationen aus. Für Lichtpunkte und helle Stellen mischt man ein wenig Weiß in die mittleren Farbtöne; man sollte solche Glanzlichter allerdings sparsam einsetzen, da das Weiß die Farbe opaker macht. Nun tritt man einen Schritt zurück, kneift die Augen zusammen und kontrolliert, ob die Farbbalance stimmt – vielleicht müßte das Rosa ein wenig wärmer sein, also mischt man etwas Siena Gebrannt unter. Oder die Blätter sollten ein wenig gelblicher wirken. Mit einem feinen Pinsel malt man Details wie Blattadern, Dornen oder Staubgefäße ein. Eine zarte Schattenlinie um das Motiv in einem der mit Gummiarabikum verdünnten Umbratöne gibt dem Motiv eine leichte Reliefwirkung. Dabei sollte man bedenken, daß diese Art gemalter Dekoration in den meisten Fällen keine Hauptrolle, sondern eine hübsche Nebenrolle bei der Möbelgestaltung spielt. Deshalb sind in einer einzigen Farbe gehaltene Motive für diesen Zweck so geeignet.

Wenn die Malerei ganz trocken ist, versiegelt man sie mit Sprühfirnis. Dann lasiert man sie mit einem Antikeffekt oder bearbeitet die Oberfläche weiter mit Krakelürtechnik (Seite 172–173). Beide Effekte dienen dazu, die Malerei in den Gesamteindruck einzubinden. Am besten wirkt in den meisten Fällen ein matter oder seidenmatter Alkydfirnis.

Vergolden

Die Kunst des Vergoldens umgibt ein geheimnisvolles Flair – was auch ganz verständlich ist, wenn man an den Preis und die Fragilität von echtem Blattgold denkt sowie an die kunstvolle Technik des traditionellen Vergoldens. Blattgold ist zu teuer, um als Arbeitsmaterial für einen Amateurdekorateur in Frage zu kommen – es macht keinen Spaß, mit einem Material zu experimentieren, bei dem jeder Fehler kostspielig ist.

Es gibt andere Möglichkeiten, eine Oberfläche mit einem reichen metallischen Glanz zu verzieren, indem man weniger wertvolle Metalle in Form von Pulver oder Blättchen benutzt, die viel preiswerter und einfacher zu verarbeiten sind und doch mit einigen professionellen Tricks fast wie echte Vergoldungen erscheinen.

Die falschen Goldmaterialien sehen am besten aus, wenn man sie als ein glänzendes Element in einem umfassenden dekorativen Plan begreift, nicht als Goldimitation. Ein wenig Gold und Silber als Umrandung von Schubladen und Tischplatten oder als Glanzlicht auf Reliefschnitzereien, gedrechselten Beinen oder Rückenlehnen geben dem Möbelstück ein sehr elegantes Aussehen. Noch verschwenderischer können Oberflächen aus Blattaluminium wirken, wenn man sie als leuchtenden Untergrund für Schildpattmalerei verwendet. Eine solche Oberfläche läßt kleinere Objekte wie Bilderrahmen und Schachteln wertvoll, ja prachtvoll aussehen. Die einfachen Vergoldungstechniken, die hier beschrieben werden, kann dennoch wirklich jeder mit einigermaßen geschickten Händen vollbringen.

Dekorationen mit Metallpulver

Bronze-, Silber- und Aluminiumpulver sind billig, so daß man mit ihnen beginnen sollte, wenn man irgendeinem Objekt ein Midas-Flair geben möchte. Es gibt sie in vielen Tönen – vom silbrigen Weiß bis hin zum reichen Bronzegold –, und sie wirken am eindrucksvollsten, wenn man unterschiedliche Farben gemeinsam verwendet. Man kann mit ihnen Schablonenmuster drucken, freihändig malen oder Linienmuster zeichnen.

Sie lassen sich direkt auf eine noch klebrige Oberfläche auftragen. Die Untergrundfarbe ist meistens dunkel, zum Beispiel Schwarz oder Rot, damit sich das Metall von ihr abhebt; oder man malt sie über Muster, die in ähnlichen Farben – wie zum Beispiel Gelbocker oder Venezianischrot – gehalten sind, um die Metalloberfläche zu bereichern.

Alle Metallpulver werden durch Luftkontakt schnell trübe, weshalb man sie zum Schutz schnell firnissen muß. Um Patina und Modellierung zu suggerieren, kann man sie mit getönten Firnissen oder einer Antiklasur überstreichen. Dadurch wird der Metallglanz etwas zurückgenommen, wodurch wiederum paradoxerweise die unbehandelten Flächen besonders glänzen.

Sauberes Arbeiten und Geduld sind die Hauptvoraussetzungen für die Arbeit mit Metallpulvern. Sie sind so leicht und haften so schnell, daß man vorsichtig mit ihnen umgehen muß, damit sie sich nicht dort festsetzen, wo man sie gar nicht haben will.

Zwei blaue Gouachetöne – Kobalt und Ultramarin –, die man mit unterschiedlichen Mengen Gummiarabikum mischt, ergeben die Farbtöne, die ursprünglich bei dieser Kopie einer alten Porzellanmalerei verwendet wurden. Das Gummiarabikum trocknet glänzend auf; damit die Oberfläche haltbar wird, muß man sie allerdings mit Sprühfirnis versiegeln.

Vorbereitungen

Den Untergrund für Golddekorationen bildet eine opake, matte oder halbmatte Ölfarbe. Kraftvolle, dunkle Farben ergeben den besten Kontrast – beispielsweise bräunliches Rot, gedämpftes Grün, Kastanienbraun oder Schildpattmalerei. Die Untergrundfarbe muß unbedingt völlig durchtrocknen und darf auf keinen Fall klebrig sein.

Ist man unsicher, sollte man zur Beruhigung eine Sperrschicht aus klarem, halbmattem Firnis oder Schellack auftragen; so hat man nicht nur die Möglichkeit, Fehler zu korrigieren, sondern der als Kleber verwendete Firnislack trocknet auch gleichmäßiger auf. Diese Zwischenschicht schleift man vorsichtig mit feiner Stahlwolle und wischt sie dann mit einem mit Terpentinersatz befeuchteten Lappen sauber.

Schablonenmalerei mit Metallpulver

Diese Methode ergibt raffinierte Schattierungen und Glanzlichter. Traditionell verwendete man goldfarbene Schablonenmuster für spitzenartige Ränder, doch sehen sie auch als große Einzelmotive oder über eine größere Fläche verteilt schön aus. Die Schablonen müssen sauber geschnitten sein, da man Unsauberkeiten bei Metallpulvern besser erkennt als bei Farben; und sie sollten klein genug sein, um gut mit ihnen arbeiten zu können. Pressen Sie die Schablonen flach, bevor sie zu malen beginnen; man kann sie unter ein Papier legen und sie mit einem warmen Bügeleisen glätten.

Arbeitsmaterial für Gold-Schablonenmalerei

Schablonen (siehe Seite 69–73); Metallpulver; klaren, halbmatten oder glänzenden Kunstharzfirnis; kleine Seiden- oder Samtlappen oder ein Chamoisleder; Firnispinsel (siehe Seite 232); kleine Pinsel für Schattierungen; Künstlerflachpinsel, um Farbe aufzutragen; Künstlerölfarben, um den Firnis zu tönen; Untertassen oder Marmeladendeckel aus Kunststoff; Papier für überschüssiges Pulver; Stofflappen; Klebeband.

Oben Obwohl das Gold alt wirkt, ist dieser Obelisk erst kürzlich aus Gips geformt und mit Schlagmetall »vergoldet« worden. Das Geheimnis seiner verwitterten Oberfläche besteht im sorgfältigen Abschmirgeln der Metallschicht, so daß ein wenig rote Grundfarbe durchschimmert. Zum Schluß wurde noch eine Antiklasur aus Umbra Gebrannt (Künstlerölfarbe) aufgerieben.

Gegenüberliegende Seite Nichts läßt ein altes Möbelstück so kostbar erscheinen, wie einige vergoldete Details. Gold auf Weiß ist die beliebteste neoklassische Kombination, die hier mit Dunkelgrün kombiniert ist.

Arbeitsmethode der Gold-Schablonenmalerei

Streichen Sie zuerst die ganze Oberfläche mit einem halbmatten oder glänzenden Firnis. Lassen Sie diese Farbe trocknen, bis sie nur noch ein ganz klein wenig klebrig ist – wird die Schablone aufgelegt, sollte sie mit einem ganz leichten Ruck abgehen, ohne eine Spur in dem Lack zu hinterlassen. Der leicht klebrige Firnislack dient als Kleber für das Metallpuder.

Schütten Sie ein wenig Pulver in eine Untertasse oder einen Marmeladenglasdeckel – wollen Sie mehrere Pulver verarbeiten, bekommt jedes Pulver ein eigenes Gefäß. Legen Sie die Schablone auf die gefirnißte Oberfläche, und kleben Sie die Umgebung mit Papier ab, das mit Klebeband zusammengehalten wird. Die Schablone muß fest auf dem Untergrund liegen, damit kein Pulver daruntergeraten kann.

Wickeln Sie ein Stück Samt oder Chamoisleder um Ihren Zeigefinger, ohne daß dabei Falten entstehen. Tauchen Sie den Finger nun in das Metallpulver, und reiben Sie überschüssiges Pulver an einem Blatt Papier ab – für jedes Muster benötigt man nur sehr wenig Pulver. Legen Sie den Finger nun an die Stelle des Musters, der Sie ein Glanzlicht aufsetzen wollen, und beginnen Sie, das Pulver dort mit kreisenden Bewegungen einzureiben. Arbeiten Sie sich von dort aus mit weiterhin kreisenden Bewegungen zu den Außenrändern vor. Dabei verringert man den Fingerdruck, so daß ein sanfter Verlauf vom Glanzlicht zu den Rändern hin entsteht. Benötigen Sie für das Muster mehr Pulver, nimmt man dieses von dem Blatt Papier ab.

Für jedes Muster benutzt man einen neuen Stofflappen. Blasse Farben lassen sich mit dunkleren Tönen abschattieren – verwenden Sie hellere Töne für die Glanzlichter, und lassen Sie die Farbtöne sanft ineinander übergehen, um so auch modellieren zu können.

Ist das Muster fertig, hebt man die Schablone ab und arbeitet an der nächsten Stelle weiter, bis das Design fertiggestellt ist. Lassen Sie nun den Firnis gut durchtrocknen – das dauert im allgemeinen etwa 24 Stunden. Waschen Sie dann die Oberfläche vorsichtig mit Seifenwasser und einem Tuch ab, um loses Metallpulver zu entfernen. Pulver, das an der falschen Stelle abgebunden hat, kann man vorsichtig mit etwas Haushaltsscheuerpulver abreiben.

Lockerer Farbauftrag: Nachdem die Schablonenmuster getrocknet sind, trägt man eine Sperrschicht aus klarem, glänzendem Firnis auf, um danach sorglos experimentieren zu können.

Für einen lockeren Firnisauftrag verwendet man klaren Kunstharzfirnis, gemischt mit ein wenig Künstlerölfarbe. Tragen Sie diesen getönten Firnis mit einem weichen Künstlerflachpinsel sanft und glatt über die Metallmuster auf. Dabei sollte die Farbe auf beispielsweise tieferliegenden Blüten oder in einer Blattfalte dicker sein und zu den Rändern hin dünn aufgestrichen werden. Diese Oberflächen sollten ganz glatt oder ein wenig melodramatisch wirken. Wenn ein wenig Farbe über die Musterkante hinausgeht, ist das nicht schlimm, da sie ja transparent ist und auf dunklen Flächen kaum auffällt.

Verwenden Sie für diese Technik Umbra Natur, Gebrannte Umbra oder Sienatöne, um die Metallmuster reicher wirken zu lassen, ohne daß sie sich allzu stark in den Vordergrund drängen.

Vergolden mit Kompositionsgold oder Schlagmetall

Bei dieser Technik arbeitet man mit etwa 15 x 15 cm oder 20 x 20 cm großen Metallfolien, die, durch Seidenpapier voneinander getrennt, in einer Art Buch zusammengefaßt sind. Dieses sich am besten für Möbel eignende Material besteht aus »Kompositionsgold«, das aus Messing hergestellt wird und Gold in Farbton und Glanz sehr ähnlich ist, und Schlagaluminium, das viel billiger ist als Kompositionsgold; es kann mit braunem Schellack überstrichen werden, so daß es wie Gold wirkt, oder mit ein wenig Umbra abschattiert, so daß es wie altes Silber aussieht. Diese Blattmetalle lassen sich sowohl als feine Linien wie über große und kleine Flächen auftragen, ebenso auf reliefierte wie auf ebene Oberflächen. Nachdem die Folie auf der Oberfläche haftet, kann man sie mit einem spitzen Stift oder einem anderen scharfen Instrument so abschaben, daß die Untergrundfarbe wieder zu sehen ist. Blattmetalle sind nicht besonders schwierig zu verarbeiten, wenn die spezielle Untergrundschicht, das Anlegeöl, richtig aufgetragen wird und man es nach Vorschrift bis zum richtigen Zeitpunkt trocknen läßt. Um möglichst wenig Material zu verschwenden, kann man die Metallblätter mit einem scharfen Messer (am besten einem Vergoldermesser) oder einer Schere auf die passende Größe schneiden.

Vorbereitungen

Wie für das Vergolden mit Metallpulvern.

Arbeitsmaterial

Kompositionsgold (auch Schlagmetall genannt) oder Schlagaluminium; Anlegeöl und weiche Künstlerpinsel in passender Größe, um es aufzutragen; weiche Baumwollwatte; braunen Schellack.

Arbeitsmethode

Zeichnen oder übertragen Sie Ihr Muster wie bei der freihändigen Goldmalerei mit Metallpulvern auf die Fläche. Bestreichen Sie die zu vergoldenden Teile mit eingetöntem Anlegeöl, damit Sie sehen, wo das Gold aufgetragen werden soll. Anlegeöl gibt es in Verarbeitungszeiten von drei, sechs oder zwölf Stunden. Das bedeutet, daß die Oberfläche nach dieser Zeit so angetrocknet ist, daß sie gerade noch ausreichend klebt, um die Blattmetalle zu halten.

Die Schlagmetalle glänzen am schönsten, wenn man sie zur richtigen Zeit aufträgt. Ist das Anlegeöl noch zu naß, werden sie matt. Den richtigen Zeitpunkt testet man am leichtesten mit einer Fingerprobe. Nehmen Sie dann ein Blatt Schlagmetall mit dem Seidenpapier aus dem Buch, und legen Sie es mit der Metallseite auf die Fläche; danach reiben Sie mit den Fingerspitzen oder einem Wattebausch über das Seidenpapier und heben es dann vorsichtig ab. Wenn der Untergrund die richtige Konsistenz hatte und das Anreiben gleichmäßig verlief, haftet das Schlagmetall auf dem Untergrund. Legen Sie das nächste Blatt ebenso, das vorher benutzte Goldblatt etwas überlappend, auf die Fläche – und so weiter, bis alle gewünschten Teile vergoldet sind. Entfernen Sie erst dann alle losen Metallteile mit einem weichen Pinsel. Löcher repariert man mit kleinen Schlagmetallflicken, die man aufreibt, solange der Untergrund klebt. Wenn das Anlegeöl nach einigen Stunden durchgetrocknet ist, reibt man die Oberfläche, um sie zu glätten und lose Metallteilchen zu entfernen, mit weicher Watte ab, wobei man bei den Überlappungen sehr vorsichtig sein muß.

Um Schlagaluminium wie echtes Gold aussehen zu lassen, überstreicht man es mit einer oder zwei Schichten braunem Schellack, der in weniger als einer Stunde trocknet. Mit einer Mischung aus Gebrannter Umbra oder Umbra Natur und ein wenig verdünntem, klarem Firnis kann man zum Schluß noch einen Antikfirnis oder Schattierungen aufmalen.

Schlagmetall auf Schnitzereien: Auf profilierten oder geschnitzten Oberflächen (wie etwa bei Bilderrahmen) bemalt man den Untergrund erst mit einer matten weißen Ölfarbe, die man mit Venezianischrot oder Gelbocker einfärbt. Ist dieser Anstrich trocken, überstreicht man ihn mit einer Schicht klarem, glänzendem Firnis. Ist auch diese Schicht getrocknet, trägt man das Anlegeöl auf und wartet, bis man es weiterverarbeiten kann. Legen Sie dann das Schlagmetall auf die vorstehenden Flächen – versuchen Sie nicht, jede Holzvertiefung zu bedekken: Die Oberfläche soll zum Schluß wie eine verwitterte, alte Vergoldung wirken. Nachdem das Anlegeöl ganz durchgetrocknet ist, kann man fleckige Stellen mit einer sehr feinen Stahlwolle vorsichtig abreiben, so daß hier und dort die rote oder gelbe Untergrundfarbe durchschimmert.

Firnis

Überstreichen Sie die ganze Fläche mit einem klaren, halbmatten Kunstharzfirnis, der anschließend abgerieben und poliert wird.

Golddekorationen

Diese Materialien lassen sich einfach verarbeiten, es gibt sie in einer recht großen Farbauswahl, und sie lassen sich gut mit Schlagmetallen und Metallpulvern kombinieren. Ich verwende Metallfarben gerne für eingemalte Details, Äste, Stengel und Blätter. Die Metallpasten eignen sich hervorragend zum Ausflecken von Goldrahmen und als Gold- oder Silberlinien auf vielen Objekten. Allerdings sehen sie auf großen Flächen nicht so überzeugend aus.

Metallfarben

Metallfarben sind sowohl in wasser- als auch in verdünnerlöslicher Form erhältlich, und man verarbeitet sie am besten mit Wasserfarbenpinseln. Metall-Gouachefarben sind besonders auf dunklem Grund wirkungsvoll, da der Untergrund leicht durchscheint. Man probiert dies am besten auf einem mit der gleichen Untergrundfarbe versehenen Probestück aus. Metallfarben auf Wasserbasis trocknen schnell, aber man muß sie mit Schellack schützen, bevor man eine neue Oberfläche wie zum Beispiel eine Antiklasur aus verdünnter Acrylfarbe aufträgt, welche die Metallfarbe wieder anlösen würde. Verdünnerlösliche Metallfarben wirken ein wenig härter, aber ihre Konsistenz ist besonders geeignet für Linienmuster und feine Details. Man muß sie nicht besonders versiegeln (man beachte allerdings die Gebrauchsanleitung des Herstellers).

Metallpasten

Man kann Metallpasten mit dem Finger oder mit einem Pinsel auf fast jeden Untergrund auftragen. Sie sind sparsam im Verbrauch, und eine kleine Tube oder ein kleines Glas reicht für lange Zeit.

Metallfilzstifte

Metallfilzstifte eignen sich gut für exakte, klare Formen. Rahmenbauer verwenden sie mit einem Lineal für gerade Linien. Besonders hilfreich sind sie bei Linienmustern auf Möbeln. Damit sie ein wenig alt wirken, sollte man sie mit Stahlwolle vorsichtig abreiben und mit Sprühfirnis vor weiteren Oberflächenbehandlungen schützen. Muster mit Metallfilzstiften wirken am besten auf starken Untergrundfarben wie Dunkelgrün, Königsblau oder Schwarz.

Grundlagen

Farbe, Beize und Firnis

Ein wenig Wissen darüber, woraus Farben, Beizen, Firnisse usw. bestehen und warum sich einige für bestimmte Zwecke besser eignen als andere, ist sehr hilfreich, wenn man vor den mit Farbdosen überladenen Regalen der meisten Farben- und Heimwerkerläden steht. Ich habe hier nicht versucht, eine vollständige Liste aller erhältlichen Farben zusammenzustellen, da viele Farben für andere Zwecke verwendet werden, als dieses Buch sie beschreibt – wie zum Beispiel zum Schutz vor Witterung, Rost oder Feuchtigkeit. Natürlich spielt auch der rein praktische Aspekt von Farbe eine Rolle, da niemand abblätternde oder blasenwerfende Farboberflächen haben möchte; aber bei dekorativer Malerei geht es zuerst einmal darum, wie sehr sie heißen Tellern, Alkohol oder schmutzigen, kleinen Fingern widersteht.

MATTE ANSTRICHE

Farbart	**Zusammensetzung**	**Erscheinungsform**
Grundierfarbe	Pigmente, Trockenöl, Kunstharz	Ganz matte, leicht kreidige Textur, ergibt dünne, trockene Farbschichten
Matte Alkydfarbe	Pigmente, Trockenöl, Alkydharz	Ganz matt, ergibt eine dicke, gleichmäßigere Farbschicht als Grundierfarbe. Deckt gut
Matte Emulsionsfarbe Matte Latexfarbe	Pigmente, Kunstharze – meist Polyvinylacetat oder Polyacrylharz – in Wasser aufgelöst	Nicht so matt wie Grundierfarbe, ergibt eine dicke, leicht plastikartige Schicht, die in blassen Farben besser wirkt als in dunklen oder kräftigen
Leimfarbe Kalkfarbe	Pigmente, Schlämmkreide, Leim, Wasser. Kalkfarbe enthält gelöschten Kalk statt Schlämmkreide	Völlig matt. Weiche, pudrige Textur. Gute Deckkraft, klare Farben
Buttermilchfarbe	Pigmente, Buttermilch	Ganz matt, aber nicht so pudrig wie Leimfarbe. Besonders klare Farben, da sie keine weißen Pigmente enthält
Zementfarbe	Pigmente, Trockenöl, Alkydharz	Weder matt noch halbmatt. Sehr dicke, gummiartige Schicht. Gedämpfte Farben

Deshalb habe ich die Farben, Firnisse usw. nach der Art ihrer Oberfläche aufgelistet – matt, halbmatt, glänzend und transparent. Grundierungen habe ich nicht aufgeführt, da sie nicht für Schlußanstriche verwendet werden: Beachten Sie daher bei ihrer Verarbeitung die Anweisung des Herstellers.

Das Geheimnis, wie man Farboberflächen mit den vielen heute vorhandenen, unterschiedlich zusammengesetzten Farben gestaltet, scheint mir darin zu liegen, daß man intelligent mit ihnen experimentiert und seinen gesunden Menschenverstand benutzt. Es gibt viele Möglichkeiten, einen ähnlichen Effekt zu erzielen – man muß selbst entscheiden, welche einem am besten gefällt, wie strapazierfähig das Ergebnis sein soll und wieviel Zeit und Geld man investieren kann.

Matte Oberflächen

Auf diesen beiden Seiten finden Sie Informationen über Anstriche, die eine matte Oberfläche ergeben. Die sinnvollsten und elegantesten Farben sind matte Öl- oder Kunstharzfarben, die sowohl für Wände als auch für Holzwerk, Böden und Möbel verwendet werden können.

Lösungsmittel	**Verwendung und Vorteile**	**Nachteile**
Terpentinersatz	Eigentlich keine Schlußanstrichfarbe, wird aber als Ersatz für Emulsionsfarbe verwendet. Billig, einfach zu streichen, trocknet in 8–12 Stunden. Stark pigmentiert. Hübsche, matte, trockene Textur. Nimmt Farbtöne gut an. Überall erhältlich	Benötigt matten Firnisschutz bei strapazierten Oberflächen. Schlechtere Grundierfarbe, ist absorbierender als Emulsionsfarbe, deshalb werden weitere Dekorationen weniger glatt und sauber
Terpentinersatz	Kann für alle Innendekorationsmalereien verwendet werden; bei Böden Firnisschutz nötig. Der beste, matte Endanstrich – opak und elegant. Nimmt Farbe gut an, trocknet in 6–12 Stunden. Von Dekorateuren als Anstrichfarbe oder Lasur (mit Lösungs- und Trockenmittel vermischt) bevorzugt. Alkydfarbe ist in vielen Farbgeschäften erhältlich	Ziemlich dicke Farbschicht, die leicht Kratzspuren zeigt. Nur auf Grundierung zu verwenden
Wasser	Schnellster, billigster, einfachster und am schnellsten trocknender Wandanstrich. Überall erhältlich. Kann mit Abtönfarbe getönt werden. Läßt sich als Untergrund für einige dekorative Techniken und als Wasserlasur verwenden. Überstreichbar in etwa 4 Stunden, abwaschbar. Kann auf neuen Putz oder rauhe, poröse Wände wie Ziegelflächen gestrichen werden. Fast geruchlos. Einige Arten sind für einen Einschichtanstrich geeignet, andere gibt es in nichttropfender Gelkonsistenz	Zu absorbierend für die meisten dekorativen Anstriche. Nicht so matt und weich wie Leimfarbe. Verschmutzt schnell ohne matte Firnisschicht. Nicht empfohlen in feuchten Räumen wie Küche und Bad. Kann nicht auf blankes Metall gestrichen werden, da sie Korrosion hervorruft. Unterschiedliche Marken sollten nicht miteinander vermischt werden. Eine stark verdünnte Emulsionslasur trocknet sehr schnell
Wasser	Sehr billig – man kann sie selbst herstellen (siehe Seite 47). Einfach aufzutragen, schöne Oberfläche und besonders hübsche Farben. Kann mit Gouachefarben, Pigmentpulver oder Abtönfarbe getönt werden. Geruchsfrei, angenehm sauberzumachen, kann abgerieben werden. Ideal für lockere Pinsellasuren und jede andere einfache rustikale Oberfläche	Schwierig zu kaufen, da Farben- und Hobbyläden sie nicht führen, weil sie sich nicht lange halten, nicht abwaschbar sind und auf Feuchtigkeit reagieren. Reiben sich ab und müssen vor einem neuen Anstrich mit Öl- oder Emulsionsfarbe entfernt werden
Wasser	Die einfachste selbstzumachende Farbe – man mischt Pigmentpulver in Buttermilch mit ein wenig Fungizid, um Schimmel zu vermeiden. Gute, klare Farben. Einfach zu verarbeiten; riecht angenehm (nicht käsig). Wurde in Amerika für viele Schablonenmalereien verwendet und ist für diesen Zweck noch immer gut	Besser in blassen Farbtönen – leuchtende und dunkle Farben wirken streifig. Nicht abwaschbar und feuchtigkeitsempfindlich. Muß vor einem Neuanstrich mit Öl- und Emulsionsfarbe entfernt werden
Terpentinersatz	Besonders harte, widerstandsfähige Farbe für Böden, Holz und Zement. Benötigt höchstens zwei Schichten. Kann mit einem Mop aufgetragen werden – der Boden muß völlig sauber und trocken sein. Abwaschbar, muß nicht gefirnißt werden. Ideal dort, wo eine stabile billige Farbschicht verlangt wird – wie in Bad und Flur. Fast überall erhältlich	Wenige Farben, die man jedoch miteinander mischen kann. Kann nicht mit Abtönpaste oder anderen Pigmentstoffen getönt werden

Halbmatte Oberflächen Halbmatte oder seidenmatte Anstriche haben einen Oberflächenglanz, der zwischen Matt und Glänzend liegt.

HALBMATTE ANSTRICHE

Farbart	Zusammensetzung	Erscheinungsbild
Halbmatte Alkydfarbe	Pigmente, Alkydkunstharz, Trockenöl; gibt es auch auf tropffreier Gelbasis	Dünne, cremige Farbe mit glatter, harter, opaker Oberfläche
Halbmatte Ölfarbe	Pigmente in Ölmedium, Trockenöl	Siehe vorhergehenden Eintrag. Verschiedene Oberflächen, wie zum Beispiel seidenmatt usw.
Halbmatte Emulsionsfarbe	Wie matte Emulsion mit mehr Polyvinylacetat für mehr Glanz und Abwaschbarkeit	Ein sanfter, aber wahrnehmbarer Glanz
Halbmatte Latexfarbe	Wie halbmatte Emulsionsfarbe	Siehe oben. Unterschiedlich glänzende Oberflächen, seidenmatt usw.

GLÄNZENDE ANSTRICHFARBEN

Farbart	Zusammensetzung	Erscheinungsbild
Lack und Emaillefarbe	Im allgemeinen auf ölmodifizierter Kunstharzbasis, leicht pigmentiert mit fein geriebenen, hoch deckenden Pigmenten	Hochglänzende, harte, strapazierfähige Oberfläche
Sprayfarbe	Pigmentierte Farbe auf Nitrozellulosebasis oder Acryllacke	Sehr harte, glänzende, dünne Farbschicht, wie auf Autokarosserien
Dispersionslack	Pigmente, Reinacrylat	Glänzende oder seidenmatte Oberfläche
Fußbodenfarbe	Erhältlich auf Alkyd- und Latexbasis	Alkydfarbe hat eine hochglänzende Oberfläche, Latexfarbe ist halbmatt

Glänzende Oberflächen

Glänzende Oberflächenanstriche sind in der professionellen Innendekoration selten, es sei denn in Kinderzimmern, Küchen und Badezimmern oder Räumen, in denen eine harte, strapazierfähige Oberfläche absolut notwendig ist, da diese Farben sehr hart und abwaschbar sind. In der dekorativen Malerei erhält man glänzende Oberflächen, wie zum Beispiel lackierte Wände, indem man mehrere Glanzfirnisschichten über eine matte oder halbmatte Untergrundfarbe streicht – nicht mit einem einfachen Glanzlack. Das Ergebnis ist eine feinere, farblich subtilere Textur.

Lösungsmittel	Verwendung und Vorteile	Nachteile
Terpentinersatz	Anstrichfarbe für Innenwände, Holzwerk und Möbel; Untergrund für dekorative Techniken. Läßt sich gut tönen. Ergibt eine recht feine, unporöse, porzellanartige Textur, die hübsch aussieht und sich angenehm anfühlt. Muß nicht stark ausgestrichen werden. Überall erhältlich	Keine allzu starke Deckkraft
Terpentinersatz	Siehe oben	Siehe oben
Wasser	Trocknet sehr schnell, überstreichbar in 2–4 Stunden. Besser geeignet für Wände als für Holzwerk, kann als Untergrund für dekorative Schlußanstriche verwendet werden. Härter als matte Emulsionsfarbe	Nicht so strapazierfähig wie Öl- oder Acrylfarben
Wasser	Siehe oben	Siehe oben

Lösungsmittel	Verwendung und Vorteile	Nachteile
Terpentinersatz	Farben für starkglänzende, schmutzabweisende Oberflächen, die besonders strapazierfähig werden – Außenflächen und Kücheneinrichtungen. Diese Farben sind haltbar, wasserresistent, leicht abzuwischen und ziemlich schlag- und kratzfest	Müssen auf fertige Grundierung gestrichen werden, um Deckkraft zu zeigen. Trocknen zwischen 12 und 16 Stunden. Glänzende Oberflächen betonen Untergrundfehler, deshalb ist gute Vorarbeit notwendig. Manche Lacke enthalten weniger Öl; sie ergeben eine härtere Oberfläche, die eher abblättert, da sie nicht so elastisch ist
Aceton, Waschbenzin	Für Reparaturen an Autokarosserien. Kann für große, einfache Schablonenmuster verwendet werden und ermöglicht einen sanft schattierten Farbeffekt	Teuer, schwer gleichmäßig zu sprühen, neigt dazu, sich überall zu verteilen. Unangenehmer Geruch. Benötigt spezielles Lösungsmittel. Kann auf Emulsions- und Acryluntergründe gesprüht werden, aber nicht auf Ölfarben
Wasser	Trocknet sehr schnell, praktisch geruchsfrei, Farbtöne sind miteinander mischbar	Nicht so haltbar wie ein glänzender Ölfarbenanstrich
Alkyd, Terpentinersatz Latex, Wasser	Trocknet recht schnell. Strapazierfähig. Latexfußbodenfarbe kann auf feuchte (nicht nasse) Untergründe gestrichen werden	Ziemlich teuer

Transparente Oberflächen

Zwar sind Kunstharzfirnisse noch immer die am meisten verwendeten Firnisse, aber es werden auch immer häufiger auch Alkyd- und Acrylfirnisse verwendet. Schellack wird nicht als Schlußfirnis eingesetzt, da er weder alkohol- noch wasserbeständig ist. Er eignet sich aber ausgezeichnet als schnelltrocknende Sperrschicht zwischen Farbschichten und unter dekorativen Malereien.

TRANSPARENTE ANSTRICHE

Farbart	**Zusammensetzung**	**Erscheinungsbild**
Kunstharzfirnis	Klarer oder pigmentierter Alkyd- oder Polyurethankunstharz	Klarer, nur leicht gelblicher Firnis. Gibt es matt, halbmatt und glänzend
Alkydfirnis	Klarer oder pigmentierter Alkyd- oder Polyurethan/Alkydharz	Transparent. Manche Alkydfirnisse, wie Bootslack, haben einen UV-Filter und sind strapazierfähiger als die früheren Alkydharze
Acryl/lösungsfreier, schnell trocknender Firnis	Acrylharz auf Wasserbasis	Transparent
Emulsionsfirnis	Polyvinylacetat-Copolymere oder Acryl-Polymere	Milchig weiße Flüssigkeit, die transparent auftrocknet. Erhältlich in matt, halbmatt, seidenmatt und glänzend.
Schellack	Schellack in Alkohol	Transparent. Schellack gibt es ganz transparent und in transparentem Braun
Holzsiegellack	Alkydharz- oder Polyurethanbasis	Klar, leicht gelblich, harte und glänzende Oberfläche
Anlegeöl (Goldlack)	Schnell trocknender Ölfirnis mit hohem Trockenmittelanteil	Klar, leicht gelblich

BEIZEN

Farbart	**Zusammensetzung**	**Erscheinungsform**
Wasserbeize	Wasserlösliche Farbstoffe oder Pigmente, die in kochendem Wasser aufgelöst und dann auf die gewünschte Farbstärke verdünnt werden	Klare, lebhafte Farben, wie alle wasserlöslichen Farben. Gibt es als fertige Holzfarben; man kann sie auch aus Pigmentpulver und Wasser selbst mischen
Spiritusbeize	Spirituslösliche Farbstoffe in Schellacklösung, mit Spiritus verdünnt	Gibt es sowohl in Holz- als auch in anderen Farbtönen. Weniger leuchtend als Wasserbeize
Ölbeize	Pigmente in Öl oder Kunstharz	Transparenter als Wasserbeize
Firnisbeize	Mischung aus Ölbeize und hart trocknendem Ölfirnis	Dickere opake Farbe, die der Holzmaserung nicht so schmeichelt
Wachsbeize	Kann aus Künstlerölfarben und Bienenwachs oder Paraffinwachs in einem Wasserbad zusammengeschmolzen werden; danach läßt man die Beize zu einer weichen Paste abkühlen. Schuhpolitur ist ein praktischer, fertiger Ersatz	Transparent und hat nach der Politur einen schönen Wachsschimmer

Beizen

Es gibt eine Reihe unterschiedlicher Holzbeizen. Man kann aber auch Stoff- oder Lederfarben verwenden, die man nach Herstellungsanweisung anmischt, aber nur die Hälfte der angegebenen Wassermenge verwendet. Eine weitere Möglichkeit besteht darin, sich ein Antikwachs selbst herzustellen – dieses Wachs gibt jedem Holz eine schön glänzende Oberfläche, die allerdings mühsam zu pflegen ist.

Lösungsmittel	Verwendung und Vorteile	Nachteile
Terpentinersatz	Der vielseitigste, am einfachsten zu verarbeitende und fast überall erhältliche Firnis für fast alle dekorativen Oberflächen – Wände, Holzwerk, Böden und Möbel. Hart, klar, kaum gelblich, stark. Staubtrocken in 6–8 Stunden, überstreichbar in etwa 12 Stunden. Einfacher zu verarbeiten und billiger als traditioneller Firnis	Nicht so elastisch wie traditionelle Firnisse, und weniger zum Abschleifen geeignet. Neigt zum Vergilben
Terpentinersatz	Einige spezielle Arten sind nicht so gelbstichig wie Kunstharzfirnis. Sinnvoll über Lasuroberflächen	Alkydfirnis ist oft weicher als andere Kunstharzfirnisse
Wasser	Schnell trocknend. Einige sind strapazierfähig genug, um auf Böden und im Freien verwendet zu werden. Im allgemeinen farblos, obwohl einige in Verbindung mit gereinigtem Leinöl gilben können	Nicht alle sind so stabil wie Ölfirnisse
Wasser	Schutzschicht auf Tapete; läßt sich mit Abtönfarbe als Farblasur verwenden	Nicht sehr strapazierfähig. Einige können wegen der Dämpfe nicht im Küchenbereich oder Badezimmern verarbeitet werden
Spiritus	Fast sofort trocknender Firnislack, der zur Möbelpolitur und als Sperrschicht bei der Möbelmalerei verwendet wird. Brauner Schellack kann über Schlagaluminium gestrichen werden, um Gold zu imitieren. Schelllack wird auch zum Versiegeln harziger Stellen bei Holz benutzt	Sollte nicht in großen Mengen gekauft werden, da er sich nicht lange hält. Ergibt keinen strapazierfähigen Schlußanstrich, da er weder alkohol- noch wasserfest ist
Terpentinersatz	Einfach mit Stofflappen oder Pinsel aufzutragen; wasserdünne Schutzschicht für bemalte Böden. Hart und haltbar, wenn 4 oder 5 Schichten gestrichen werden	Benötigt trockene Bedingungen. Nicht so hart und langsamer trocknend als Kunstharzfirnis
Terpentinersatz	Wird als Kleber für Schlagmetall und -aluminium verwendet sowie als Malmittel für einige schnell trocknende Farben	Nicht besonders haltbar; wird über 43 Grad klebrig

Lösungsmittel	Verwendung und Vorteile	Nachteile
Wasser	Billig, einfach aufzutragen, ermöglicht viele Farbvariationen, besonders auf hellem, dicht gemasertem Holz	Läßt das Holz quellen, muß also geschmirgolt wordon. Oberflächo muß fettfrei sein. Zieht in poröse weiche Hölzer unregelmäßig ein, muß mit Schellack oder Anlegeöl vor dem Wachsen versiegelt werden
Spiritus	Die besten Beizen unter Möbelpolituren; ziehen tief ein. Ideal für öliges, feingemasertes Holz. Zwei oder drei blasse Schichten ergeben ein besseres Ergebnis als eine leuchtende oder dunkle	Trocknen so schnell, daß es schwierig ist, sie gleichmäßig aufzutragen. Manchmal lassen sie das Holz ein wenig quellen
Terpentinersatz	Einfacher aufzutragen als Spiritusbeizen; ergibt eine gleichmäßige, weniger einsinkende Farbe. Ideal für weiche Hölzer; läßt sich, wenn sie trocken ist, mit jedem klaren Schlußanstrich überstreichen	Muß etwa eine Nacht lang trocknen
Terpentinersatz	Billig, leicht erhältlich und schnell zu verarbeiten	Ist manchmal nicht besonders haltbar. Sehr schwer wieder zu entfernen
Terpentinersatz	Einfach aufzutragen – einreiben und polieren. Ergibt einen sanften, alten Eindruck. Restauratoren verwenden bei nicht zusammenpassenden Holzteilen Schuhpolitur	Mühsam zu polieren, und noch mühsamer wieder zu entfernen. Kann mit keinem anderen Schlußanstrich überzogen werden

Anrühren von Farben

Obwohl man heute fast jede Farbe fertig angemischt kaufen kann, liegt eine gute Schulung darin zu lernen, wie man einen speziellen Farbton selbst mischen kann – und wahrscheinlich bedeutet dieses Können eine wichtige Voraussetzung für die dekorative Malerei. Mit einem kleinen Sortiment konzentrierter Pigmente und je einer Dose weißer und schwarzer Farbe kann man fast alle Farben zusammenmischen.

Pigmente oder Farbkörper gibt es in vielen unterschiedlichen Formen – als Pulver, gepreßt in Blöcke, mit Öl, Firnis oder einem anderen Bindemittel ge-

Farbart	**Zusammensetzung**	**Erscheinungsform**
Pigmentpulver in Künstlerqualität	Fein gemahlene Pigmente	Matte Farben, klar (wenn sie nicht mit Weiß gemischt sind) und intensiv
Abtönfarbe	Pigmente in Öl	Matte, kräftige Farben
Abtönpaste	Pigmente in Öl	siehe oben
Künstlerölfarbe	Hochfein gemahlene Pigmente in Leinöl	Reiche Farben in vielen Farbtönen; mit Terpentin verdünnt werden sie matt, unverdünnt glänzen sie matt
Studienfarbe	Pigmente in Leinöl	siehe oben
Alkydfarbe	Pigmente in Alkydharz und Verdünner	Ähnlich wie Künstler- und Studienölfarben
Gouachefarbe (Plakatfarben)	Konzentrierte Farben auf Wasserbasis	Besonders klare und frische, matte Farben mit großer Färbekraft. Die weiß pigmentierte Farbbasis ergibt mehr Deckkraft als bei gewöhnlichen Wasserfarben
Acrylfarbe	Pigmente in einer wasserlöslichen Kunstharzbasis	Mit Wasser verdünnt transparent; kann auch für Impasto-Technik verwendet werden. Matte, ein wenig gedämpftere Farben als Gouache
Schilderfarbe	Pigmente in schnell trocknendem Firnis	Matte, intensive, deckende Farben
Kaseinfarbe	Pigmente in Kaseinbindemittel	Matte, pudrige, opake, sehr intensive, aber harte Farben – es sei denn, man mischt sie mit Kasein-Paste

bunden, in Tuben, Gläsern und Dosen. Eine Faustregel ist, daß man in Lösungsmitteln gebundene Pigmente mit lösungsmittelverdünnter Farbe und wassergebundene Pigmente mit wasserverdünnter Farbe verwenden sollte. Aber auch hierbei gibt es Ausnahmen – die ölgebundenen Abtönfarben können mit wasserlöslichen Emulsions-, Leim- und Latexfarben gemischt werden. Allerdings sollte man nie mehr als einen Viertelliter Abtönfarbe oder -paste mit vier Litern Farbe mischen, da die Mischung sonst gelieren kann.

Die meisten unten genannten Farben erhält man in Geschäften für Künstlerbedarf; viele Farbgeschäfte führen Abtönpasten und -farben.

Lösungsmittel	**Verwendung und Vorteile**	**Nachteile**
Wasser	Kann zum Tönen von Öl- oder Wasserfarbe und Firnis verwendet werden. Dunkle Farben können zum Holzfärben benutzt werden. Blasse Farben ergeben schöne Wasserlasuren	Benötigt fast immer eine Schutzschicht. Läßt sich schwer völlig auflösen. Müssen zuerst in Wasser oder Öl eingeweicht werden
Wasser (Terpentinersatz)	Billige, hochkonzentrierte Farben für alle wasserlöslichen Farben wie Dispersions-, Latex-, Leimfarben usw.	Begrenzte Farbauswahl. Nicht für Öl- und Kunstharzfarben
Terpentinersatz	Billige, kräftige Farben für alle Farbtypen	Begrenzte Farbauswahl
Terpentinersatz	Dekorateure verwenden sie für kleinere dekorative Malereien, da die Farben brillant sind und eine feine Textur haben. Können mit Lösungsmittel, Öl oder klarem Firnis gemischt werden	Nicht billig. Trocknen im Vergleich zu Acrylfarben ziemlich langsam
Terpentinersatz	Preiswerter als Künstlerölfarben; siehe oben	Pigmente sind von geringerer Qualität als bei Künstlerölfarben und nicht so haltbar
Terpentinersatz	Schnell und gleichmäßig trocknend. Das transparente Harz läßt die farbintensiven Pigmente gut zur Geltung kommen	Begrenzte Farbpalette. Nicht überall erhältlich
Wasser	Schöne Farben, besonders die starken Pastelltöne. Ideal, um Wasserfarben und Wasserlasuren zu tönen. Lassen sich leicht auflösen. Konzentriert sind sie sehr sparsam. Wurden früher oft bei Möbelmalerei auf Kreidegrund eingesetzt	Teuer
Wasser	Besonders schnell trocknende Farben, günstig für Schablonenmalerei. Mit Wasser verdünnt transparent, mit Acrylmittel weniger durchscheinend, direkt aus der Tube dick und opak	Teuer. Weniger reiche Textur als Ölfarben und weniger sanfte Farben. Trocknen so schnell, daß man sie bei der Arbeit stets feucht halten muß (man kann auch ein Verzögerungsmalmittel verwenden) und daher oft Farbe verschwendet
Terpentinersatz	Sehr gut deckende, dicke Farben – ideal für Fußbodenschablonenmalerei. Große Farbauswahl	Nicht so reich oder sanft wie Künstlerölfarben. Damit die Farben leuchten, muß man sie firnissen. Heute nur noch schwer erhältlich
Wasser	Wird für eine Lasur mit Wasser verdünnt (etwa 1 Teil Farbe zu 2 Teilen Wasser). Mit Kasein-Paste oder anderen wasserverdünnten Farben ergeben sich cremigere und pastellige Farben. Trocknet sehr schnell, sehr gute Deckkraft, sparsam im Verbrauch. Harte Oberfläche	Vor einem zweiten Anstrich muß die Farbe gut trocknen und mit einer Sperrschicht versiegelt werden, da sie sonst hart wird. Unangenehmer Geruch

Rot
Rosa
Gelb
Siena gebrannt + Alizarin-Krapplack +
Cadmiumrot =
Siena Natur + Kadmiumrot =
Venezianischrot + Kadmiumrot =
Siena gebrannt + Weiß =
Gemischtes Rosa Nr. 1
Gemischtes Rosa Nr. 1 +
Gelber Ocker = Gemischtes Rosa Nr. 2
Gemischtes Rosa Nr. 1 +
Schwarz +
Kobalt = Gemischtes Rosa Nr. 3
Karminrot + Weiß =
Gelber Ocker + Weiß =
Chromgelb zitron + Chromgelb
+ Umbra gebrannt =

Grün

Chromgelb + Schwarz =

Gemischtes Grün Nr. 1 + Weiß = Gemischtes Grün Nr. 2

Chromgrün* Saftgrün*

Umbra natur + Chromgelb + Indigo +

Weiß =

Blau

Kobaltblau +

Umbra natur = Chromgelb = Scharlachrot =

Coelinblau + Chromgelb + Umbra natur +

(unterschiedliche Mengen) Weiß =

* Diese hellen Grüntöne kann man nur schwer aus anderen Farben ermischen; sie sind aber in Geschäften für Künstlerbedarf erhältlich.

Farbmischung

Beruht die Fähigkeit, Farben erfindungsreich miteinander zu kombinieren, hauptsächlich auf einem instinktiven Prozeß, so ist das Wissen darum, wie man einen bestimmten Farbton mischen kann, während der Arbeit zu erlernen, wobei man sich gelungene Kombinationen merken oder, noch besser, aufschreiben sollte. Hier folgen nun einige Hinweise, wie man Farben erhält, die Dekorateure gemeinhin als »gut« bezeichnen (das bedeutet: geschmackvolle, lebendige, bemerkenswerte Farben). Es würde ein eigenes Buch erfordern, um dieses Thema in seiner gesamten Bandbreite abzuhandeln; aber ein Spatz in der Hand ist besser als eine Taube auf dem Dach, und vielleicht können die nachfolgenden Informationen Ihnen bei der Arbeit schon hilfreich sein.

Haben Sie keine Angst, mit Farben zu experimentieren, aber mischen Sie im Anfangsstadium keine großen Mengen an. Man kann kleine Mengen der möglichen Farbtöne auf einem Teller oder einem Blatt Papier mit dem Finger ineinanderrühren, um eine Vorstellung zu erhalten, wie sie gemischt aussehen. Wenn Sie genauer wissen, was Sie wollen, können Sie getrost mit größeren Mengen operieren.

Es gibt meist mehrere Möglichkeiten, eine bestimmte Farbe zu erhalten. Ist die Endfarbe nicht präzise vorgegeben, gibt es mit Sicherheit ein halbes Dutzend und mehr Varianten, einen Farbton zu mischen. Die meisten interessanten Innendekorationsfarben sind, in wörtlichem Sinne, »zusammengemischte« Farben; doch gibt es auch Ausnahmen unter den reinen und blasseren Farbtönen: So ergibt die Mischung aus Kobaltblau, Weiß und etwas Gelb nicht denselben himmelblauen Farbton wie die fertige Farbe Coelinblau, und so ergeben die Farben Kobaltblau, Chromgelb und Weiß nicht dasselbe Grün wie Chromgrün. Es ist jedoch eine gute Übung, mit einer relativ kleinen Standard-Farbpalette zu beginnen – wie zum Beispiel mit Abtönpastenfarben, Umbra Natur und Karminrot – und auf diese Weise herauszufinden, was man durch verschiedene Mengenmischungen erhalten kann. Einige Dekorateure schwören, daß sie alle Farben so ermischen können. Andere wiederum behaupten, daß manche Farbtöne nur mit gekauften Pigmenten zu gewinnen sind. Sie aber können Ihre Farbsammlung stets mit speziellen Farben ergänzen, wenn Sie sie brauchen.

Schmutziges oder gebrochenes Weiß: Umbra Natur und Weiß ergeben ein kühles, grünliches Grau, eine sehr sichere Farbe. Ein klein wenig gelber Ocker macht diese Farbe wärmer, ein wenig Schwarz intensiver – aber Vorsicht mit dem Schwarz, da schon ganz wenig oft genügt. Gelber Ocker und Weiß ergeben eine warme Cremefarbe, die mit mehr Weiß ein Elfenbeinton wird. Ein wenig Umbra verwandelt sie in Pergamentfarbe. Weiß und Elfenbein ergeben ein kühles Grau.

Rosatöne: Ein schönes Rosa ergibt sich aus der Mischung von Gebrannter Siena und Weiß, ein angenehm warmes und kein kitschiges Rosa, das wie verwitterte Landhauswände aussieht. Mehr Weiß hellt die Farbe auf, ein wenig gelber Ocker (Erdfarben sind austauschbar) ergibt einen Aprikosenton, ein wenig Kobaltblau und Schwarz dunkelt terrakottafarben ab. Auch Venezianischrot und Weiß bilden ein schönes, starkes Rosa. Verwenden Sie Karminrot, um ein Rosa mit Blaustich zu erhalten.

Rot: Wirklich gute, fertige Rottöne sind selten, da sie im allgemeinen zu hart und grell sind. Es ist aber einfach, sich ein eigenes Rot zu mischen. Meiner Erfahrung nach erzielt man mit gemischten Rottönen auf Wänden, Böden, Holzwerk und Möbeln bessere Ergebnisse als mit reinem Rot. Gebrannte Siena, Alizarin-Krapplack und ein wenig Kadmiumrot, Zinnoberrot oder leuchtend rote Farbstoffe ergeben ein wunderbar lebhaftes, üppiges, aber nicht hartes Rot mit bräunlichem Stich. Mehr Krapplack macht das Rot tiefer und kühler, mehr Siena erdiger und brauner, mehr Zinnoberrot läßt es wie altes Japanlackrot wirken. Venezianischrot, Oxydrot und Indischrot sind starke, angenehme, leicht bräunliche Rottöne. Gibt man ein wenig Kadmiumrot oder einen der anderen Rottöne hinzu, werden sie heller und weniger erdig. Ein wenig Kobaltblau mildert starkes Rot, und Umbra läßt es älter wirken.

Gelb: Gelber Ocker und Indischgelb sind warme, freundliche, erdfarbene Gelbtöne, die, mit Weiß gemischt, einen Cremeton ergeben, der sich als hübsche Wandfarbe besonders empfiehlt. Chromgelb ist der charakteristische kräftige, leicht orangefarbene Ton der Sonnenblume. Es ist außerdem mit anderen Farben die bestdeckendste Mischfarbe. Wenn man allerdings bleifreie Farben bevorzugt, kann man auch Arylamidgelb benutzen. Für lackierte Wände mischt man eine Lasur aus verschiedenen Gelbtönen: Chromgelb zitron, Chromgelb und ein wenig Gebrannte Umbra auf einem blaßgelben Untergrund aus Weiß und Chromgelb.

Grün: Chromgelb mit Schwarz vermischt ergibt ein starkes, gelbliches Olivgrün, das im 18. Jahrhundert in erster Linie bei der Möbelmalerei verwendet wurde. Gibt man ein wenig Weiß hinzu, erhält man eine Senffarbe. Kobaltblau und Chromgelb ergeben ebenfalls einen Olivton. Indigo, Chromgelb, Umbra natur und Weiß bilden starke Grüntöne, die mit mehr Weiß einen chromoxydgrünen Farbton entwickeln. Manche Grüntöne kann man sich allerdings nicht ermischen, sondern muß sie fertig kaufen, wie zum Beispiel scharfe, helle Gelbgrüntöne – Chromgrün ist die saftigste Farbe (ein ungiftiger Ersatz ist die Mischung aus Arylamidgelb und Phtaloblau). Auch Saftgrün ist eine weitere leuchtende Farbe.

Blau: Kobaltblau ist das am häufigsten verwendete Blau in der Innendekoration, ein hübsches, sauberes, weiches Blau, das weniger grell ist als Ultramarin oder Preußischblau. Ein wenig Umbra dämpft es, Chromgelb macht es wärmer, und ein bißchen Rot läßt es zurücktreten. Ich mag Indigo; es ist ein ganz besonderes Blau, dunkler als Kobaltblau, mit einem leichten Purpurschimmer. Mischt man es mit den obengenannten Farben, erhält man ähnliche, aber gedämpfte Farbtöne. Um ein zartes Himmelblau zu erhalten, beginnt man am besten mit einem gekauften Coelinblau, dem man ein wenig Chromgelb und Umbra Natur oder gelben Ocker und sehr viel Weiß beimischt, um einen leicht grünlichen Farbton zu erhalten. Für ein leuchtendes, lebhaftes Glasblau mit leicht grünlichem Ton verwendet man Ultramarin, das man als getönte Lasur in mehreren Schichten über einen leicht andersfarbigen Hintergrund aufträgt. Um ein reines Violett zu erhalten, mischt man Ultramarin und Karminrot; Preußischblau und Scharlachrot eignen sich nicht so gut, da beide Gelb enthalten.

Öl- und Wasserlasuren

Terrakotta ist in letzter Zeit zur beliebtesten Farbe in der dekorativen Malerei geworden, und sie bietet einen schönen Hintergrund für die unterschiedlichsten Möbel und Objekte. Hier wurde die Farbe in mehreren Schichten mit einer matten, aber üppig wirkenden Öllasur aufgetragen.

Lasur ist ein Wort, das in diesem Buch immer wieder vorkommt, da diese eine der wichtigsten Bestandteile der meisten dekorativen Oberflächen ist, ob es sich nun um Wände, Holzwerk oder Möbel handelt. Im wesentlichen ist eine Öllasur eine halbtransparente Farbschicht auf Ölbasis, während eine Wasserlasur eine halbtransparente Farbschicht aus wasserlöslichen Farben ist. Beide wirken optisch unterschiedlich; Ölfarben sind im allgemeinen kräftiger, glatter und transparenter, während Wasserfarben frischer, reiner, zwar durchsichtig, aber strukturierter wirken. Man kann beide dazu verwenden, bemalte Oberflächen weicher erscheinen zu lassen, sie farblich anzureichern oder die Untergrundfarbe zu modifizieren.

Da Öllasuren langsamer trocknen als Wasserlasuren, kann man sie einfacher manipulieren. In der klassischen Malerei verwendet man Öllasuren, um Haaren und Haut delikate Tönungen zu geben, Schatten zu vertiefen, die Fragilität von zarten Blüten zu betonen und den Glanz von Perlen nachzuahmen. Im dekorativen Bereich sind die Anwendungen von Lasuren unbegrenzt. Holzmaserer und Marmorierer verwenden Öl- und Wasserlasuren, um Patina, Tiefe und die komplexen Farbschichten und Muster natürlicher Materialien zu imitieren. Möbelrestauratoren verwenden oft dunkle, leicht trübe Lasuren, um neue Möbel alt und verwittert aussehen zu lassen. Dekorateure arbeiten immer mit Öllasuren – hin und wieder auch mit Wasserlasuren, um subtile Farbeffekte oder gebrochene Oberflächen zu erhalten, die jedes Interieur weicher, reicher und größer erscheinen lassen. Wasserlasuren wirken besonders lebhaft und spontan. Beide Lasuren ergeben auf einem weißen Untergrund leuchtende Pastelltöne; auf getönten Untergründen verstärken sie die Wirkung der Untergrundfarbe; auf einer kontrastierenden Farbe ergeben sich überraschend raffinierte Effekte. Lasuren sind auch eine Hilfe, um Farben zu verändern – ist man mit einer Wandfarbe nicht zufrieden, kann man sie fast immer mit einer gebrochenen oder glatt aufgetragenen Lasur im richtigen Farbton korrigieren. Und da man Lasuren in kürzerer Zeit auftragen kann als einen kompletten neuen Anstrich, stellen diese Techniken einen wissenswerten Trick dar.

Öllasuren

Je nachdem, wie viele weiße Pigmente eine Öllasur im Verhältnis zu ihren anderen Ingredienzien enthält, kann sie matt, glänzend oder mehr bzw. weniger transparent werden. Eine Öllasur sollte nicht mit einem Firnis verwechselt werden. Firnis ergibt eine harte, klare Schutzschicht, und auch, wenn er hin und wieder eingetönt ist, um wie eine Lasur zu wirken (etwa bei lackierten Wänden oder in der Möbelmalerei), so ist er für gebrochene Oberflächen nicht zu verwenden.

Öllasuren können fertig gekauft – man muß sie dann noch abtönen – oder aus einigen Grundelementen ermischt werden.

Transparente Öllasur

Transparente Öllasur ist eine fertig angemischte Lasur, die nur noch abgetönt werden muß. Das kann man mit den farbstarken Abtönpasten, die preiswert und in den Grundfarben lieferbar sind, oder mit Künstlerölfarben, die eine größere Farbpalette bieten, aber teurer sind und langsamer trocknen. Um eine Öllasur abzutönen, gibt man einen Klecks Farbe in eine Kochschüssel oder Pfanne

und mischt ein wenig Terpentinersatz unter, indem man gründlich umrührt. Dann gibt man, ständig rührend, den Rest der Lasur hinzu. Fertige Öllasuren sind praktisch und einfach für den Anfänger zu verarbeiten, da sie lange streichfähig bleiben. Allerdings hat diese Leichtigkeit der Verarbeitung zu einiger Verwirrung unter den Amateurmalern geführt, da sie leicht dazu verleitet werden zu glauben, daß nur durch die Hinzugabe von ein wenig Farbe schon eine schöne Wandoberfläche entsteht. Wenn man fertige Öllasur einfach so verwendet, sieht sie aus wie dicke Marmelade. Nur bei Holzmaserungstechniken kann man diese Fertigprodukte unverdünnt verarbeiten. Für besondere Oberflächeneffekte auf Wänden, Holzwerk und Möbeln mischen sich die professionellen Dekorateure eine Öllasur aus nur ein wenig fertiger Lasur, die sie stark mit Terpentinersatz verdünnen und mit Ölfarbe abtönen, wobei sie oftmals noch einen Löffel weißer Vorstreichfarbe beimischen. Die Vorstreichfarbe macht die Lasur optisch weicher, so daß eher ein leicht verwischtes statt einem hartkantigen Muster bei Stoffwickeltechniken entsteht. Der Leinölbestandteil einer fertigen Lasur trägt zum langsamen Gelbwerden und Nachdunkeln der abgetönten Lasur bei; das ist ein weiterer Grund, weshalb man möglichst wenig davon benutzen sollte. Hier ist ein Standardrezept für eine Öllasur, die für viele Zwecke verwendbar ist:
1 Teil fertige Öllasur
3 Teile Terpentinersatz
Farbpaste oder Künstlerölfarben
1 Eßlöffel Vorstreichfarbe, weiß oder cremefarben je 1/2 Liter.
Man kann aber auch, so wie es die Künstler jahrhundertelang gemacht haben, eine eigene Öllasur herstellen. Hier die Grundrezeptur:
1 Teil rohes Leinöl
1 Teil Terpentinersatz
1 Teil transparenter, matter Firnis (um die Oberfläche weicher erscheinen zu lassen, gibt man einen oder mehrere Suppenlöffel weißer Vorstreichfarbe je 1/2 Liter hinzu).
Leinöl kann man roh oder gekocht kaufen, und es trocknet mit der Zeit zu einer harten Firnisoberfläche auf. Gekochtes Leinöl ist eine verfeinerte und schnelltrocknende Variante des rohen Leinöls. Man darf es auf keinen Fall kochen. In beiden Formen kann Leinöl eine lange Zeit zum Trocknen benötigen, und es empfiehlt sich, ein wenig »Trockenmittel«, das man in Künstlerbedarfsgeschäften erhält, beizumischen, damit die Farbe schneller trocknet.

Die oben beschriebenen Rezepte sind Richtlinien. Für Anfänger sind die unproblematischen Fertigprodukte oft sehr angenehm, aber jeder, der regelmäßig mit Öllasuren arbeitet, weiß, wie viele unterschiedliche Faktoren ins Spiel kommen. Dazu gehört das Wetter, die Raumtemperatur, die Art der Wand (handelt es sich um eine Außenwand oder Zimmerwand), die Stärke der unterliegenden Wandoberflächen, die Art der Grundierung und die Anzahl der Grundierschichten. Deshalb sollte man mit wachem Auge arbeiten und bereit sein zu experimentieren und die Lasur zu verdünnen oder zu verändern, bis sie so ist, wie man sie haben will. Wenn gezogene Muster verlaufen, ist die Lasur zu dünn; man sollte in diesem Fall etwas mehr transparente Öllasur beimischen. Oft hilft es auch, die Öllasur ein wenig antrocknen zu lassen, bevor man sie weiter bearbeitet, und man verhindert so auch, daß sie verwischt. Man sollte auf Brettern und den Innenseiten von Schranktüren Probeanstriche machen; ist man mit dem Resultat nicht zufrieden, kann man die nasse Öllasur mit einem in Verdünner getauchten Tuch abwischen.

Untergrund: Eine transparente Öllasur sollte auf einen unporösen Untergrund aufgetragen werden. Spitzendekorateure schwören auf zwei Schichten halbmatte Ölfarbe, heute aber verwenden die meisten eher zwei Schichten halbmatte Vinylfarbe, die preiswerter und einfacher aufzutragen ist und eine ähnlich unporöse Oberfläche bildet.

Auftragen von Öllasuren

Die Lasurschicht sollte, um möglichst transparent zu sein, dünn aufgetragen werden. Nehmen Sie ein wenig Lasur auf die Haarspitzen eines Malerpinsels, streichen Sie sie schnell auf, und glätten Sie die Lasur leicht mit den Haarspitzen. Bei einer glatten, halb- oder seidenmatten Fläche kann man die Lasur auch mit einem zusammengeknüllten Tuch dünn auftragen. Ist die Lasur zu flüssig, sollte man vor der weiteren Verarbeitung die Farbschicht etwas anziehen lassen.

Wenn die Lasur zu schnell zu trocknen droht, zum Beispiel an einem heißen Tag, kann man etwas gereinigtes, rohes Leinöl – einen Teelöffel auf 1/2 Liter – beimengen. Die Lasur sollte gut durchtrocknen, bis zu 48 Stunden.

Wasserlasuren

Lasuren aus wasserlöslichen Farben sind schwieriger zu verarbeiten als Öllasuren, wie es auch schwieriger ist, mit Wasser- als mit Ölfarbe zu malen; aber sie ergeben derart strahlende Farben und eine solch luftige Transparenz, daß einige Dekorateure ihnen nicht widerstehen können. Wände, die mit klaren, blassen Wasserlasuren bearbeitet werden, haben die Zartheit alter Freskomalereien.

Eine Wasserlasur kann verschiedende Konsistenzen haben – von verdünnter Emulsions- oder Latexfarbe, die so flüssig wie Milch ist, bis hin zu einer Mischung, die so dünn wie Wasser ist und nur ein wenig Emulsionsfarbe enthält, damit sie »Substanz« hat. Verdünnte und getönte Emulsionsfarbe kann man auf allen möglichen gefleckten Oberflächen verarbeiten, ob es nun gewolkte, gestupfte oder mit Stoffwickeln gestaltete Farbflächen sind. Die Wirkung ist nie so moduliert und kontrollierbar wie auf einer Öllasur, doch erhält man einen streifigen, selbstgemachten Effekt und eine pudrige Textur, die Ihnen vielleicht sogar besser gefällt. Verwenden Sie ganz dünne Wasserlasuren nur für lockere Pinsellasuren – nie für andere gebrochene Oberflächen, da sie zu schnell trocknen, um sie noch bearbeiten zu können. Außerdem ergeben sie schon von sich aus eine gewisse gebrochene Struktur, eine Unregelmäßigkeit des Farbauftrags – besonders wenn man kräftige Farben aufstreicht. Wenn Sie diesen Effekt nicht mögen, sollten sie matte Farben verwenden – Gelb, Rosa, blasse Blau- und Grüntöne.

Dekorateure verwenden stets die reinsten Farben für Wasserlasuren und bevorzugen dabei Künstlergouachefarben wegen ihrer Lebhaftigkeit besonders. Ich finde, daß Pulverfarben, ob in Künstlerqualität oder als einfache Plakatfarben, mit denen Kinder malen, ebenfalls hübsche Lasuren ergeben, wenn sie auch vielleicht ein wenig gröber aussehen. Doch sie erinnern an die zwanglos bemalten alten Interieurs, die man in Frankreich und Italien findet. Auch mit Wasser verdünnte Acrylfarben ergeben schöne Lasuren, sind aber recht teuer.

Untergrund: Am besten läßt sich eine Wasserlasur auf einen matten Emulsions- oder Latexgrund auftragen. Auf einem Ölfarbengrund kann sie leicht abperlen. Je stumpfer die Emulsionsbasis ist, um so absorbierender ist sie meiner Erfahrung nach, weshalb es einfacher ist, eine Emulsionslasur auf sie aufzutragen. Wenn eine Emulsionslasur auf eine halbmatte Oberfläche gestrichen wird, erreicht man mit einem Tropfen Spülmittel bessere Haftung. Doch am besten verwendet man auf einem halbmatten oder glänzenden Untergrund eine matt trocknende Öllasur.

Verdünnen: Eine Emulsions- oder Latexlasur, die man für Techniken wie gezogene Lasuren, Stoffwickeltechniken oder gewolkte Oberflächen verarbeiten will, sollte auf einen Teil Farbe mit drei oder vier Teilen Wasser verdünnt werden. Viel dünnere Farbe verwendet man für lockere Pinsellasuren: ein Teil Farbe zu acht oder neun Teilen Wasser.

Bei wasserdünnen Lasuren hängt die Mischung von der gewünschten Farbintensität ab. Eine Richtlinie für diese Art der Lasur ist: eine kleine Tube Gouachefarbe auf einen halben Liter Wasser, plus einen Eßlöffel Emulsionsfarbe.

Tönen der Wasserlasuren

Tönen Sie verdünnte Emulsions- oder Latexlasuren mit Gouachefarben, Acrylfarben, Pulver- oder Abtönfarben. Lösen Sie die Farben in Wasser auf, und vermischen Sie sie dann mit der noch unverdünnten Emulsionsfarbe. Es ist wichtig, die Farben gründlich ineinanderzurühren, da unaufgelöste Farbelemente sich beim Malen in riesige Farbstreifen verwandeln.

Auftragen von Wasserlasuren

Beim Auftrag einer Emulsionsfarbe ist es wichtig, daß der Untergrund schmutz- und fettfrei ist. Wasserfarbe hält nicht auf fettigem Untergrund. Verwenden Sie einen milden Verdünner, oder, wenn Sie fürchten, die Wandfarbe abzureiben, Wasser mit einem fettlösenden Mittel – Salmiak, Sodalauge, Essig. Wischen Sie mit klarem Wasser nach, und lassen Sie die Fläche völlig durchtrocknen, bevor Sie eine Wasserlasur auftragen.

Das größte Problem, das beim Verarbeiten einer Wasserlasur entstehen kann, ist, daß die Farbkanten zu schnell trocknen – besonders bei warmem Wetter – und sich schlecht verbergen lassen. In diesem Fall kann man einen Löffel Glyzerin, das in Drogerien zu erhalten ist, in die Farbe mischen; so bleibt die Wasserlasur länger feucht. Beginnen Sie mit einem Teelöffel auf einen halben Liter Wasserlasur, und geben Sie, wenn nötig, mehr hinzu.

Tragen Sie zwei Lasuren übereinander auf, um auf diese Weise eine reichere Farbigkeit zu erhalten, lassen Sie die erste Schicht wenigstens 24 Stunden trocknen, damit Sie mit dem neuen Anstrich die erste Farbschicht nicht wieder abheben und so an manchen Stellen die Untergrundfarbe klar durchscheinen lassen. Passiert Ihnen das doch einmal, können Sie versuchen, die zweite Lasur mittels Schwamm mit schnell klopfenden Handbewegungen aufzustupfen, damit die Untergrundfarbe möglichst wenig strapaziert wird. Wenn die zweite Lasur zu dünnflüssig ist, tropft oder davonläuft, mischt man ein wenig mehr von der Emulsionsfarbe unter, um sie dickflüssiger werden zu lassen. Eine übereinandergelegte, gezogene, lockere Pinsellasur muß ebenfalls leicht und schnell gestrichen werden, damit die darunterliegende Wasserlasur nicht aufgeweicht wird und sich auflöst.

Dekorationsausrüstung
Die hier gezeigten Hilfsmaterialien werden auf der nächsten Seite beschrieben.

Keine Panik Wenn eine Öl- oder Wasserlasur sich nicht so verhält, wie Sie es geplant haben – keine Panik. Überdenken Sie die verschiedenen möglichen Fehlerquellen – ist die Lasur zu dünn, zu dick, ist der Untergrund zu glatt oder zu fettig, ist das Wetter besonders heiß, sind die Wände feucht? Wenn die Lasur sich nicht gleichmäßig ausstreichen läßt und unschön fleckig aussieht, kann man sie mit einem Schwamm oder einem Stoffbausch aufstupfen und retuschieren – ist eine Öllasur schon angetrocknet, verwendet man einen mit Verdünner befeuchteten Schwamm. Wirklich fleckige Oberflächen können egalisiert werden, indem man eine hellere oder dunklere Farbe mit einem Schwamm auf die gesamte Fläche aufstupft, die Fläche mit einer cremefarbenen Öllasur überzieht, eine gezogene Lasur in einer dunkleren Farbe aufmalt oder eine Zierkante mit Schablonenmuster hinzufügt. Doch bevor Sie sich für irgendeine dieser Rettungsaktionen entscheiden, sollten Sie ein paar Bilder an die Wand hängen und einige Möbel in den Raum stellen – es ist überraschend, wie sehr die Möblierung eines Raumes die Fehler der Wandoberfläche zurücktreten läßt. Alle Dekorateure geben zu, daß einige ihrer schönsten Effekte zum Teil zufällig entstanden sind – unvorhergesehene Ergebnisse, die dann von ihnen geschickt eingearbeitet wurden.

Ausrüstung

Neben den notwendigen Farben und Pinseln ist es sinnvoll, noch eine Reihe weiterer Werkzeuge zu besorgen. Die nachfolgenden Ausrüstungsgegenstände (Abbildung siehe Seite 227) verwendet man für die Vorbereitungen und viele Techniken, die in diesem Buch beschrieben werden.

1 **Fensterleder** Eine Alternative zu Stofflappen für Stoffwickeltechniken. Die Muster werden schärfer umrissen, aber Fensterleder sind aufwendiger zu reinigen. Man benutzt am besten Terpentin. Einfache Stofflappen kann man nach Gebrauch wegwerfen.

2 **Molton** Zum Saubermachen; läßt sich auch für Stoffwickeloberflächen und zum Bearbeiten nasser Lasuren verwenden. Es hinterläßt einige lose Faserreste, die sich aber nach dem Trocknen abbürsten lassen.

3 **Baumwollappen** Eignen sich zum Abheben von Farbe bei Stoffwickeltechniken; hinterlassen klare Musterformen.

4 **Schmirgelpapier und Stahlwolle** In unterschiedlichen Gradationen erhältlich; zum Schmirgeln und Glätten von Oberflächen geeignet. Neben den üblichen Schmirgelpapieren sollte man einige Naßschleifpapiere bereithalten.

5 **Schwämme** Naturschwämme eignen sich am besten zum Auftragen gewolkter Oberflächen. Man kann auch Kunststoffschwämme zum Schablonieren und Stupfen verwenden oder um Lasuren aufzutragen.

6 **Marmeladenglas** Praktisch zum Aufbewahren von Farben, Pinseln etc. Man kann nie genug davon haben.

7 **Acetat** Transparenter Kunststoffilm, den man statt Schablonenpappe verwenden kann. Die Durchsichtigkeit ist nur von kurzer Dauer, da die Farbe deckend auf der Oberfläche zurückbleibt. Extrem haltbar und praktisch, vor allen Dingen bei Ecken. Neigt dazu, beim Schneiden mit der Hand zu splittern. Fertige Schablonen werden mit Formen ausgestanzt.

8 **Schablonenpappe** Geölte Pappe ist praktisch zum Herstellen eigener Schablonen, da sie sich leicht schneiden läßt und nicht splittert. Nicht unbegrenzt haltbar, da Wasser die Pappe mit der Zeit aufweicht. Deshalb sollte man für große Flächen immer zwei oder drei Schablonen desselben Musters herstellen.

9 **Rollen** Rollenköpfe gibt es in verschiedenen Materialien, zum Beispiel aus Mohair. Abgebildet sind hier eine Schaumstoffrolle und eine Lammfellrolle. Man verwendet sie zum schnellen Streichen des Farbuntergrundes, wobei es nicht so sehr auf Regelmäßigkeit und Glätte ankommt, zum Beispiel beim Streichen von Grundierung, Vorstreichfarbe und Emulsionsfarben. Einige Maler verwenden Roller und Tupfbürsten, um Lasuren aufzutragen.

10 **Schneidematte** Praktisch, wenn man viele Schablonen schneiden möchte. Ich verwende allerdings oft Zeitungspapier als Unterlage.

11 **Schneidemesser** Zum Schablonenschneiden; aber auch für viele andere Zwecke unentbehrlich. Man sollte darauf achten, stets genügend Ersatzklingen zu haben.

12 **Kelle** Für Gips- und Ausbesserungsarbeiten.

13 **Spatel** Spatel sind Vielzweckwerkzeuge; je nach Größe kann man sie zum Anrühren von Füllmaterial und zum Auftragen dünner Schichten verwenden oder Tapete und alte Farbe mit ihnen entfernen. Man sollte einen Spatel mit scharfer Stahlkante wählen. Zusätzlich ist auch ein kleiner flexibler Spachtel oder ein Künstlerpalettmesser für kleine Ausbesserungsarbeiten praktisch.

Pinsel

Ein Pinsel besteht aus einem Griff, an dessen Ende sich eine in Harz oder vulkanisiertem Gummi eingelegte Füllung befindet. Diese Füllung bezeichnet man im allgemeinen als »Borsten«, obwohl es viele verschiedene Füllungen gibt, wie zum Beispiel Schweineborsten, Dachshaare, Marderhaare und synthetische Materialien. Ein guter Pinsel zeichnet sich durch eine dicke, flexible Füllung und einen gut ausbalancierten, angenehm zu haltenden Griff aus. Vergleicht man einen solchen Pinsel mit einem billigeren, so hat dieser auf jeden Fall mehr Zwischenraum zwischen den Borsten.

Mit richtigem und gutem Werkzeug zu arbeiten ist ohne Zweifel angenehm und zeitsparend. Sie sollten, wenn möglich, zu einem Spezialgeschäft und nicht in einen Heimwerkermarkt gehen, um sich dort von einem Fachmann beraten zu lassen, welche Pinsel für Ihren Zweck die richtigen sind. Es lohnt sich, die besten Pinsel zu kaufen und sie gut zu pflegen – ein guter Pinsel hält doppelt so lange wie ein billiger und erfüllt seine Aufgabe effizienter.

Es lohnt sich auch, das richtige Reinigungsmittel zu kaufen, da diese Reiniger stärkere Lösungsmittel als Terpentinersatz enthalten und die Pinsel damit schneller und gründlicher zu reinigen sind. Amateure neigen fast immer dazu, das zeitraubende Reinigungsritual – Einweichen und Ausspülen – zu vernachlässigen; das richtige Reinigungsmittel verkürzt diese lästige Arbeit. Halten Sie viele gut ausgewaschene Gefäße dafür bereit; ein gut schließender Deckel verhindert das Verdunsten, und das Reinigungsgefäß ist immer wieder zu verwenden. Pinsel mit Emulsions- oder Latexfarben müssen sofort nach Gebrauch mit Seife und warmem Wasser oder einem speziellen Reinigungsmittel gesäubert werden. Lassen Sie einen Pinsel niemals lange in Flüssigkeit stehen, da sich die Borsten dabei verbiegen und geschwächt werden. Der professionelle Trick liegt darin, durch den Pinselgriff ein Loch zu bohren und den Pinsel mit einem Draht oder einem Bleistift so in das Gefäß zu hängen, daß die Pinselborsten, ohne das Gefäß zu berühren, in der Flüssigkeit hangen. Es ist überhaupt sinnvoll, ein Loch in den Pinselgriff zu bohren, da man Pinsel am besten hängend aufbewahrt.

Um lose Haare aus neuen Pinseln zu entfernen, schlägt man sie hart auf die Kante einer horizontalen Fläche oder klopft sie gegen die Handflächen. Die losen Borsten zeigen sich dann, so daß man sie einfach herausziehen kann. Neue Pinsel arbeitet man für gewöhnlich ein, indem man zuerst Grundierfarbe, dann einige Tage Vorstreichfarbe mit ihnen verarbeitet – eine lose Borste ist in einer vorgestrichenen Fläche ein kleineres Problem als in der letzten Hochglanzschicht.

Eine Auswahl von Pinseln,
die auf den folgenden Seiten beschrieben werden.

9
10
11
27
25
23
24
28
26
29
19
30
31
20
21
22

1–3 Flächenstreicher Gehören zur Grundausrüstung. Kaufen Sie neue nach Bedarf hinzu. Für Wände benötigt man einen dickborstigen 100–125 mm breiten Pinsel (1), je nach Ihrer Handgröße. Holzwerk bemalt man mit einem mittelgroßen, 50 oder 75 mm breitem Pinsel (2 und 3). Für kleinere, kompliziertere Flächen wie Fensterrahmen und Türpaneele verwendet man einen 25 mm oder noch schmaleren Pinsel. Man kann ihn auch zum Streichen von Möbelstücken und anderen Präzisionsarbeiten verwenden. Auch diagonal geschnittene Pinsel (3) empfehlen sich für komplizierte, feine Malereien.

4–7 Künstlerpinsel Für dekorative Malereien benötigt man eine Reihe von unterschiedlichen Künstlerpinseln. Weichhaarige Wasserfarbenpinsel werden für alle Feinarbeiten mit jeder Farbsorte verwendet. Kaufen Sie die besten Pinsel in drei oder vier verschiedenen Größen, vor allen Dingen einen ganz feinen. Schweineborstenpinsel eignen sich auch gut für Ölmalerei. Mit einem runden Stupfpinsel lassen sich gut kleine Stupfarbeiten ausführen; am Ende abgeflachte Borstenpinsel eignen sich für breite Stricharbeiten. Man lagert alle Pinsel wie Holzlöffel – man stellt sie mit dem Stiel nach unten in ein Gefäß.

8 Staubpinsel Nützlich, vielseitig und preiswert. Er hat weiche, mittellange Borsten und einen Holzgriff. Dekorateure verwenden ihn zum Stupfen kleiner Flächen, zum Beispiel bei Möbeln und Holzwerk. Man kann ihn auch zum Glätten von Lasuren benutzen, obwohl er keine so weiche Oberfläche erzeugt wie ein Vertreiber. Man sollte ihn stets gründlich reinigen und unbedingt darauf achten, daß der Borstenblock nicht in die Reinigungsflüssigkeit getaucht wird, da, weil der Pinsel eigentlich trocken benutzt wird, die Flüssigkeit das Bindeharz auflöst und die Borsten herausfallen.

9, 10 Dachshaarvertreiber Diese Pinsel sind die besten zum Glätten von Farboberflächen. Sie sind teuer, da die Borsten aus Marderhaar bestehen; kleinere Größen sind aber erschwinglich. Man kann sie mit Öl- und Wasserfarben verwenden, um Pinselspuren zu glätten und Holzmaserungen zu erzeugen. Nach Gebrauch reibt man die Pinsel an Papier oder Stofflappen sauber, taucht sie so kurz wie möglich in Reinigungsmittel und wäscht sie dann mit Seife und lauwarmem Wasser aus. Ein scharfes Reinigungsmittel trocknet die Dachshaare aus. Mit klarem Wasser gründlich ausspülen, gut ausschütteln und flach liegend trocknen lassen.

11 Stupfbürsten Diese Schweineborstenpinsel gibt es in unterschiedlichen Größen, aber alle haben angeschraubte Griffe. Man benutzt sie zum Stupfen von nassen Lasuren, Farben und Firnissen. Durch die Pinselgröße geht das Stupfen schneller und ist durch den Griff nicht so ermüdend. Stupfbürsten sind ebenfalls durch die Menge der verarbeiteten Borsten recht teuer, und man sollte sie sorgfältig reinigen und lagern, damit die Borsten nicht verbiegen.

12, 13, 14 Firnispinsel Firnis erfordert einen sauberen Pinsel; deshalb sollte man einige Pinsel nur für diesen Zweck bereithalten. Man kann Flächenstreicher, einen feinen Pinsel mit dünnen seidigen Borsten, der sich gut zum Auftragen von verdünntem Firnis oder Schellack eignet, verwenden oder einen ovalen Firnispinsel, den Maler für größere Flächen verwenden, da der große Borstenblock mehr Firnis aufnehmen und man ihn damit glatter auftragen kann. Man sollte die Gebrauchsanweisung auf den Firnisdosen lesen, um das richtige Reinigungsmittel zu verwenden – Terpentin für Firnis auf Ölbasis, Wasser für Acryl und Spiritus für Schellack. Man sollte je einen Pinsel für diese verschiedenen Farbenarten vorrätig haben.

15 Kamelhaarpinsel Ein äußerst weicher Pinsel, den man gut für Arbeiten mit Metallpuder verwenden kann. Man kann auch ersatzweise einen Kosmetikpinsel benutzen.

16, 17, 18 Borstenpinsel Borstenpinsel sind runde Pinsel mit ziemlich steifen Borsten. Es gibt sie in Breiten von 4,5–30 mm. Man verwendet sie gewöhnlich zur Ölmalerei; aber sie eignen sich auch zur Spritztechnik und bei kleinen Schablonenmalereien. Preiswert und praktisch.

19–23 Schablonierpinsel Die traditionellen Schablonierpinsel (20–22) sehen wie Rasierpinsel aus – kurz und dick, mit steifen, stumpf abgeschnittenen Schweineborsten. Es gibt sie in verschiedenen Größen, mit 6–50 mm Durchmesser. Mit dieser Art Pinsel wird die Farbe aufgeklopft – eine ermüdende Prozedur, und Schablonenmaler bevorzugen heute häufig weichere, rundere Pinsel (19), mit denen man die Farbe locker auftragen kann; das geht schneller und ergibt einen trockenen, eleganten Oberflächeneindruck. Man kann auch Borstenpinsel verwenden.

23, 24 Linierpinsel Linierpinsel gibt es mit langen, weichen Borsten, die mehr Farbe aufnehmen können, so daß man eine möglichst lange Linie malen kann. Der Schwertschlepper (24) eignet sich besonders zum freihändigen Linienziehen. Für feine Stricharbeiten verwende ich oft einen Wasserfarbenpinsel mit Marderhaarborsten. Ein Plakatmalerborstenpinsel hat den Vorteil, daß man ihn mit einem Lineal benutzen kann. Linierpinsel sollten nach dem Reinigen wieder in Form gebracht werden. Das kann man mit ein wenig Seife erreichen. Linierpinsel lagert man flach liegend.

25–31 Werkzeug für Maserungseffekte Metall- (25) und Gummi- (26) Kämme verwendet man, um damit unterschiedliche Maserungseffekte zu erzielen. Man kann sie aber auch für andere Arten dekorativer Malerei einsetzen. Mit dem sogenannten Maser-Boy (27) kann man Hartholzmaserungen auftragen. Auch mit einem einfachen Korken (28) lassen sich Maser- und Astmuster auftragen. Der Schläger (29) wird hauptsächlich als Maserpinsel verwendet. Man schlägt seine langen, flexiblen Pinselborsten gegen die nasse Lasur, um eine Holzstruktur zu erzielen, und zieht mit ihm lange Holzmaserungen, wobei ein leichtes Zittern der Hand den natürlichen Effekt noch verstärkt. Man kann diesen Pinsel auch für gezogene Lasuren auf Holzwerk und kleineren Objekten verwenden. Für Anfänger kann ein Flächenstreicher (12–13) ein recht guter Ersatz sein. Strukturpinsel (30 und 31) verwendet man, um Details auf eine trockene, bereits gemaserte Oberfläche aufzubringen.

Bezugsquellen

Eine Auswahl von Fachgeschäften, die über ein breitgefächertes Spezialsortiment verfügen, z. B. Schellack und Lasurwerkzeuge. Zahlreiche Materialien erhalten Sie auch in vielen Geschäften für Künstlerbedarf.

Malkasten
An der Frauenkirche 10
01067 Dresden
Tel. und Fax 03 51/4 95 15 71

Christa Bärsch Künstlerbedarf
Grassistr. 3
04107 Leipzig
Tel. und Fax 03 41/29 51 17

Otto Ebeling GmbH
Fuggerstr. 43–45
10777 Berlin
Tel. 0 30/2 11 46 27
Fax 0 30/2 13 49 27

Michael Radigk
Maltuche + Künstlerbedarf
Bahrenfelder Str. 49
22765 Hamburg
Tel. 0 40/39 54 54
Fax 0 40/3 90 76 29

Rudolf Richter Künstlerfarben
Oststr. 20
40211 Düsseldorf
Tel. 02 11/35 42 98

Kölner Malkasten
und Graphikcenter
Breite Str. 161
50667 Köln
Tel. 02 21/2 57 49 04
Fax 02 21/2 57 50 10

Bruno Wolkenaer oHG
Ehrenstr. 6
50672 Köln
Tel. 02 21/25 32 88/89
Fax 02 21/25 25 48

Gerstäcker KG
Wecostr. 4
53783 Eitorf
Tel. 0 22 43/88 90
Fax 0 22 43/8 89 45

boesner GmbH
(dieser Großhandel beliefert ausschließlich professionelle Künstler, Galerien und öffentliche Einrichtungen)
Gewerkenstr. 2
58456 Witten
Tel. 0 23 02/7 20 19
Fax 0 23 02/7 23 09

Girlitzweg 30
50829 Köln

Jahnstr. 12
85661 Forstinning

Farben Jenisch GmbH
Berliner Str. 74
60311 Frankfurt a. M.
Tel. 0 69/9 79 00–2 91
Fax 0 69/9 79 00–2 00

Farben Klotz
Nymphenburger Str. 184
80634 München
Tel. 0 89/16 30 31
Fax 0 89/1 67 87 53

W Habberly Meadows Ltd
5 Saxon Way
Chelmsley Wood
Birmingham B37 2DB
Tel. 00 44–21–7 70 29 05

House Style
Unit 3–4 Huguenot Place
17a Heneage St
London E1 5LJ
Tel. 00 44–71–2 47 94 62

Brodie and Middleton Ltd
68 Drury Lane
London WC 2B 5SP
Tel. 00 44–71–8 36 32 89

Stuart R Stevenson
68 Clerkenwell Road
London EC1
Tel. 00 44–71–2 53 16 93

In diesem Buch werden die Arbeiten folgender Designer und Dekorationskünstler dargestellt:

Tania Backhouse
359 Portobello Road
London W10 5SD
Tel. 081 968 4622

Kitty Beamish
117 Sudbourne Road
London SW2 5AF
Tel. 071 274 7919

Suzanne Bellehumeure
1244 Riverbank Road
Stamford
Connecticut 06903
USA
Tel. 0101 203 968 8386

Colleen Bery Designs
157 St. John's Hill
Battersea
London SW11 1TQ
Tel. 071 924 2197

Angeles Blasco
82 Cavendish Road
London SW12 0DF
Tel. 081 673 2779

Sarah Delafield-Cook
7A Anhalt Road
London SW11 4NZ
Tel. 071 247 9462

Nicholas Fer Specialist Paint Finishes
29 Winterwell Road
London SW2 5JB
Tel. 071 737 4574

Cicely Gattagher
44 Victoria Road
London W8 5RG
Tel. 071 937 2742

Gonzalo Gorostiaga
48 Brushfield Street
London E1 6QG
Tel. 071 375 0779

Saul Greenberg
3 Rosslyn Mansions
21 Goldhurst Terrace
London NW6 3HD
Tel. 071 328 2090

Emma Hardie
25 Leighton Grove
London NW5 2QP
Tel. 071 482 6654

IPL Interiors
308 Fulham Road
London SW10 9UG
Tel. 071 352 8360

Thomas Lane Painted Interiors
57 Wellington Row
London E2 7BB
Tel. 071 729 6195

Rachel Macfadyen
Specialist Paint Finishes
The Conservatoire
19–21 Lee Road
London SE23 9R4
Tel. 081 297 9108

Ray McNeill Furniture Design
117 Fairfax Road
London N8 0NJ
Tel. 081 340 7871

Steve Marsh
8 Windsor Court
Catsey Lane
Bushey
Herts WD2 3HY
Tel. 081/950 4318

Christopher Nevile
Design Partnership
55 Endell Street
London WC2H 9AJ
Tel. 071 240 5844

Mauro Peruchetti
RMC House
15 Townmead Road
London SW6 2QL
Tel. 071 371 5497

Richard Sleeman
c/o The Diarama
Park Square East
Regents Park
London NW1

Fiona Sutcliffe
13 Crescent Place
London SW3 2EA
Tel. 071 581 1083

Bibliographie

Adam, Hans: *Intarsien.* Deutsche Verlags-Anstalt, Stuttgart 1987.

Apel, Karl (Hrsg.): *Neue Oberflächen durch alte Malertechniken.* Deutsche Verlags-Anstalt, Stuttgart 1991.

Beblo, Hans: *Intarsien.* Deutsche Verlags-Anstalt, Stuttgart 1987

Borgeson, Bet: *DuMont's Handbuch der Malerei mit Farbstoffen.* Köln 1988.

Doerner, Max: *Malmaterial und seine Verwendung im Bilde.* Enke Verlag, Stuttgart 1989.

Eyth, Karl/Salesmayer, Hans (Hgg.): *Die Dekorationsmalerei.* Leipzig 1899, Nachdruck Edition Libri Rari, Hannover 1990.

Gaißer, Eberhard: *Marmorieren.* frech-verlag, Stuttgart 1993.

Gekeler, Hans D.: *DuMont's Handbuch der Farbe.* Köln 1988.

Gierl, Irmgard: *Fliesen bemalen.* Augustus Verlag, Augsburg 1991.

Itten, Johannes: *Kunst der Farbe.* Ravensburger Buchverlag, Ravensburg 1987.

Kreativ Malen & Zeichnen: *Mischtechniken.* Verlag Hugendubel, München 1990.

Maas, Günter: *Malen und Gestalten.* Belvedere Verlag, Köln 1989.

Magri, Ivana: *Dekormalerei.* Rosenheimer Verlagshaus, Rosenheim 1991.

Matthaei, Rupprecht (Hrsg.): *Goethes Farbenlehre.* Ravensburger Buchverlag, Ravensburg 1988.

Merhart, Nenna v./Zulehner, Traudl: *Vergolden und Fassen.* DuMont Buchverlag, Köln 1987.

Paine, Melanie: *Wohnkultur mit Stoffen – Textile Raumgestaltung.* DuMont Buchverlag, Köln 1991.

Parramón, J. M./Crespo F.: *Wie male ich Blumen.* Edition Michael Fischer, Stuttgart 1991.

Raith, Wolfgang/Scharf, Armin: *Kreative Maltechniken.* Deutsche Verlags-Anstalt, Stuttgart 1992.

Schnaus-Lorey, Ellinor: *Möbel aufarbeiten, reparieren und pflegen.* Falken Verlag, München 1991.

Schnaus, Ellinor: *Oberflächenbehandlung alter Möbel.* Ravensburger Buchverlag, Ravensburg 1992.

Simpson Ian/Robb, Tom/Cuming, Fred: *Ravensburger Malschule.* Ravensburger Buchverlag, Ravensburg 1986.

Sönmez, Nedim: *Grundkurs Marmorieren.* Christophorus-Verlag, Freiburg 1993.

Smith, Stan/Holt, T. H. (Hgg.): *DuMont's Handbuch für Künstler,* Köln 1986.

Wehlte, Kurt: *Werkstoffe und Techniken der Malerei.* Ravensburger Buchverlag, Ravensburg 1992.

Wendon, Blake: *Aquarellmalerei.* Ravensburger Buchverlag, Ravensburg 1987.

Wheeler, William/Hayward, Charles H.: *Holzschnitzen, Flachschnitzen, Vergolden.* Augustus Verlag, Augsburg 1989.

Wichmann, Tobias: *Restaurieren alter Bauernmöbel.* Callwey Verlag, München 1989.

Register

Danksagung der Autorin

Bei einer so gründlich überarbeiteten Ausgabe wie dieser ist es auch notwendig, die Danksagung zu erneuern, da so viele neue Mitarbeiter zur ursprünglichen Mannschaft hinzugekommen sind – Graham Carr, Stewart Walton, meine Schwester Miranda, Roger Seamark, Karl Wizard und Jeffrey Ratcliffe – denen mein Dank unvermindert gilt. Als erstes ein großes Dankeschön an Patrick Baty von Papers and Paints, dessen Kritik und großes Wissen halfen, das Projekt zu starten. Mauro Perruchetti und Suzanne Bellehumeure teilten ihre professionellen Entdeckungen großzügig mit mir, besonders wertvolle Informationen erhielt ich von ihnen für das Kapitel Imitiertes Fresko. Fleur Kelly weihte mich in ihrem eigenen Hof in die Geheimnisse und Schönheit der buon-fresco-Oberflächen ein. Ricardo Cenalli und Gonzalo Gorostiaga, meine Nachbarn, verliehen dem Buch malerischen Schwung. Bei der Lösung technischer Probleme halfen die Mitarbeiter von Foxwell-James und Stuart Stevenson. Vielen Dank auch an die drei Grazien der Spitalfield Studios, Sarah Delafield Cook, Emma Hardie und Cicely Jattagher, für die eingebrachte Zeit und ihre hilfreichen Talente. Angeles Blasco sei vielmals gedankt für das geschickte Zusammenmischen meiner Farblasuren. Das Team bei Frances Lincoln entschärfte zeitweilige schlechte Stimmung mit wahrhaft beispielhafter Geduld. Ihnen allen, Anne, Judith und Margaret, gebührt ein herzlicher Dank, da sie viel zur Lebendigkeit der neuen Version dieses Handbuches beigetragen haben, das ursprünglich als praktische Hilfe gedacht war und heute bereits den Status eines Klassikers erreicht hat. Es ist eine Herausforderung, sich neue Gedanken über ein bereits vorhandenes Buch zu machen, und ein wahres Privileg, diese Gedanken auf Papier in den leuchtendsten Farben Wirklichkeit werden zu sehen.

Danksagung des Verlages Frances Lincoln Publishers Ltd

Der Verlag möchte sich bei allen bedanken, die durch Rat und Tat an der Entstehung des Buches mitgewirkt haben: Berger Decorative Paints; Graham Carr; Jeffrey Ratcliffe von J.H. Ratcliffe & Co (Paints) Ltd.; Patrick Baty von Papers and Paints Ltd. Vielen Dank an E.P. Dutton Publishers für die Erlaubnis, Fotos aus *American Painted Furniture 1660 – 1880* von Dean A. Fales Jr. veröffentlichen zu dürfen. Wir danken allen, die erlaubten, ihre Häuser zu fotografieren: Mr. and Mrs. George Howe, Dominique Lubar und Christopher Nevile. Ein Dankeschön auch an Gian Franco Brignone für die Erlaubnis, Fotos seines Hauses Tigre del Mar abbilden zu dürfen. Besonderer Dank gilt Gareth Richards für seine Recherchen.

Fotonachweis

(FLL = Frances Lincoln Limited;
e = entworfen von;
g = gemalt von; o = oben; u = unten;
l = links; r = rechts; m = Mitte)

Fotos
Umschlagabbildung *The World of Interiors*/Jacques Dirand, e + g von Gonzalo Gorostiaga
2 Tim Imrie © FLL e Christopher Nevile g Fiona Sutcliffe und Richard Sleeman
6 Ingalill Snitt
10–11 *The World of Interiors*, Peter Aprahamian
14 Stephen Humphreys
15 Arcaid/Richard Bryant
18–19 James Mortimer © FLL e+g Graham Carr
22 Peter Aprahamian © FLL
26 Arcaid/Richard Bryant
30 Tim Imrie © FLL g Jocasta Innes
31 o Judith Watts e+g Suzanne Bellehumeure, Andy Boulter e+g Mauro Peruchetti
34 Ianthe Ruthven
35 Tim Imrie © FLL e Christopher Nevile g Fiona Sutcliffe
38–39 *The World of Interiors*/ Jacques Dirand e+g Gonzalo Gorostiaga
42 Tim Imrie © FLL g Jocasta Innes und Angeles Blasco
43 Stylograph/Yves Duronsoy
46 Tim Imrie © FLL e Christopher Nevile g Fiona Sutcliffe und Tania Backhouse
47 Tim Imrie © FLL e Christopher Nevile g Fiona Sutcliffe und Tania Backhouse
50 Tim Imrie © FLL e IPL Interiors g Nicholas
50–51 Tim Imrie © FLL e IPL Interiors g Nicholas Fer
55 James Mortimer © FLL
58–59 Michael Dunne © FLL g Patricia Boulter und Toby Kalitowski
62–63 Tim Imrie © FLL e Christopher Nevile, g Fiona Sutcliffe, Kitty Beamish und Tania Backhouse
66 Ingalill Snitt 67 Derry Moore
70 Elizabeth Whiting and Associates/David George
70–71 Jan Baldwin © *Country Living* The National Magazine Co. Ltd.
74–5 *The World of Interiors*/James Mortimer g George Oakes
75 Tim Imrie © FLL e IPL Interiors g Nicholas Fer
78 Lars Hallen
79 Paul Ryan
82 Lizzie Himmel e+g Lucretia Moroni
83 Ingalill Snitt
86–87 Bay Hippisley © FLL e Stewart Walton
90 Tim Imrie © FLL e Christopher Nevile, Fiona Sutcliffe, Saul Greenberg und Steve Marsh
94 Ingalill Snitt
97 Tim Imrie © FLL g Emma Hardie
98 Tim Imrie © FLL g Emma Hardie
99 ol+ul Tim Imrie © FLL g Emma Hardie, r Peter Aprahamian © FLL
102 Michael Dunne © FLL g Nemone Burgess
103 Tim Imrie © FLL g Emma Hardie
104 Bay Hippisley © FLL g Stewart Walton
106 Bay Hippisley © FLL g Graham Carr
107 Tim Imrie © FLL g Cicely Gattagher
110 o Lizzie Himmel e+g Lucretia Moroni, u *The World of Interiors*/Tom Leighton
111 Bay Hippisley © FLL g Graham Carr
114–115 Tim Imrie © FLL e Christopher Nevile g Fiona Sutcliffe und Richard Sleeman
118 o Thomas Lane e+g Thomas Lane, u John Hall
119 Ingalill Snitt 122 John Hall
123 John Hall 126 John Hall
130 Fritz von der Schulenburg © The Condé Nast Publications Ltd/g Jim Smart
130–131 Fritz von der Schulenburg
134 Robert Harding Picture Library/James Merrell
135 Bay Hippisley © FLL g Stewart Walton
138 Derry Moore 139 Arcaid/Richard Bryant
142 Bay Hippisley © FLL e+g Jocasta Innes und Stewart Walton
143 o Tim Imrie © FLL e+g Thomas Lane, u Andrew Siddenham e+g Colleen Bery
146–147 Hugo Glendinning e+g Gonzalo Gorostiaga
150 Hugo Glendinning e+g Gonzalo Gorostiaga
151 Tim Imrie © FLL e+g Ray McNeill
154 r Fritz von der Schulenburg/Rachel Macfadyen e+g Rachel Macfadyen
155 Peter Aprahamian © FLL e+g Thomas Lane
158 David Brittain © *Good Housekeeping*/The National Magazine Co Ltd.
159 *Schöner Wohnen*/Camera Press
163 l Peter Woloszynski, r Marianne Majerus
166 © E.P. Dutton
166–167 John Hall
170 l Rachel Macfadyen e+g Rachel Macfadyen, r John Hall
171 Tim Imrie © FLL, r Tim Imrie © FLL g Sarah Delafield Cook
174 Tim Imrie © FLL g Jocasta Innes
178 *The World of Interiors*/James Mortimer g George Oakes
179 Bay Hippisley © FLL g Graham Carr und Stewart Walton
182 Tim Imrie © FLL g Jocasta Innes und Angeles Blasco
183 Tim Imrie © FLL g Jocasta Innes und Angeles Blasco
186 Bay Hippisley © FLL g Jocasta Innes und Stewart Walton
187 © E. P. Dutton
190 Tim Imrie © FLL g Cicely Gattagher
191 ol Bay Hippisley © FLL g Stewart Walton, ul Bay Hippisley © FLL g Graham Carr ml+r Tim Imrie © FLL g Cicely Gattagher
194 Tim Imrie © FLL Sarah Delafield Cook
195 Bay Hippisley © FLL g John Fowler und Graham Carr
198 John Hall
199 Bay Hippisley © FLL g Jocasta Innes
203 William Waldron
204 Tim Imrie © FLL g Jocasta Innes
206 Andreas von Einsiedel
207 Tim Imrie © FLL g Sarah Delafield Cook
218–219 Bay Hippisley © FLL e Roger Walton g Stewart Walton
222 Tim Imrie © FLL e Christopher Nevile g Christopher Nevile und Fiona Sutcliffe
227 Tim Imrie © FLL
230–231 Tim Imrie © FLL

Illustrationen
Umschlag Gonzalo Gorostiaga
41, 48, 56, 61 Alicia Durdos
68 Miranda Innes
72–73, 81, 85, 92, 93, 100 Jennie Smith
109 Alicia Durdos
128 Tim Foster/Aardvark Design
132 Jennie Smith
142, 181 Tim Foster/Aardvark Design
197, 201 Alicia Durdos